数据分析技术丛书

Python数据分析从入门到精通

微课视频版

蔡驰聪 / 编著

中国水利水电出版社
www.waterpub.com.cn
· 北京 ·

内 容 提 要

《Python 数据分析从入门到精通（微课视频版）》从 Python 语言的基础语法讲起，逐步深入到 Python 常用数据分析包的各种操作，并通过若干个商业数据实例演示数据分析的完整过程。全书分为 12 章，涵盖了 Python 的开发环境搭建、Python 语法基础、数据分析的常用思路和基本流程、Pandas 和 NumPy 的基本用法、用 Pandas 导入导出数据、数据预处理、数据表的筛选与转换、数据表的聚合和分组运算、用 matplotlib 和 pyecharts 绘制统计图表等，最后通过产品数据分析、客户数据分析、营销数据分析 3 个领域的多个实用案例详细讲解数据处理与分析过程，帮助读者提升综合实战能力。

《Python 数据分析从入门到精通（微课视频版）》内容通俗易懂，案例丰富，实用性强，适合自动化处理数据、数据处理与分析的初学者学习使用，也适合经常使用 Excel 进行数据分析但是没有编程基础的人员阅读，已经掌握了一门编程语言同时希望用 Python 进行高效数据分析的程序员也可参考使用。本书亦可做为高校的教材。

图书在版编目（CIP）数据

Python数据分析从入门到精通 : 微课视频版 / 蔡驰聪编著. -- 北京 : 中国水利水电出版社, 2021.5

ISBN 978-7-5170-9215-5

I. ①P… II. ①蔡… III. ①软件工具－程序设计 IV. ①TP311.561

中国版本图书馆 CIP 数据核字(2020)第 240344 号

书　　名	Python 数据分析从入门到精通（微课视频版） Python SHUJU FENXI CONG RUMEN DAO JINGTONG
作　　者	蔡驰聪 编著
出版发行	中国水利水电出版社 （北京市海淀区玉渊潭南路 1 号 D 座　100038） 网址：www.waterpub.com.cn E-mail：zhiboshangshu@163.com 电话：（010）62572966-2205/2266/2201（营销中心）
经　　售	北京科水图书销售中心（零售） 电话：（010）88383994、63202643、68545874 全国各地新华书店和相关出版物销售网点
排　　版	北京智博尚书文化传媒有限公司
印　　刷	三河市龙大印装有限公司
规　　格	190mm×235mm　16 开本　22.5 印张　515 千字
版　　次	2021 年 5 月第 1 版　2021 年 5 月第 1 次印刷
印　　数	0001—4000 册
定　　价	89.80 元

前　言

随着现代商业的高速发展，商业活动中产生的数据数量越来越多，结构也越来越复杂，Excel的简单轻量数据分析处理工具已经无法完全满足日常数据分析的需求。近年来，随着Python语言数据处理分析工具的发展与完善，使得数据处理工程师们使用Python的少量代码便可完成各种常用的统计计算。Python已经成为商业数据分析的重要工具。熟练运用Python进行数据分析已经成为应聘数据分析岗位的一个加分项。

虽然Excel的VBA也可以实现一些自动化操作，但是对于编程初学者，VBA语言的学习难度高于Python，且处理大量数据时运算效率不如Python。Python的Pandas类库主要以行和列的形式来处理数据，更加贴合日常批量处理数据的需求。另外，Python语言可以在各种操作系统上使用，并不仅限于Windows操作系统。

笔者的使用体会

Python语法简单易懂，生态完整，有大量的现成的数据分析工具。Python在数据分析领域中是一个理想的工具，有丰富的分析模型，轻松整合各种各样的数据源，能处理大量的数据，而且开发方便快捷。

Jupyter Notebook是Python的一种免费的集成开发环境，相对于在文本文件中书写Python代码，Jupyter Notebook调试代码更加方便，对新手更加友好。Jupyter Notebook可以内嵌各种统计图表。利用Jupyter Notebook可以很好地记录数据分析的探索过程，便于回顾修改。

本书特色

➘ 零基础入门，简单易学

本书内容安排由浅入深、循序渐进，入门与实战相结合。针对零基础的读者本书首先讲解了与数据分析相关的Python基础知识，然后系统讲解了Python数据分析包Pandas、NumPy的应用，和数据预处理、筛选、转换、聚合、分组运算与可视化操作等，知识点讲解详细，实例演示操作过程，对一些相对复杂抽象的数据操作提供了配图，辅助读者理解。知识点的讲解上力求简单易学，以便零基础的读者也能够轻松入门。

➘ **商业案例实战，对接社会需求**

除实例演示具体操作外，本书亦重点讲解了产品数据分析、客户数据分析、营销数据分析 3 个应用领域的 12 个综合案例实战，从实际应用角度帮助读者提升编程实战能力，对接社会岗位需求。

➘ **配套视频讲解，手把手教学**

本书提供了 35 集配套视频讲解，读者可以手机扫码或者电脑下载学习，手把手教你批量处理海量数据，实现数据可视化分析。

➘ **实例多，用实例学习更高效**

本书编写模式采用“基础知识+实例操作”的形式，跟着大量实例去学习，边学边做，在做中学，可以使学习更深入、更高效。

➘ **服务快，学习无后顾之忧**

本书提供公众号资源下载、QQ 群在线交流答疑，方便读者学习，解决疑难问题，使学习无后顾之忧。

本书内容

本书内容分为 3 篇：第 1 篇是 Python 语言的基础知识；第 2 篇是 Python 中的数据分析工具包及其应用；第 3 篇是 Python 数据分析案例。

第 1 篇主要介绍了 Python 开发环境 Jupyter Notebook 的安装使用和 Python 的常用语法知识，如变量、循环、函数、面向对象等。另外，在第 2 章准备了练习题，让初次学习编程的读者通过做练习题更好地掌握 Python 语言的基础知识。有 Python 语言编程基础的读者可以跳过第一部分的内容。

第 2 篇主要介绍如何使用 Pandas 和 NumPy 完成数据分析流程中的常用操作，如数据预处理、数据转换、数据合并分组，以及如何使用 matplotlib、pyecharts 绘制统计图表等。

产品管理、客户管理、营销管理都是商业运营中的重要内容。第 3 篇通过案例介绍了如何用 Python 分析产品数据、客户数据和营销活动数据，这部分的内容也可以帮助读者巩固在第 2 篇学习的知识点。

本书作者

蔡驰聪，软件工程师，10 年互联网应用开发经验。擅长 Python、PHP、JavaScript，独立开发了浏览器插件 Pubmedplus 和多个商业数据分析项目。

本书读者对象

- 从事数据分析的职场人员。

- 希望用 Python 程序自动化处理数据的人员。
- 有其他编程语言基础，希望学习如何使用 Python 进行数据处理和分析的软件开发人员。
- 经常使用 Excel 进行数据分析但是没有编程基础的人员。

本书资源获取及联系方式

（1）本书提供教学视频、实例源码和课后习题答案，读者使用手机微信“扫一扫”功能扫描下面的二维码，或在微信公众号中搜索“人人都是程序猿”，关注后输入“PY09215”并发送到公众号后台，获取本书资源下载链接。将该链接复制到计算机浏览器的地址栏中（一定要复制到计算机浏览器的地址栏，通过计算机下载，手机不能下载，也不能在线解压，没有解压密码），根据提示下载即可。

加入本书 QQ 学习交流群 936941115（请注意加群时的提示，根据提示加入对应的群），广大读者进行学习与交流。

利出版，是作者、编辑和所有审校人员共同努力的结果，在此深表谢意。同时，祝扬一帆风顺。

编　者

目 录

第 1 篇 Python基础入门

第 1 章 Python 开发环境搭建 ············ 2
1.1 Python 简介 ································3
1.2 Anaconda 的下载和安装 ················3
1.3 编写第一个 Python 程序 ················7
1.3.1 Jupyter Notebook 操作界面简介 ································7
1.3.2 第一个 Python 程序 ··············9
1.3.3 编写程序的流程 ··············· 10
1.4 添加注释以提高 Python 代码的可读性 ···································· 10
1.5 学习 Python 的好帮手 ················ 11

第 2 章 Python 快速入门 ················ 12
2.1 Python 语法概述 ······················· 13
2.1.1 数据类型 ···························· 13
2.1.2 变量 ··································· 13
2.1.3 表达式和语句 ···················· 14
2.1.4 函数 ··································· 14
2.1.5 对象方法的调用 ················ 15
2.2 Python 常规数据类型 ················· 15
2.2.1 常用的数学运算 ················ 15
2.2.2 操作文本数据 ··················· 16
2.2.3 时间日期数据 ··················· 19
2.2.4 练习题 ······························ 20
2.3 Python 常用数据结构 ················· 21
2.3.1 顺序结构——列表 ············ 21
2.3.2 顺序结构应用实例——队列与月历 ······························ 22
2.3.3 映射结构——字典 ··········· 24
2.3.4 映射结构应用实例——通信录 ····· 25
2.3.5 元组 ································· 26
2.3.6 for 循环用于遍历数据结构 ································· 26
2.3.7 练习题 ····························· 27
2.4 Python 常用控制结构 ················ 28
2.4.1 代码块与判断条件 ··········· 28
2.4.2 根据不同条件执行不同操作 ································ 29
2.4.3 for 循环 ···························· 32
2.4.4 while 循环 ························ 32
2.4.5 range()函数 ······················ 33
2.4.6 控制结构的嵌套 ·············· 33
2.4.7 跳出循环 ························· 34
2.4.8 zip()函数 ························· 35
2.4.9 列表推导式 ····················· 36
2.4.10 用 Python 实现简单的猜数游戏 ······················ 37
2.5 用函数简化代码 ······················· 37
2.5.1 定义函数 ························· 38
2.5.2 用函数简化代码的实例 ····· 40
2.5.3 模块 ································ 41
2.5.4 匿名函数 ························· 42
2.5.5 列表推导式和函数 ··········· 42
2.5.6 字符串格式化 ················· 43
2.5.7 练习题 ···························· 44
2.6 面向对象入门 ·························· 45

2.6.1 面向对象的基本概念 ········ 45
2.6.2 Python 中的面向对象 ········ 46
2.6.3 用 Python 模拟一个简单的角色扮演游戏 ················ 47
2.6.4 练习题 ························ 48
2.7 小结 ······························ 49

第 2 篇 Python数据处理

第 3 章 数据分析入门 ························ 52
3.1 数据分析概述 ························ 53
3.1.1 数据分析的作用 ························ 53
3.1.2 常用数据分析指标 ························ 54
3.2 数据分析的基本流程 ························ 56

第 4 章 常用数据分析包 ························ 61
4.1 Pandas 简介 ························ 62
4.2 Series 数据结构 ························ 62
4.2.1 Series 简介 ························ 62
4.2.2 创建 Series ························ 62
4.2.3 读取 Series ························ 64
4.2.4 修改 Series ························ 65
4.2.5 自动对齐 ························ 66
4.3 DataFrame 数据结构 ························ 67
4.3.1 DataFrame 概述 ························ 68
4.3.2 创建 DataFrame ························ 68
4.3.3 使用切片运算符读取 DataFrame ························ 70
4.3.4 loc 属性和 iloc 属性 ························ 71
4.3.5 遍历 DataFrame ························ 77
4.4 NumPy ························ 78
4.4.1 创建 NumPy 数组 ························ 78
4.4.2 NumPy 数组的数据类型转换 ························ 81
4.4.3 NumPy 数组的数据选择 ························ 81
4.4.4 NumPy 数组的常用属性 ························ 83
4.4.5 NumPy 数组的运算 ························ 84
4.4.6 添加元素和删除元素 ························ 85
4.4.7 NumPy 数组的排序 ························ 87
4.4.8 NumPy 数组的转置与反转 ·· 87
4.4.9 NumPy 数组的合并 ························ 88
4.4.10 NumPy 数组的拆分 ························ 89
4.4.11 NumPy 数组与统计函数 ··· 91
4.4.12 NumPy 数组与数学函数 ··· 93
4.4.13 随机选择元素 ························ 93
4.4.14 复制 NumPy 数组 ························ 94
4.5 小结 ························ 95

第 5 章 数据的导入与导出 ························ 98
5.1 Windows 文件路径 ························ 99
5.2 读取 Excel 文件 ························ 99
5.3 读取 CSV 文件 ························ 101
5.4 导出数据到 Excel 文件和 CSV 文件 ························ 102
5.5 读取 txt 文件 ························ 105
5.6 读取 JSON 数据 ························ 106
5.7 读取关系数据库 ························ 108
5.7.1 类比 Excel 并理解关系数据库中的概念 ························ 108
5.7.2 安装 MySQL ························ 109
5.7.3 安装 sqlalchemy 和 mysql-connector-python ························ 111
5.7.4 Pandas 读取数据库 ························ 112
5.7.5 SELECT 语句 ························ 113
5.7.6 导出数据库的数据到 Excel 文件 ························ 119
5.7.7 大数据量的应对方法 ························ 120
5.8 小结 ························ 122

第 6 章 数据预处理……124
6.1 了解数据的基本信息……125
6.2 缺失值处理……128
6.2.1 发现缺失值……128
6.2.2 处理缺失值……130
6.3 异常值处理……131
6.3.1 发现异常值……131
6.3.2 处理异常值……133
6.4 重复值处理……133
6.4.1 检测重复值……133
6.4.2 删除包含重复值的行……134
6.4.3 返回去重后的值……135
6.5 调整 DataFrame 的样式……135
6.5.1 调整数字颜色……135
6.5.2 调整数字的背景颜色……136
6.5.3 调整数字的显示形式……137
6.5.4 增加颜色数据条……137
6.5.5 隐藏列……138
6.6 小结……138

第 7 章 数据表的筛选与转换……139
7.1 删除多余的列……140
7.2 添加新的列……141
7.3 修改列名……142
7.4 数据类型转换……143
7.4.1 常规数据类型转换……143
7.4.2 字符串转换为时间……144
7.4.3 字符串转换为数值……146
7.5 替换数值……147
7.6 数据排序……149
7.7 计算排名……151
7.8 按数值区间划分数据……155
7.9 按条件筛选数据……157
7.9.1 按条件读取 Series 数据……157
7.9.2 按条件读取 DataFrame 数据……158
7.10 调整索引……161
7.10.1 将某一列作为行索引……161
7.10.2 直接修改 index 属性……162
7.10.3 设置多层次索引……163
7.10.4 行索引与列索引互换……163
7.10.5 重置索引……165
7.10.6 行列互换……166
7.11 时间序列……167
7.11.1 生成时间序列……167
7.11.2 时间索引……169
7.11.3 序列平移……171
7.11.4 频率转换……173
7.11.5 时间区间及其运算……177
7.12 类型数据……179
7.13 将 Series 数据和 DataFrame 数据转换为 Python 列表……181
7.14 小结……181

第 8 章 数据表的聚合与分组运算……183
8.1 分组聚合……184
8.1.1 用 groupby 方法分组……184
8.1.2 按多层次索引分组……186
8.1.3 遍历分组……186
8.1.4 聚合函数……187
8.1.5 分组后的合并整理……189
8.2 表的连接……191
8.3 表的合并……195
8.3.1 合并 DataFrame……195
8.3.2 合并 Series……199
8.4 数据透视表……200
8.5 小结……201

第 9 章 数据可视化……203
9.1 借助 Excel 画图……204
9.2 用 matplotlib 画图……207
9.2.1 初始化……207
9.2.2 plot 方法……209
9.2.3 折线图……209
9.2.4 图表常用参数设置……211

9.2.5 柱状图 ……216
9.2.6 直方图 ……218
9.2.7 箱形图 ……220
9.2.8 堆叠面积图 ……221
9.2.9 散点图 ……223
9.2.10 饼图 ……224
9.3 用 pyecharts 画图 ……226
9.3.1 pyecharts 简介 ……226
9.3.2 绘制第一个 pyecharts 图表 ……227
9.3.3 常用参数设置 ……229
9.3.4 柱状图 ……233
9.3.5 配置柱状图 ……236
9.3.6 饼图和环形图 ……241
9.3.7 折线图 ……244
9.3.8 面积图 ……247
9.3.9 配置折线图 ……248
9.3.10 散点图 ……252
9.3.11 箱形图 ……255
9.3.12 气泡图 ……257
9.3.13 地图 ……259
9.3.14 漏斗图 ……261
9.3.15 雷达图 ……262
9.3.16 绘制组合图表 ……264
9.4 小结 ……267

第 3 篇 Python数据分析实战

第 10 章 产品数据分析 ……270
10.1 了解各个产品分类的大概状况 ……271
10.2 比较不同的产品线 ……278
10.3 发现历史销售数据的时间规律 ……284
10.4 产品促销活动分析 ……290

第 11 章 客户数据分析 ……297
11.1 客户分类 ……298
11.2 客户留存分析 ……304
11.2.1 案例数据介绍 ……304
11.2.2 用户注册时间与留存的关系 ……305
11.2.3 用户地区与留存的关系 ……309
11.2.4 用户首次购买产品与留存的关系 ……313
11.3 客户生命周期分析与 RFM 模型 ……315
11.3.1 RFM 模型介绍 ……315
11.3.2 实现 RFM 模型 ……316

第 12 章 营销数据分析 ……323
12.1 不同广告渠道的比较 ……324
12.2 互联网广告投放效果分析 ……328
12.2.1 案例数据介绍 ……328
12.2.2 了解广告组的概况 ……329
12.2.3 广告各个维度的分布特征 ……331
12.2.4 计算广告的业务指标 ……334
12.2.5 用户属性与广告效果的关系 ……338
12.2.6 广告分类 ……343

练习题答案 ……346

第 1 篇

Python 基础入门

第 1 章

Python 开发环境搭建

要学习 Python 数据分析，首先要学会搭建与使用 Python 的开发环境。有了开发环境之后，就可以动手编写第一个 Python 程序。

通过学习本章，可以掌握以下内容：

- Python 编程环境中 Anaconda 的安装。
- 如何在 Anaconda 中运行 Python 程序。
- 编写程序的一般流程。
- Python 程序中如何添加注释。

1.1 Python 简介

Python 是由 Guido van Rossum 创造的一门动态编程语言，现在广泛应用于数据分析和软件测试以及人工智能等领域。

Python 具有以下几个显著的特点：

（1）容易学习，语法简单，可读性强。

（2）第三方编程类库很多，使得 Python 可以应用于各种领域。

（3）很容易用 C 语言扩展 Python 的功能。

Python 有两个版本，分别是 Python 2 和 Python 3。本书主要介绍 Python 3 的使用。

1.2 Anaconda 的下载和安装

扫一扫，看视频

Python 代码的运行环境有很多种，这里选择对新手更加友好的 Anaconda。很多常用的 Python 库已经包含在 Anaconda 中，这节省了新手大量的时间。Anaconda 的下载网址是 https://www.anaconda.com/distribution/#download-section。

打开 Anaconda 的下载网址之后，在网页上可以看到 Windows 版本的下载按钮，如图 1.1 所示。

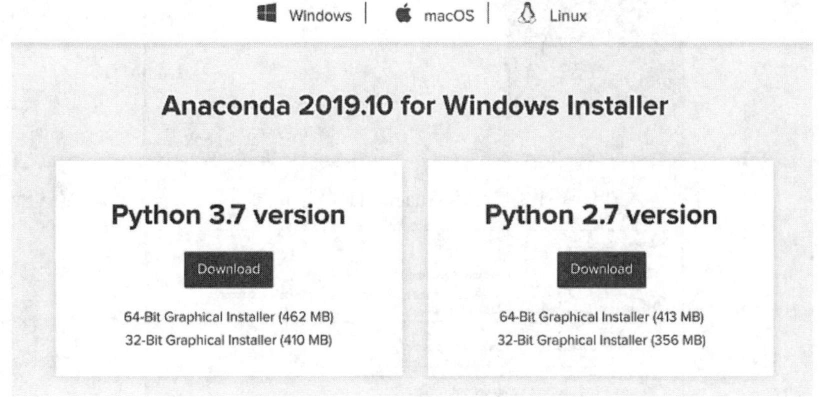

图 1.1 选择 Anaconda 版本

这里有 32 位和 64 位两个版本。究竟使用哪个版本，取决于读者使用的 Windows 操作系统是 32 位还是 64 位。右击“计算机”图标，选择“属性”选项，就会弹出此计算机的基本信息窗口。在“系统类型”栏中可以很清楚地看到该计算机是 32 位还是 64 位的系统，如图 1.2 所示。

下载好相应的软件版本之后，双击 exe 安装文件进行安装。安装步骤如下：

（1）在弹出的对话框中单击 Next 按钮，如图 1.3 所示。

（2）单击 I Agree 按钮，同意用户协议，如图 1.4 所示。

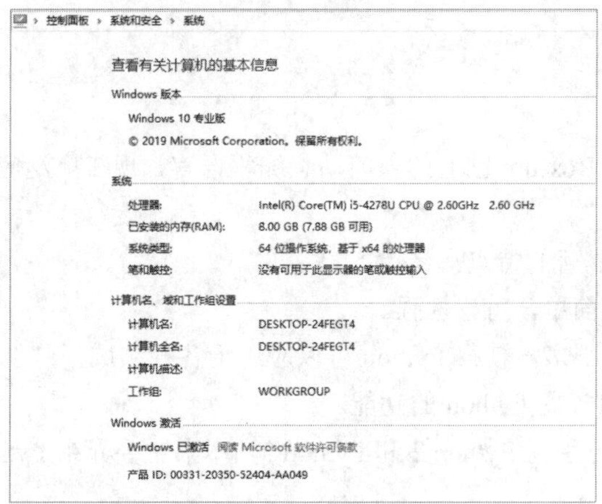

图 1.2　Windows 操作系统的基本信息

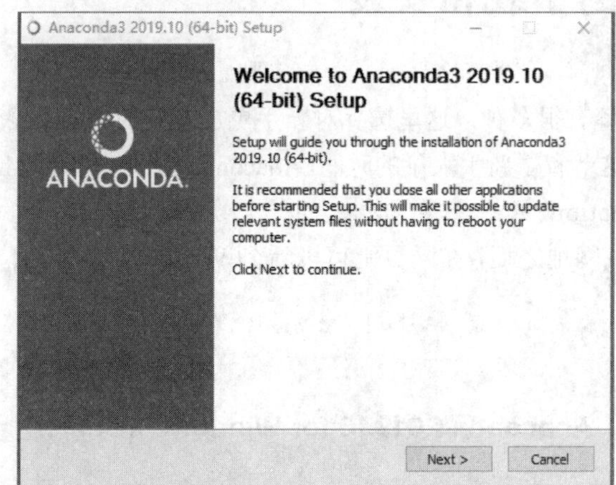

图 1.3　安装 Anaconda 欢迎界面

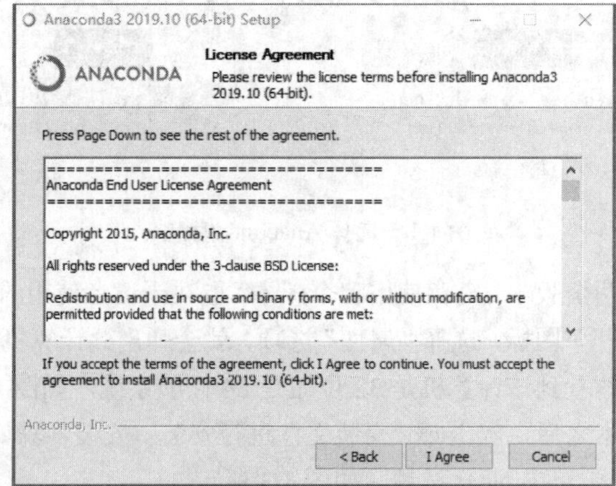

图 1.4　用户协议界面

（3）选择安装类型。如图 1.5 所示，第一个选项是只为当前用户安装，第二个选项是为所有用户安装，选择完之后单击 Next 按钮。

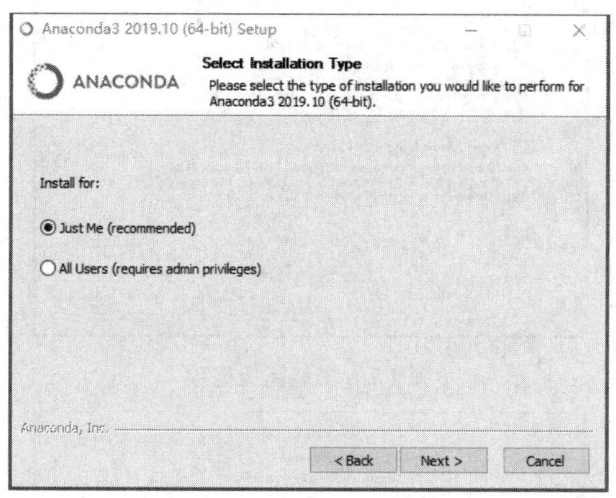

图 1.5　选择安装类型

（4）安装界面会提示默认的安装路径，如图 1.6 所示。读者可以修改路径，但是路径中不能包含中文字符。

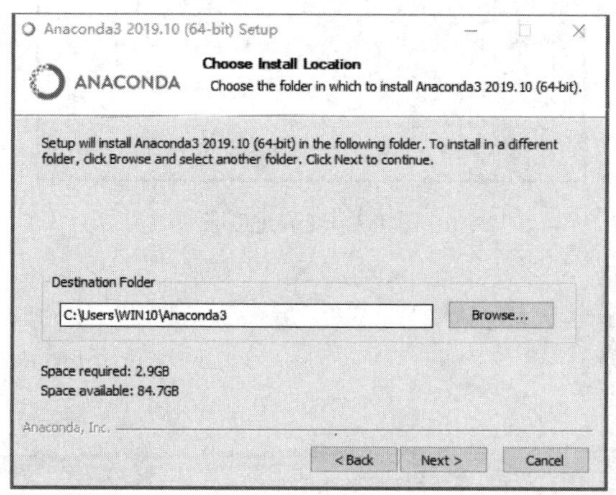

图 1.6　选择安装路径

（5）如图 1.7 所示，单击 Install 按钮，不需要勾选高级选项。安装过程中会出现安装进度提示条，如图 1.8 所示，安装时间比较长，请耐心等待。安装完成之后单击 Next 按钮，直到出现 Finish 按钮为止。最后，单击 Finish 按钮关闭对话框。

（6）安装完成之后会在计算机桌面的“开始”菜单中找到 Anaconda3 菜单项，如图 1.9 所示。单击该菜单项的下拉按钮，选择并启动 Anaconda Navigator。

（7）在启动后的 Anaconda 界面中单击 Jupyter Notebook 图标下的 Launch 按钮，如图 1.10 所示，就会自动在浏览器中启动 Jupyter Notebook。至此搭建成功本书运行 Python 代码的环境。

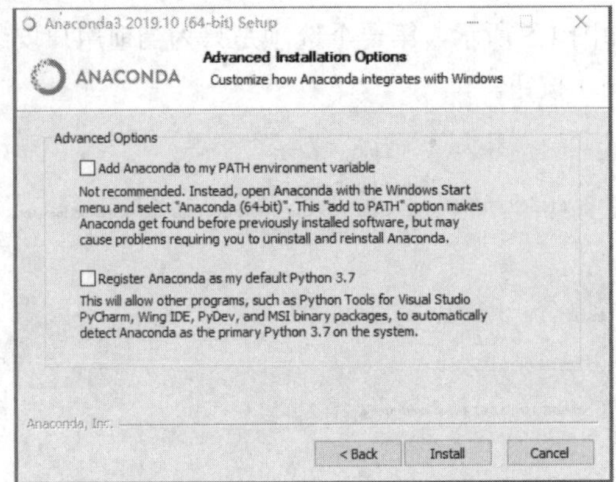

图 1.7　安装高级选项

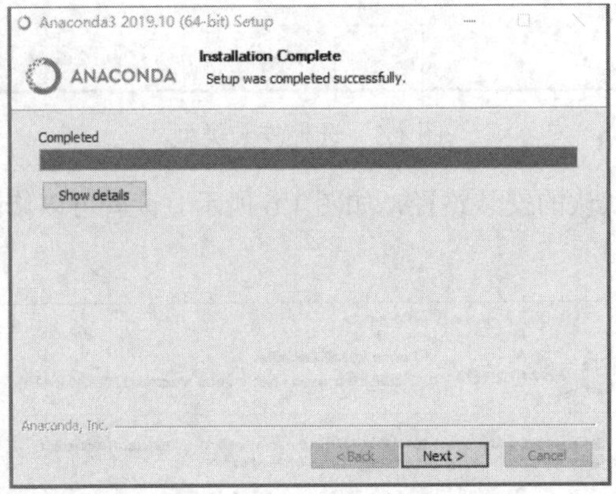

图 1.8　安装进度条

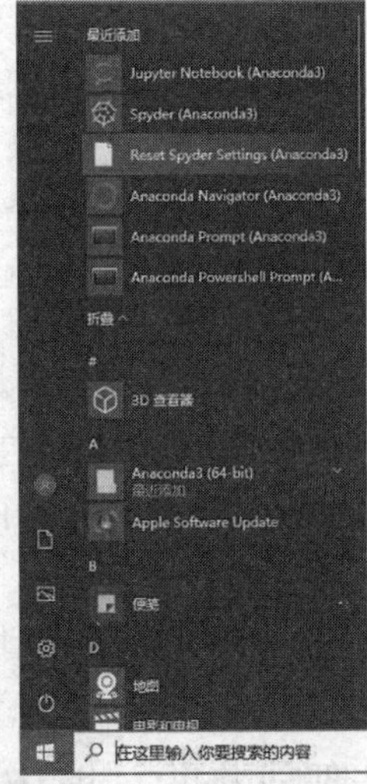

图 1.9　“开始”菜单

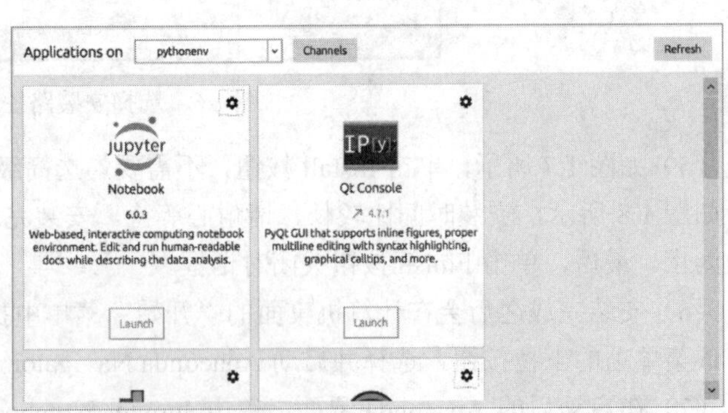

图 1.10　单击 Launch 按钮启动 Jupyter Notebook

Jupyter Notebook 是一个可交互的 Python 语言开发工具。这个工具容易上手，建议读者将本书的代码都放到 Jupyter Notebook 中运行和查看结果。

1.3 编写第一个 Python 程序

扫一扫，看视频

Jupyter 安装成功之后，就可以学习编写 Python 程序了。本节先介绍 Jupyter Notebook 的常用操作，然后编写一个简单的 Python 程序，最后总结出编写程序的一般流程。

1.3.1 Jupyter Notebook 操作界面简介

Jupyter 启动之后，可以在网页浏览器中看到一个类似文件管理器的界面，如图 1.11 所示。

Files Running Clusters

Select items to perform actions on them.

Upload New ▾

0 ▾ /

Name ↓	Last Modified	File size
3D Objects	25 天前	
CMB	2 个月前	
Contacts	25 天前	
Desktop	23 天前	
Documents	16 天前	
Downloads	25 天前	
Favorites	25 天前	
Intel	2 个月前	
Links	25 天前	
Music	25 天前	
OneDrive	16 天前	
Pictures	25 天前	
Saved Games	25 天前	
Searches	25 天前	
Videos	25 天前	

图 1.11 Jupyter Notebook 界面

保存 Notebook 文件的默认目录是 C:\Users\username，其中 username 对应的是 Windows 用户登录名。单击列表中的文件夹图标，可以切换到对应的目录，在这个界面中最常用的操作就是创建文件夹和 Notebook 文件。如图 1.12 所示，在界面的右上角单击 New 按钮，可以选择 Python 3 选项来创建一个 Notebook 文件，也可以选择 Folder 选项来创建一个目录。新建的目录的默认名是“Untitled Folder”。如果要修改目录名称，可以先单击目录名称选择该目录，然后单击 Rename 按钮修改名称。

新建一个 Notebook 文件之后，浏览器会自动在新页面中打开这个 Notebook 文件。新页面中显示的界面如图 1.13 所示。

可以在同一个目录下创建多个 Notebook 文件，不同 Notebook 文件之间的代码相互独立。

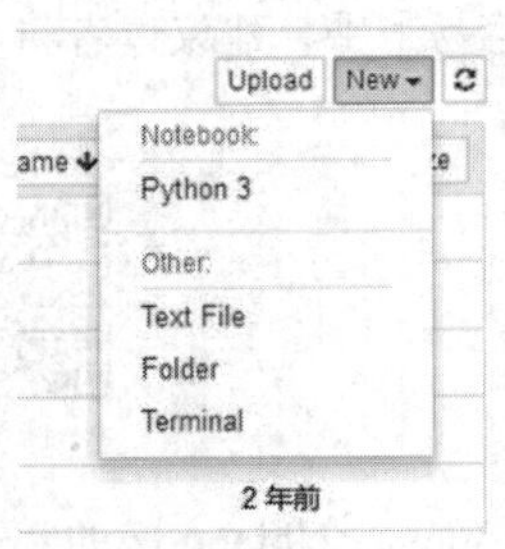

图 1.12　创建 Notebook 文件和目录

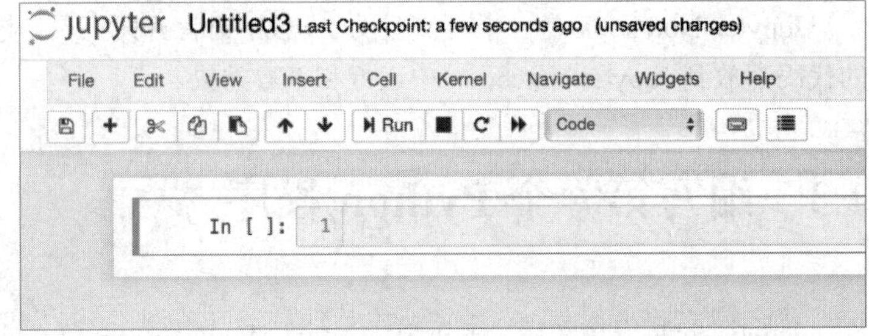

图 1.13　Notebook 操作界面

单击菜单栏中 File 下的图标，就可以保存 Notebook 的内容。单击 logo“Jupyter”右边的默认文件名 Untitled 3 可以修改文件名。如果想关闭当前的 Notebook 文件，可以先单击菜单栏中的 File 按钮，再单击 Close and Halt 按钮。

要完全关闭 Jupyter Notebook，需要单击右上角的 Quit 按钮，如图 1.14 所示，然后界面会提示 Server Stopped。

图 1.14　单击 Quit 按钮关闭 Jupyter Server

菜单栏下面的输入框是输入代码的地方。输入框可以有很多个，每一个输入框在 Notebook 里被称作 Cell。Cell 的内容类型主要有三种。

- Code：用于输入 Python 代码。
- Markdown：一种文本标记语言。读者可自行上网搜索学习 Markdown 的语法。
- Raw NBConvert：效果类似于在记事本中输入文本，输入什么就显示什么，一般情况比较少用。

在 Jupyter 里解释一段代码或者整个 Notebook 内容的时候，可以用 Markdown 或 Raw NBConvert 类型。

在 Notebook 中插入新的 Cell 的操作：单击菜单栏中的 Insert 按钮，然后选择 Insert Cell Above

或 Insert Cell Below 选项。Insert Cell Above 代表在当前 Cell 之前插入新的 Cell，Insert Cell Below 代表在当前 Cell 之后插入新的 Cell。

表 1.1 总结了 Notebook 菜单栏的功能，供读者参考。

表 1.1　Notebook 菜单栏的功能介绍

名　称	说　明
File	文件的保存和下载
Edit	用于复制、剪切、删除 Cell
View	用于调整页面上工具栏和标题等界面元素的显示
Insert	用于新建 Cell
Cell	运行 Cell 中的代码或修改 Cell 的类型
Help	可以查看各种常用数据分析类库的参考文档链接和 Notebook 的使用教程

对于常用的项目，可以把浏览器地址保存到浏览器书签中方便以后操作。例如，地址 http://localhost:8888/tree/Projects/PythonBook 中的 Projects/PythonBook 就对应着计算机硬盘中某个目录下的文件夹。

1.3.2　第一个 Python 程序

熟悉完 Notebook 的操作界面之后，开始编写第一个 Python 程序。首先把以下内容复制到 Jupyter 的一个 Cell 中，然后单击菜单栏的 Run 按钮运行代码。这时 Python 代码解析器会先解析这三行代码，如果代码没有语法错误，就会生成可运行的程序。

```
a = 1 + 2
print("计算结果:")
print(a)
```

程序运行完毕，在这个 Cell 下会有如下输出结果：

```
计算结果:
3
```

运行完毕，下一个 Cell 会被选中，这时单击 Run 按钮会执行这个被选中的 Cell。

上面的代码完成了一个非常简单的功能，就是计算 1+2 的结果并存到变量 a 中，并把结果输出到计算机屏幕。“计算结果：”是一个字符串，print("计算结果:") 对应第一行的输出结果，print(a)对应第二行的输出结果。print(a)的作用是输出变量 a 的值，print()是 Python 的一个函数。更多关于字符串和函数的内容将会放到本书的第 2 中里讲解。

Jupyter 一般只返回最后一行代码的结果。如果希望返回多行代码的结果，就要像示例中那样用 print 语句输出。把计算结果输出到计算机屏幕是数据分析时经常要完成的操作。Python 中有可读性更好的输出结果方法，可以到第 2 章函数关键字参数介绍中学习。

在实际操作中经常要调试某个 Cell 中的代码。修改代码之后，单独运行某个 Cell 的代码操作：选中某个 Cell 之后，单击 Run 按钮。

1.3.3 编写程序的流程

编写代码的过程往往不是一次就完成的，需要逐步调整。一般来说，先编写代码，然后试着运行代码。如果代码运行不正确，就需要编程人员仔细阅读代码，发现其中的错误，看看到底是语法的问题还是代码的逻辑问题。运行代码提示出错的时候，读者可以把主要的出错信息放到搜索网站中查找，往往很快就能发现问题。笔者推荐以下两个常用的搜索引擎网站供读者参考。

- https://yandex.com
- https://cn.bing.com

为了方便初学者理解，最后把上面编写程序的流程总结成流程图，如图 1.15 所示。

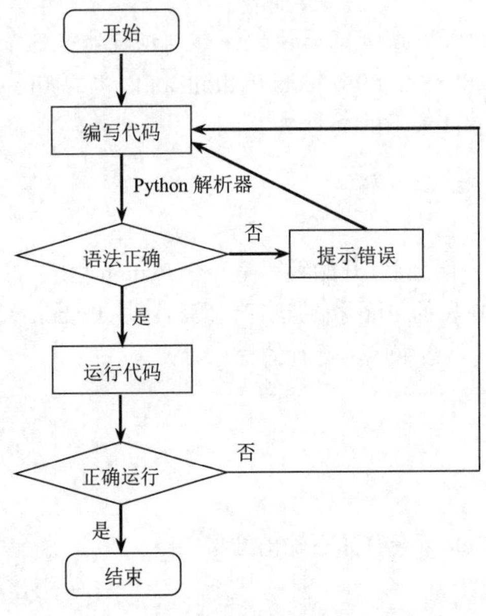

图 1.15 编程流程图

1.4 添加注释以提高 Python 代码的可读性

注释是一段编程文字。注释的作用是帮助阅读代码的人看懂某段代码究竟是做什么的。有时候也会在注释里提示读者某段代码有哪些注意点，例如代码不够完善的地方或代码正确运行的前提条件。计算机不会运行注释里的任何内容。

Python 里有两种注释，一种是单行注释，另一种是多行注释，读者可以把下面的代码复制到 Jupyter 里查看运行结果。

```
# 这是一个注释
print("Hello, World!")
'''
这是多行注释，用三个单引号
这是多行注释，用三个单引号
这是多行注释，用三个单引号
'''
print("Hello, World2!")
```

上面的单行注释以#号开头，#号所在的那一行不会被运行。print("Hello, World2!")之上的多行注释也不会被执行。

能从代码中很容易推断出的信息不要放到注释中去。代码背后的想法和思路可以记录到注释中。本书为了方便初学者理解代码内容，会添加更多的简单注释。实际运用中建议只写对代码阅读者有用的注释，而不要为了注释而注释。

1.5 学习 Python 的好帮手

刚开始学习 Python 的时候，经常会遇到各种问题，读者可以查阅表 1.2 整理的参考资料。Python 官方中文教程实际是面向有一定编程经验的人编写的，读者可以在学习完本书的 Python 基础知识之后，再看看这个教程，教程里把很多 Python 语言的特色都讲解了。

表 1.2　学习Python的常用资料

说　明	网　址
Python 官方中文教程	https://docs.Python.org/zh-cn/3/tutorial/index.html
Python 标准库的中文文档	https://docs.Python.org/zh-cn/3/library/index.html
Python 语言参考	https://docs.Python.org/zh-cn/3/reference/index.html

第 2 章

Python 快速入门

本章主要介绍 Python 语言的基本语法。学会 Python 语言的基础语法之后，可以看懂别人编写的 Python 代码，也可以编写 Python 代码实现一些实用的小程序。

本章主要涉及的知识点有：

- 变量、表达式、语句、函数的基本概念。
- Python 三种常用的数据结构：列表、字典、元组。
- 用于流程控制的 while 循环和 if-else 语句。
- for 循环和列表推导式。
- range()函数。
- 面向对象的基础知识和如何在 Python 中使用面向对象。

扫一扫，看视频

2.1 Python 语法概述

本节将介绍 Python 语言中的基本概念。了解这些概念之后，就会明白编程语言是怎么表达数据和操作的。其中函数和对象方法的调用会在本节里作简单介绍，然后在后面的章节展开论述。

2.1.1 数据类型

利用 Python 处理数据的时候，最常用的数据类型有三种，分别是字符串、数字、时间日期。

字符串是指由多个字符组成的文本。字符串的内容在引号内，这里的引号可以是双引号或单引号。

```
'123'
"abc"
"世界你好"
```

数字包括整数和浮点数。浮点数是实数的一种表示方法，实数包括有理数和无理数。浮点数的例子如下所示，其中-1.2E+10 代表-12000000000，-1.23E-4 代表-0.000123。

```
10.33
-2.23
-1.2E+10
-1.23E-4
```

时间日期类型实际是 Python 中 datetime 类库里的几个类（datetime、date、timedelta）。类（class）的概念将会在后面的面向对象的章节里详细讲解。时间日期类型的表示在 2.2 节介绍。

2.1.2 变量

在程序中读取数据之后往往会赋值到一个或多个变量中去。在 Python 语言里，变量可以抽象地理解成一个标签，标签可以贴到不同的数据上去。既可以把这个标签贴到某个字符串上，也可以贴到某个数字上，这个标签就是**变量名**。在程序中通过变量名读取和修改变量对应的内容。例如要把数字 3 赋值给变量 a，可以使用赋值语句，这里等号代表赋值。

```
a = 3
```

然后可以把字符串 abc 赋值给变量 a：

```
a = "abc"
```

这个过程可以用图 2.1 表示，标签 a 先贴在数字 3 上，然后贴到字符串 abc 上。

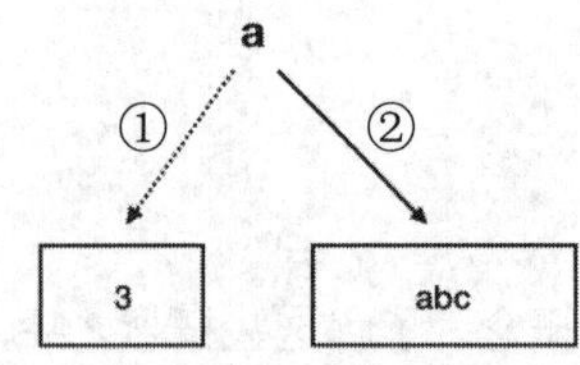

图 2.1　变量赋值示意图

Python 里的变量名需要遵循以下规则：

（1）变量名必须是数字和字母、下划线的组合，而且不能以数字开头。例如 amount、user_data、day1 这样的变量名是合法的，3abc 这样的变量名是不合法的。

（2）变量名不得使用以下英文单词，这些都是 Python 中的保留关键字。如果代码中使用这些关键字作为变量名，Python 解析器将会提示 SyntaxError: invalid syntax 这样的错误信息：

```
False     await      else      import    pass
None      break      except    in        raise
True      class      finally   is        return
and       continue   for       lambda    try
as        def        from      nonlocal  while
assert    del        global    not       with
async     elif       if        or        yield
```

2.1.3　表达式和语句

在数学公式中，数字和加减乘除等运算符号按照一定规则组合，构成一个计算公式，表示某种数学运算。类似地，在程序中变量和运算符按照一定规则组合，构成一个表达式。运算符是一种表示某种运算的符号，例如加法运算、连接运算。表达式的运算结果可以存入变量中。编程语言里的表达式像中文中的词语，编程语言中的语句像中文中的句子，对应着计算机中的一个操作。第 1 章的示例代码中 print("Hello, World!")就是一个语句。

2.1.4　函数

函数是一段可以复用的代码，用于执行特定的功能。调用函数的时候，需要传入参数，函数执行完毕之后返回一个值，这个值称为返回值。有些函数调用的时候不需要传入参数。

第 1 章的示例代码中 print() 就是一个函数，其中字符串 "Hello, World!" 对应函数的第一个参数。

```
print("Hello, World!")
```

下面的示例代码调用函数 abs()，参数是-1，返回值是-1 的绝对值 1，并且函数的返回值可以保存到变量 a 中。

```
a = abs(-1)
print(a)
```

函数可以组合使用。

```
print(abs(-1))
```

Python 中有很多内置函数，可以直接调用。有些函数属于某个模块，需要在引入模块之后才能使用。后面的章节会详细介绍如何自定义函数。

2.1.5 对象方法的调用

有了基础的数字和字符串类型之后，还需要处理一些更复杂的类型，例如时间日期、统计图表。这时就需要学会创建对象，调用对象的方法来完成特定的功能。对象可以简单理解为一种类型。

假如有一个预先定义好的类 Car，创建这个类的语法如下：

```
car1 = Car()
car2 = Car(brand="奔驰")
```

可以看到，创建对象的语法与函数调用非常相似，只是返回值是一个固定的类型而已。

如果 Car 类有一个 move 方法，可以这样调用 car1 对象的 move 方法：

```
car1.move()
```

如果 Car 类有一个 miles 属性用于表示行驶里程，可以这样读取：

```
car1.miles
```

读者暂时只需要知道上面的语法是用于对象创建和对象方法的调用就可以了。关于面向对象的详细知识在后面讲解。

2.2 Python 常规数据类型

扫一扫，看视频

本节介绍 Python 中常用数据类型的操作运算，包括数学运算、字符串操作、时间日期的运算。学习完本节，读者可以使用 Python 完成一些常见的计算任务。

2.2.1 常用的数学运算

Python 中的加法、减法、乘法运算语句与 Excel 中的相似，比较简单，读者可以输入以下代码体会一下。

```
a=1+2*3-5
print(a)
b=(2+3)*4
```

```
print(b)
```

Python 中的除法比较特别，总共有三种与除法相关的运算，分别使用三种不同的运算符。

（1）除法运算，返回的结果是浮点数类型。

```
a=6/4
print(a)  # 1.5
```

（2）除法运算，返回的结果是商。

```
a=6//4
print(a)  # 1
```

（3）除法运算，返回的结果是余数。

```
a=6%4
print(a)  # 2
```

Python 中还有几个内置函数可以用于数学计算，见表 2.1。

表 2.1 用于数学计算的内置函数

函　数	说　明
abs(a)	计算 a 的绝对值
divmod(a, b)	返回 a 除以 b 的商和余数
round(a)	返回浮点数 a 的四舍五入之后的值
sum(a, b, c)	计算 a+b+c 的总和
pow(a, n)	计算 a 的 n 次方
min(a,b,c)	返回 a、b、c 中最小的值
max(a,b,c)	返回 a、b、c 中最大的值

2.2.2 操作文本数据

在前面的章节已经介绍了字符串类型，本节将介绍如何使用字符串的内置方法完成拆分、合并、查找等常用操作。

1. 字符串截取操作

字符串截取就是从某个位置起截取字符串的某一部分。Python 中字符串的起始位置的索引是从 0 开始计数的。

```
str = "字符串截取实例"
print(str[0:2])        # 0 代表从第 1 个字符开始截取
print(str[1:3])        # 1 代表从第 2 个字符开始截取
print(str[0])          # 0 代表从第 1 个字符开始截，只截取一个字符
```

```
print(str[-2])          # -2 代表从倒数第 2 个字符开始截取，只截取一个字符
print(str[-2:2])        # -2 代表从倒数第 2 个字符开始截取，截取两个字符
```

第 1 行代码创建了一个字符串变量。第 2 行到第 6 行都是演示如何打印字符串中的第一部分，冒号后面的数字代表截取的字符数。读者可以试着修改例子中的数字，查看输出结果，从而理解字符串截取操作的语法。

2. 获取字符串长度

字符串的长度就是字符串包含字符的个数。用 Python 中的内置函数 len() 可以获取字符串的长度，实际上这个函数可以获取各种一维数据结构的元素个数。

```
str = "字符串截取实例"
len(str)     # len 函数
```

3. 字符串拆分和合并

数据分析中，往往会遇到使用某个字符（如逗号和分号）来拆分字符串，这时可以使用 split 方法，拆分之后的结果是一个列表，列表会在 2.3.1 小节介绍。

```
print("a,b,c".split(","))
print("11;13".split(";"))
```

用某个字符（例如逗号和分号）来连接字符串，可以使用 join 方法。下面的代码使用逗号连接了 a、b、c 三个英文字母。

```
seq = ["a", "b", "c"]
print(",".join(seq)) # a,b,c
```

4. 字符串查找

find 方法检测一个字符串是否包含某个字符串。如果包含某字符串，则返回该字符串的第 1 个字符的索引值。如果不包含某字符串，则返回-1。

```
str = "字符串截取实例"
str.find("串")    # 2
str.find("的")    # -1
```

“串”是字符串里第 3 个字符，find 方法返回的结果是 2。因为字符串的位置是从 0 开始计数的，所以结果刚好是字符的顺序数减 1。

字符串查找还有一个 rfind 方法，与 find 方法的区别是从字符串末尾开始查找。试运行以下代码，观察输出结果。

```
str = "字符串截取实例字符串"
str.find("字符串")
str.rfind("字符串")
```

5．字符串替换

字符串替换是指把字符串中的某一段字符统一替换成另外一段字符。替换字符串的操作使用 replace 方法，比较简单。replace 方法的第一个参数是被替换的字符串，第二个参数是用于替换的字符串，返回值是替换之后的字符串。

```
str = "字符串截取实例"
str.replace("串", "替换")  # '字符替换截取实例'
```

6．去除字符串的开头和结尾

去除字符串开头和结尾的字符可以使用 strip 方法。如果不传入参数，strip 方法将去除字符串左右两边的空格。

```
str = " 字符串截取实例 "
str.strip()
```

去除字符串开头和结尾的 0：

```
str2 = "0000000201912080000000"
str2.strip('0')
```

7．拼接字符串

把已有的两个字符串拼接起来很简单，直接使用加号运算符即可。

```
str = "abc" + "def"
print(str)
```

输出结果如下：

```
abcdef
```

8．计算字符出现次数

字符串的 count 方法可以计算某个字符出现的次数。

```
str2 = "0000000201912080000000"
print(str2.count("0"))
print(str2.count("20"))
```

输出结果如下：

```
16
2
```

9．用特定字符填充字符串的左侧或右侧

ljust 方法和 rjust 方法的作用都是通过添加特定字符让字符串的长度达到固定的值。下面举两个

例子说明 ljust 和 rjust 方法的使用。

（1）字符串的长度不足 10 位的，用*从右侧补足 10 位。

```
str = "33333"
str1 = str.ljust(10, "*")
print(str1)
```

输出结果如下：

```
33333*****
```

（2）字符串的长度不足 10 位的，用 0 从左侧补足 10 位。

```
str = "33333"
str2 = str.rjust(10, "0")
print(str2)
```

输出结果如下：

```
0000033333
```

2.2.3 时间日期数据

创建一个日期类型的数据，首先要导入 Python 内置的 datetime 模块的 datetime 类。下面代码的第 1 行 from datetime import datetime 就是完成了这样的操作。读者暂时只需要记住计算与时间相关的问题时，先写一句这样的代码。

使用 datetime 的示例代码如下：

```
from datetime import datetime
shoppingDay = date(2019, 11, 11)
print(shoppingDay.year)
print(shoppingDay.month)
print(shoppingDay.day)
print(shoppingDay.isoweekday())          # 当前日期是当天的星期几，如果是星期日，就输出 7
print(shoppingDay.isocalendar()[1])      # 输出当前日期是当年的第几周
```

代码里 shoppingDay = date(2019, 11, 11)生成了一个时间日期类型的数据，传入了年、月、日 3 个参数，接着的 3 行分别输出这个日期的年、月、日。

代码的最后两行分别调用了 datetime 类型的 isoweekday 和 isocalendar，计算当天是星期几和第几周。代码计算出 2019 年的“双十一”是当年的第 46 周，那天是星期一，读者可以试试动手验证。

在数据分析中，往往需要计算某个日期离当前时间差了多少天，这就要求先获取当前的日期和时间。下面的代码使用 datetime 类的 now 方法获取了当前时间。

```
from datetime import datetime
```

```
datetime.now()
```

两个 datetime 对象相减之后会得到一个 timedelta 类型的数据。下面的例子计算两个具体日期之间隔了多少天和多少秒。

```
from datetime import datetime
delta = datetime(2020, 1, 1) - datetime(2019,12,11)
print(delta.days)
print(delta.seconds)
```

timedelta 类型的数据也可以用来计算某天过 10 天之后是什么日期。

```
from datetime import timedelta
from datetime import datetime
day = datetime(2020, 1, 1)
delta = timedelta(days=10)
newday = day + delta
print(newday)
```

下面给出两个用 datetime 类库计算实际问题的例子，第一例子是计算某个人的年龄。

```
from datetime import datetime
delta = datetime.now() - datetime(2009,12,11)
age = delta.days // 365
print(age)
```

第二个例子是把代表日期的 8 位数转换为时间日期类型的数据。

```
from datetime import datetime
timeStr = "20191107"
year = int(timeStr[0:4])
month = int(timeStr[4:6])
day = int(timeStr[6:8])
dateData = datetime(year, month, day)
print(dateData)        # 2019-11-07 00:00:00
```

2.2.4 练习题

（1）用 Python 计算今天距离本年 1 月 1 日有多少天。

（2）用 Python 计算 2019 年每月有多少天。

（3）用 Python 计算 2019 年 1 月 1 日之前的 100 天的日期。

2.3 Python 常用数据结构

简单来说，数据结构就是用来存储数据的容器。数据应该按着某种规则放进这个容器，并且按照某种规则从容器里取出数据。容器有各种各样的结构，Python 中最常用的两种结构是顺序结构和映射结构。

2.3.1 顺序结构——列表

顺序结构是指元素之间是有顺序的结构。列表是顺序结构中的一种，而且列表中的每个元素最多只有一个前驱和一个后驱。读者可以暂时把列表想象成按顺序摆放并排成一条线的几个盒子，可以往盒子里放入一样东西而且只能放入一样东西，如图 2.2 所示。

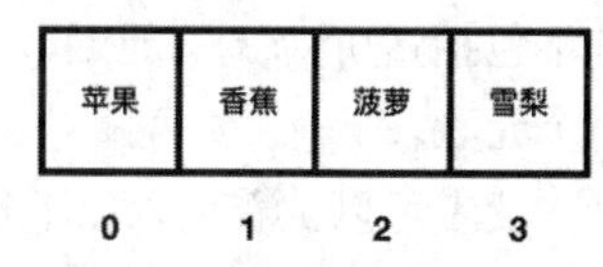

图 2.2 把列表想象成几个盒子

列表的语法如下：

- [元素 1,元素 2,元素 3]

如果列表为空，那么只需要写一对方括号。读者可以想象这是没有放入任何东西的一排盒子。

- []

> 这里的方括号和逗号都是半角符号。如果用了全角的方括号或逗号，Python 解释器会报错。

图 2.2 可以用列表这样表示：

```
["苹果", "香蕉", "菠萝", "雪梨"]
```

列表中的元素可以是相同的类型，也可以是不同的类型。例如下面的列表元素既有字符串，也有数字。

```
["苹果", 10, "菠萝", 20]
```

当往列表里放入数据的时候，Python 用“索引”来标记要放入的位置。在图 2.2 中，数字 0、1、2、3 就是索引。可以这样理解索引，相当于在每个盒子上写了一个数字，而且从 0 开始。

例如要把苹果放入列表的 0 号位置，在 Python 里这样表示：

```
list[0] = "苹果"
```

要把菠萝放入列表的 2 号位置，在 Python 中这样表示：

```
list[2] = "菠萝"
```

同样从列表中取出元素的时候也使用索引。

```
apple = list[0]
```

Python 语言中列表的索引是从 0 开始，而不是从 1 开始。这是初学者需要逐步适应的一点。

如果要获取连续几个元素，需要使用如下的切片运算符：

```
list = ["苹果", "香蕉", "菠萝", "雪梨"]
list[1:3]    # 返回['香蕉', '菠萝']
```

上面的例子中冒号左边的“1”代表切片的起始索引，冒号右边的“3”代表切片的结束索引。切片从索引为 1 的元素开始，但是**不包括**索引为 3 的元素，如图 2.3 所示，所以 list[1:3]只截取了两个元素。

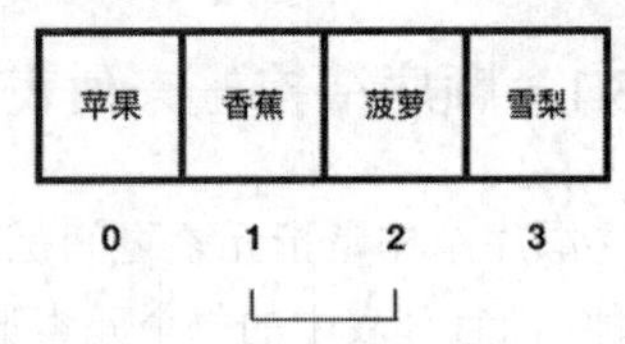

图 2.3 列表的切片实例

读者可以试着输入以下代码看看会返回什么。

```
list[1:4]
list[2:3]
list[0:4]
list[0:5]
```

列表的常用方法见表 2.2，读者可以按需使用。如果有疑问，可以查阅 Python 手册中的详细说明，网址是 https://docs.Python.org/zh-cn/3/library/stdtypes.html#sequence-types-list-tuple-range。

表 2.2 列表的常用方法

方 法	说 明
append	向列表末尾插入元素
insert	向列表中间插入元素
remove	从列表中删除某个元素
pop	删除列表中某个位置的元素
len	获取列表的长度
count	统计列表中某个元素出现的次数
sort	按列表中的值排序
extend	合并列表
copy	复制列表
reverse	颠倒列表中所有元素的顺序
index	获取列表中某个值出现的位置

下一节将结合实例讲解这些方法。

2.3.2 顺序结构应用实例——队列与月历

顺序结构在日常生活中最常见的例子是队列和月历。队列中的人是按着一定顺序排列的，队列的每个位置只有一个人。可以把某天总共花了多少钱记录到月历里去。下面结合实例讲解列表的应用。

首先，用 Python 的列表来模拟一个队列，让读者熟悉表 2.2 中的常用方法。一开始队列是空的，然后来了三个人：李明、张强、刘文，这里使用 append 方法把元素放到队列的尾部。

```
list = [ ]
list.append("李明")
list.append("张强")
list.append("刘文")
```

查找排在最前面的是谁。

```
list[0]
```

计算现在有多少个人在排队。

```
len(list)
```

想知道张强排在第几位，注意这里要加上 1。

```
list.index("张强")+1
```

查找第二个和第三个排队的人是谁。

```
list[1:3]
```

后来陈鸣插入队列中。

```
list.insert(1, "陈鸣")
# ['李明', '陈鸣', '张强', '刘文']
```

张强感觉不高兴，他不想排队了。

```
list.pop(2)
```

管理队列的人觉得陈鸣同学的行为很不文明，请他离开了队列。

```
list.remove("陈鸣")
# ['李明', '刘文']
```

接着，用日历记录某个月每天的花费，如图 2.4 所示。这里只是为了举例，实际上可以用更好的数据结构存储这类数据。

第一步，初始化一个长度为 30 且每个元素都是数字 0 的列表。Python 中的语句如下：

```
list = [0] * 30
list[1] = 100
list[2] = 200
list[3] = 300
list[4] = 100
```

一	二	三	四	五	六	日
30	1	2	3	4	5	6
	100	200	300	100		
7	8	9	10	11	12	13
14	15	16	17	18	19	20
21	22	23	24	25	26	27
28	29	30	31			

图 2.4　用日历记录每日花费

因为月历没有 0，所以从 1 开始记录数据。

计算一下用了 100 元的天数。

```
list.count(100)
```

按金额大小排序，从高到低，这里有两种方法实现。第一种方法使用 sort 方法的 reverse 参数。

```
# reverse=True 代表降序排列
list.sort(reverse=True)
```

第二种方法，先排序再颠倒。

```
list.sort()
list.reverse()
```

建议读者试试把某个月的节日或节气记录到列表中，熟悉列表的常用方法。

2.3.3　映射结构——字典

映射结构就是把一个值映射到另外一个值的结构。Python 中的字典就是一个映射结构，与手机通信录很相似。我们查通信录的时候是按姓名来查找的，如图 2.5 所示。通过名字找到这个人的手机号码和邮箱等联系方式，姓名与手机号码是一一对应的。但是 Python 字典是一个特殊的通信录，因为它不允许里面有两个人的名字是相同的。

作为查找的依据，字典中称为“键”，而对应的查找结果称为“值”。所以，在这个“通信录”中，姓名就是键，手机号码就是值。

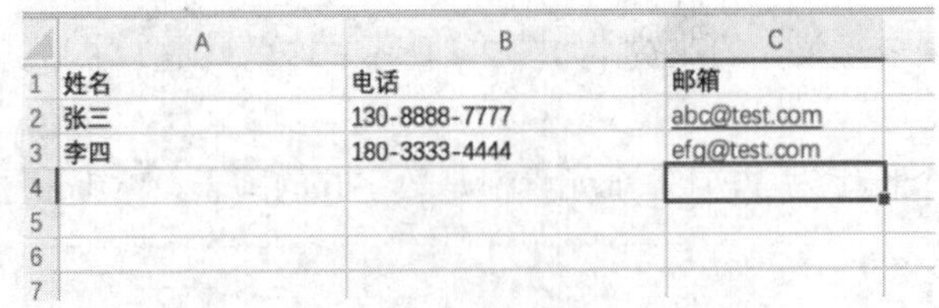

	A	B	C
1	姓名	电话	邮箱
2	张三	130-8888-7777	abc@test.com
3	李四	180-3333-4444	efg@test.com
4			
5			
6			
7			

图 2.5　通信录

如图 2.5 所示的通信录用字典如下表示：

```
addressBook = {'张三' : '130-8888-7777', '李四' : '180-3333-4444'}
```

下面来解释一下字典的语法。

- { key1: value1, key2: value2}

字典是由多个键值对组成的。键值对之间用逗号隔开，键与值之间用冒号隔开。上面例子中字符串“张三”和“李四”是键，对应的手机号码是值。空的字典直接用一对花括号表示。

这里的花括号和逗号都是半角符号。如果用了全角的花括号或逗号，Python 解释器会报错。

往字典中添加数据非常直观简单，操作如下：

- 字典名称[‘键’] = 值

```
addressBook['张三'] = '130-8888-7777'
addressBook['李四'] = '180-3333-4444'
```

字典的常用方法见表 2.3，读者可以按需使用，如果有疑问可以查阅 Python 手册中的详细说明。

表 2.3 字典的常用方法

方 法	说 明
keys	获取字典的所有键
values	获取字典的所有值
items	遍历字典中的元素

2.3.4 映射结构应用实例——通信录

下面以通信录为例，讲解一下字典的常用方法和常规操作。

（1）利用 items 方法输出整个通信录的内容，这里会用到循环控制结果，在后面的章节中会提到。暂时可以这样理解：例子中的 k 对应键，v 对应值。

```
for k, v in addressBook.items():
    print(k, v)
```

（2）利用 keys 方法获取通信录中的所有人名。

```
addressBook.keys()
# dict_keys(['张三', '李四'])
```

（3）利用 values 方法获取通信录中的所有电话号码。

```
addressBook.values()
# dict_values(['130-8888-7777', '180-3333-4444'])
```

（4）添加新记录。

```
addressBook['赵五'] = '123-4567-8888'
```

（5）把张三的记录从通信录中删除。

```
del addressBook["张三"]
```

（6）计算通信录里有多少条记录。

```
len(addressBook)
```

2.3.5 元组

元组和列表相似，列表的大部分方法在元组上也可以使用，只是元组是不可以修改的。

创建列表的语法是使用方括号，而创建元组的语法是使用圆括号。创建元组的示例如下：

```
t1 = ()                        # 创建空元组
t2 = (1, 2)                    # 创建数字元组
t3 = ("a", "b", "c")           # 创建字符串元组
t4 = (1, "b", "c")             # 创建字符串元组
t5 = (1,)                      # 创建单元素
```

元组与列表的读取是类似的，这里不再赘述，读者可以自己动手试试，元组之间可以通过加号运算符相互连接。

```
t1 = (1, 2, 3)
t2 = (4, 5, 6)
print(t1 + t2)
```

2.3.6 for 循环用于遍历数据结构

在 Python 中经常需要遍历列表和字典中的元素。例如，查看哪些元素是偶数，检查一堆电话号码是否格式正确。这时需要用到一个名为 for 循环的控制结构。语法格式如下：

```
for 遍历变量 in 遍历的对象:
代码块
```

遍历对象可以是列表、字典、元组等可迭代的对象。

```
animals = ['cat', 'dog', 'panda']
for w in animals:
    print(w)

t = (1, 2, 3)
```

```
for element in t:
    print(element)

info = {"name": "jimmy", "age": 18, "height": 180}
for k, v in info.items():
    print(k, v)
for index, item in enumerate(info):
    print(index, item)
```

其中字典的遍历比较特别，需要配合字典的 items 方法或者内置的 enumerate()函数来完成。enumerate()函数会生成一组由索引值和值组成的元组。读者可以试试修改代码，看看把 enumerate()函数用到 animals 列表和 t 元组的效果。

2.3.7 练习题

（1）编程：把 10 以内的偶数存入一个列表中，并计算这些偶数的总和。

（2）编程：用 Python 计算斐波那契数列的前 5 位，并存入列表中。

（3）编程：把 26 个英文字母存入列表，去除字母 C 之后计算字母 O 排在第几位？

（4）如何通过切片运算获取 array 列表中的数字 4？

```
array = [
    [0, 1, 2],
    [3, 4, 6]
];
```

（5）下面的代码的输出结果是什么？

```
people = [
    {'name': 'a', 'age': '13'},
    {'name': 'b', 'age': '23'},
];

print(people[0]['name'])
print(people[1]['age'])
```

（6）下面的代码的输出结果是什么？

```
a = {'mobile': ['18088884444', '13377779999'], 'name': '13'}
print(a['mobile'][1])
```

（7）下面的代码的输出结果是什么？

```
info = {"name": "jimmy", "age": 18, "height": 180}
for k in enumerate(info):
print(k)
```

扫一扫，看视频

2.4 Python 常用控制结构

前面介绍了 Python 中常用的数据类型和数据结构，但是仅有这些还不能构成一个完整可用的程序。程序中还应该包括流程控制，使某些操作能被重复执行，或者某些操作按条件执行。

本节将会介绍 Python 中的常用控制结构。

- if 语句、else 语句、elif 语句。
- while 语句。
- for 语句。

本节还将介绍几个用于简化 Python 编程的知识点。

- range()函数。
- zip()函数。
- 列表推导式。

2.4.1 代码块与判断条件

在讲解控制结构之前，先要引入两个概念：代码块和判断条件。代码块其实是一个到多个语句，Python 是通过缩进来创建代码块的。一般来说，一级缩进对应 4 个空格，代码块的前一行末尾会有一个冒号（:）。下面举例说明什么是代码块。

```
a=1
b=3
c=4
if a < 10:
    print(a)
    if b == 3:
        b = b + 4
        print(b)
    else:
        print(c)
```

if a < 10: 后面的 6 行代码构成了一个代码块，这一代码块缩进了 4 个空格。而 if b == 3:后面的两行语句也构成了一个代码块，缩进了 8 个空格。可以看到属于同一个代码块的代码，缩进量是一样的，代码块是可以嵌套的。Jupyter 里输入冒号之后按回车键，代码会自动缩进。

这里 if 与冒号之间的部分是判别条件，判别条件的结果是一个布尔类型的值。布尔类型只有 True、False 两种可能值。在 Python 中，可以直接用 True、False 表示布尔值。布尔值常常用于流程控制中。

在判别条件中常常使用比较运算符，常用的比较运算符见表 2.4。

表 2.4 比较运算符

表达式	说明
x == y	x 等于 y
x < y	x 小于 y
x > y	x 大于 y
x >= y	x 大于或等于 y
x <= y	x 小于或等于 y
x != y	x 不等于 y

用 print 语句可以输出比较结果。

```
x, y = 2, 3
print(x == y)          # False
print(x < y)           # True
print(x > y)           # False
print(x >= y)          # False
print(x <= y)          # True
print(x != y)          # True
```

比较运算可以任意串连，如 x < y <= z 等价于 x < y and y <= z。

```
a = 5
print(2 < a < 7)       # True
print(6 < a < 7)       # True
```

布尔值可以用 and、or 和 not 进行运算。

```
print(True and True)     # True
print(True and False)    # False
print(True or False)     # True
print(False or False)    # False
print(not True)          # False
print(not False)         # True
```

and、or 和 not 往往用于几个不同的判断条件的组合。

```
a = 5
print(a>3 and a>4)       # True
print(a>3 or a>4)        # True
print(not a>4)           # False
```

2.4.2 根据不同条件执行不同操作

为了实现根据不同条件执行不同操作，Python 里引入了三个语句：

- if 语句。

- else 语句。
- elif 语句。

其中 if 语句和 elif 语句后面都带有判断条件。利用这三个语句的组合，可以实现复杂的条件判断。下面逐一介绍这三个语句。

1．if 语句

if 语句实现的作用是达到某个条件就执行后续的代码块。if 语句最简单的形式如下：

```
if 判断条件:
    语句 1
    语句 2
    语句 3
```

if 语句的流程图如图 2.6 所示。

下面的代码会输出字符串 test 和 always，因为 4 > 3 的比较结果为 True。

```
if 4 > 3:
    print("test")
print("always")
```

当把 4 > 3 换成 3 > 4 时，就不会输出字符串 test，因为 3 > 4 的比较结果为 False。无论判断条件怎么改变都会输出字符串 always，因为 print("always")不属于与 if 语句关联的那个代码块。

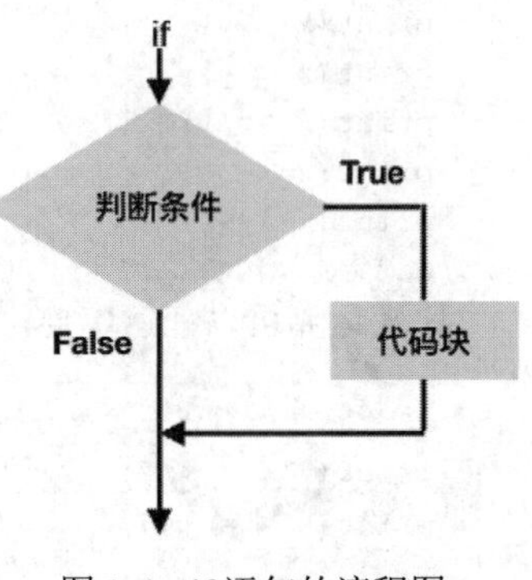

图 2.6　if 语句的流程图

空列表、空元组、空字典、数字 0、空字符串（""）都会在判断条件中被自动转换为布尔值 False。因此下例不输出字符串 test。

```
emptyList = []
if emptyList:
    print("test")
a = 0
if a:
    print("test")
```

2．else 语句

再进一步，可以为 if 语句增加一个配套的 else 子句。语法形式如下：

```
if 判断条件:
    代码块 1
else:
代码块 2
```

if-else 语句的流程图如图 2.7 所示。

当判断条件成立时执行代码块 1，当判断条件不成立时执行代码块 2。

下面这段代码会输出字符串 a。判断条件 a>3 成立只会执行 print("a")，而不会执行 else 子句对应的 print("b")。读者试试将 a=4 改成 a=2，观察一下结果。

```
a = 4
if a > 3:
    print("a")
else:
    print("b")
```

3．elif 语句

有了 if 语句和 else 语句，就可以实现按条件执行的需求。但是为了方便，Python 增加了 elif 子句，语法形式如下：

```
if 判断条件 1:
    代码块 1
elif 判断条件 2:
    代码块 2
else:
    代码块 3
```

if-elif-else 语句的流程图如图 2.8 所示。

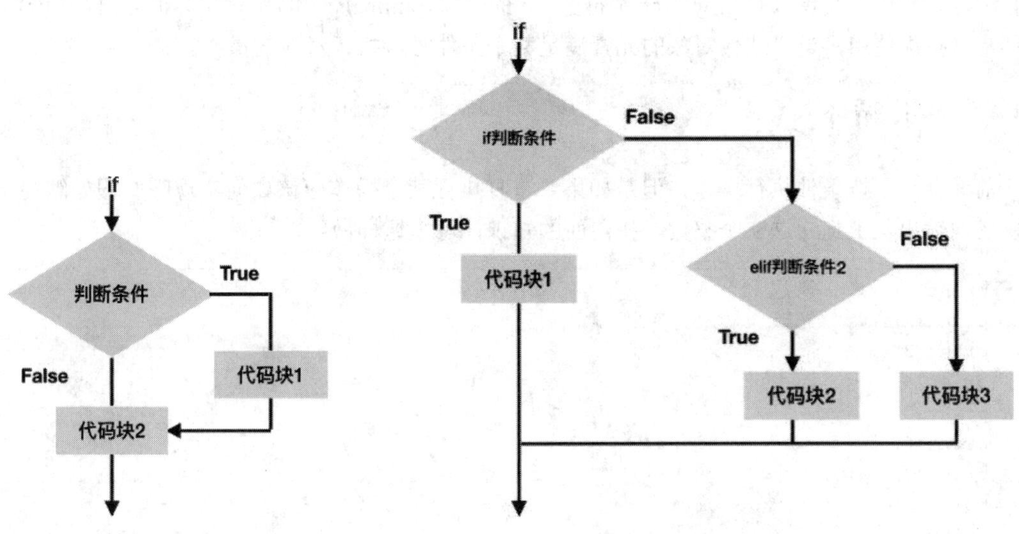

图 2.7　if-else 语句的流程图　　图 2.8　if-elif-else 语句的流程图

elif 是 else if 的缩写。当判断条件 1 成立时执行代码块 1，流程结束；当判断条件 1 不成立时，接着程序会计算判断条件 2，如果成立就执行代码块 2，流程也结束；如果判断条件 2 也不成立，会执行代码块 3。

下面的代码会在屏幕上输出两行字符串 b。

```
a = 4
if a < 3:
    print("a")
elif a < 5:
    print("b")
    print("b")
else:
    print("c")
```

把 a=4 改成 a=2，只会输出字符串 a。把 a=4 改成 a=7，只会输出字符串 c。读者试试把判断条件中的 a 改成不同的整数数字，观察一下输出结果，加深理解。

2.4.3 for 循环

前面章节介绍过如何用 for 循环遍历列表和元组等可迭代的对象，这里给出一个简单的示例代码，看看 for 循环如何与 if 语句一起使用。

```
animals = ['cat', 'dog', 'panda']
for w in animals:
    if w == 'cat':
        print(w)
```

运行代码可以发现只有当 w 等于字符串 cat 的时候，animals 中的元素才会被输出。if 语句和 for 循环常常搭配使用，当可迭代对象的元素满足某个条件时，执行对应的操作。

2.4.4 while 循环

前面介绍了按条件执行操作，但是如果要重复执行某个操作应该如何实现呢？假如编写一个程序，实现输出从 1 到 9 这 9 个整数。按前面的知识，可以这样做：

```
print(1)
print(2)
print(3)
print(4)
print(5)
print(6)
print(7)
print(8)
print(9)
```

可以看到这样做十分烦琐，利用 Python 的 while 循环语句就可以简化上面的代码，实现重复操作。while 循环语句的语法与 if 语句也是类似的。

```
while 判断条件:
    代码块
```

当判断条件的结果为 True 时，会一直执行代码块。上面的代码可以这样简化：

```
i = 1
while i < 10:
    print(i)
    i = i + 1
```

while 语句的流程图如图 2.9 所示。

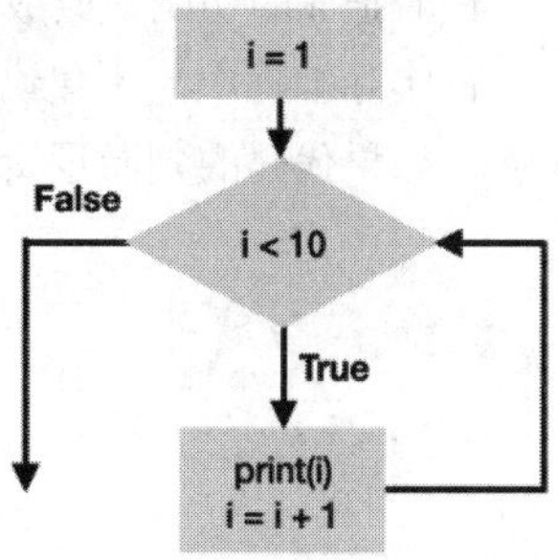

图 2.9 while 语句的流程图

2.4.5 range()函数

Python 中可以利用 range()函数实现重复执行某个操作 *N* 次，与其他编程语言相比更加简单易懂。若只给 range()函数传入一个参数，range()函数将生成从 0 到 *N* 的数字序列，例如：

```
for i in range(5):
    print(i)
```

上面的代码会依次输出 0～4 这 5 个数字，刚好输出了 5 次。把 print(i)换成 print("abc")，就会实现重复输出字符串 abc。

```
for i in range(5):
    print("abc")
```

可以看到 for 语句配合 range()函数可以实现重复执行某个操作 *N* 次。试试运行以下代码，看看是什么结果。

```
for i in range(5):
    print("第{time}次执行".format(time=i+1))
```

2.4.6 控制结构的嵌套

要实现更复杂的控制结构，可以组合运用 if 语句、while 循环、for 循环，例如 if 语句的代码块部分可以使用 while 循环。下面的代码演示了流程控制语句的嵌套。

```
a = 10
if a > 5:
    print("a")
    if a > 10:
        print("b")
    else:
        print("c")
else:
    print("d")
```

控制结构嵌套的流程图如图 2.10 所示。

试着把 a 的初始值改成 5、7、12，观察结果。

在实际编程中，不建议读者写出过于复杂的控制结构嵌套，应该尽量保证控制流程的代码清晰易懂。如果代码的判断逻辑过于复杂，可借助函数或字典结构简化代码。

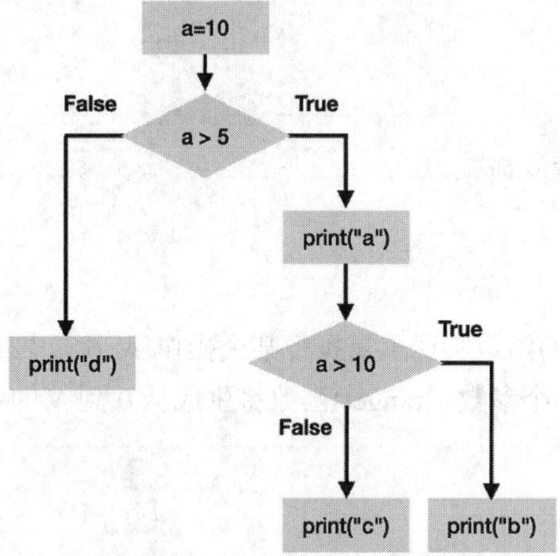

图 2.10　控制结构嵌套的流程图

2.4.7　跳出循环

一般来说，循环会不断执行代码块，直到某个条件满足为止。但是有时希望中断循环或者跳过某一次循环，这就需要使用 break 语句或 continue 语句。

利用 break 语句可以直接跳出循环，示例代码如下：

```
a = 8
while True:
    a = a - 1
    if a < 5:
        break
```

a 的值是不断递减的。当 a 的值小于 5 时，就会跳出 while 循环。由于 while 语句的判断条件是 True，只能通过 break 语句退出循环。表 2.5 列出了上面代码三次循环中 a 的值和 a<5 的结果。

表 2.5　循环示例

循 环 次 数	变量 a 的值	a < 5
1	7	False
2	6	False
3	5	True

这种 while True 搭配 break 的控制方式很有用，建议读者认真体会。

利用 continue 语句可以结束当前循环，直接进入下一次循环。下面的代码为当 a 是偶数的时候，跳过当前的循环。

```
a = 10
while a > 5:
    a = a - 1
    if a % 2 == 0:
        continue
    print(a)
```

输出结果如下：

```
9
7
5
```

为了帮助读者理解上面的代码，表 2.6 列出了上面代码 5 次循环中变量 a 的情况。

表 2.6　循环示例

循环次数	变量 a 的值	a % 2 == 0	a > 5
1	9	False	True
2	8	True	True
3	7	False	True
4	6	True	True
5	5	False	False

读者思考一下下面的代码会输出怎样的结果。

```
for a in range(0, 10):
    if a % 2 == 0:
        continue
    else:
        print(a)
```

2.4.8　zip()函数

Python 内置了很多辅助迭代列表的工具，zip()函数是其中之一。下面来介绍 zip()函数的用法。zip()函数对于同时迭代两个序列十分有用。例如，有下面两个序列：

```
months = ["一月", "二月", "三月"]
# 每月的温度
temperature = [10, 8, 15]
```

现在需要打印每个月的名称和温度，可以如下所示借助列表索引：

```
for i in range(0, 3):
```

```
    print("%s, %d" % (months[i], temperature[i]))
```

输出结果如下：

```
一月, 10
二月, 8
三月, 15
```

更简便的方法是使用 zip()函数，返回一个可以迭代的对象，用 list 方法可以把这个迭代对象转换成列表。

```
list(zip(months, temperature))
```

输出结果如下：

```
[('一月', 10), ('二月', 8), ('三月', 15)]
```

用 for 循环遍历输出的结果与前面代码的结果是一致的。

```
for pair in list(zip(months, temperature)):
    print("%s, %d" % (pair[0], pair[1]))
```

2.4.9 列表推导式

列表推导式是 Python 语言的特色语法。下面通过一个例子说明列表推导式的作用。

有一个整数列表，要在其中找出偶数，并把这些偶数放到一个新的列表中。按前面介绍的知识可以使用 for 循环和列表的 append 方法。代码如下：

```
intList = [1, 3, 4, 7, 9, 10, 12]
evenList = [ ]
for i in intList:
    if i % 2 == 0:
        evenList.append(i)
print(evenList)
```

输出结果如下：

```
[4, 10, 12]
```

使用列表推导式可以大大简化这段代码。

```
evenList = [i for i in intList if i % 2 == 0]
```

其中“if i % 2 == 0”是判断条件。for 关键字之前的变量 i 是每次循环中返回的值。

列表推导式还能进行一些运算，例如：

```
# 将 intList 的每个元素乘以 2
list1 = [i*2 for i in intList]
print(list1)
```

输出结果如下：

```
[2, 6, 8, 14, 18, 20, 24]
```

读者可以试试运行以下代码看看结果。

```
list2 = [i*2 for i in intList if i % 2 == 0]
print(list2)
```

2.4.10 用 Python 实现简单的猜数游戏

下面用之前学过的知识进行一个猜数游戏。游戏的具体流程是：先随机生成一个 0～10 的数字，然后让用户把猜的数字填到输入框中，程序自动判断是否猜对。如果猜对的话，把猜的次数输出，如果没有猜对，给出提示。

代码 2-1 猜数游戏

```
import random
# 生成 10 以内的随机数
randomint = random.randint(0,10)
# 猜的次数
guessTimes = 0
while True:
    guess = int(input("请输入猜测的数字:"))
    guessTimes = guessTimes + 1
    if guess == randomint:
        print("猜对了, 猜了{times}次".format(times=guessTimes))
        break
    elif guess < randomint:
        print("猜测的数字比正确值小")
    else:
        print("猜测的数字比正确值大")
```

2.5 用函数简化代码

扫一扫，看视频

本节将介绍如何自定义函数，包括各种函数参数的形式。第 1 章中介绍过有可读性更高的方法可以完成字符串格式化，这种方法就是依赖函数的关键字参数。

学习本节之后，就能用普通函数和匿名函数简化代码，使代码可读性更高。

2.5.1 定义函数

本节介绍函数的两个重要概念：函数参数和作用域。函数参数是函数与外界沟通的桥梁，作用域则限定了变量的作用范围。函数的参数有一种重要形式就是关键字参数。

1. 函数参数

函数一般由函数名、参数、函数体、返回值组成，其中函数名和函数体是必需的。

```
def plus(x, y):
    b = x + y
    return b
```

在上面的例子中，plus 是函数名，x 和 y 是参数，第二行和第三行语句是函数体。这个函数运算完毕返回变量 b 的值。

当函数体内没有 return 语句时，那么默认的返回值是 None。下面的函数 plus1 就没有 return 语句，print 语句的输出结果是 None。

```
def plus1(x, y):
    b = x + y
print(plus1(2, 3))
```

函数也可以没有参数。

```
def printSeparator():
    print("=======")
    print("=======")
printSeparator()
```

下面代码中 hello 函数有一个参数，参数名是 name，subtract 函数则有两个参数 x 和 y。

```
def hello(name):
    print("Hello " + name)
hello("Jimmy")
hello("Green")

def subtract(x, y):
    return x - y

result = subtract(3, 2)
print(result)
result = subtract(2, 3)
print(result)
```

第一次调用 subtract 函数，x 与 3 对应，y 与 2 对应；第二次调用 subtract 函数，x 与 2 对应，y

与 3 对应。

2. 关键字参数

有时一个函数的参数会非常多，需要记住每个参数的含义，这对于使用函数的人来说体验很不好。为了解决这个问题，Python 引入了非常实用的关键字参数。在 Python 数据分析库里经常要使用这种调用函数的方法。下面的代码中 name 和 action 都是关键字参数。

```
def work(name, action):
    print(name + " " + action)

work(name="Ada", action="run")
work(action="jump", name="Grace")
```

输出结果如下：

```
Ada run
Grace jump
```

可以看到关键字参数的顺序对运行结果没有影响。

关键字参数可以设定默认值。下面代码中 work 函数的关键字参数 action 的默认值是字符串 run。

```
def work(name, action="run"):
    print(name + " " + action)

work(name="Ada")
work(name="Grace", action="jump")
```

第 1 章里说过有更好的格式化字符串的方法，其实就是利用关键字参数。

```
a = 1 + 2
print("计算结果是: {result}".format(result=a))
```

这里 result 就是一个关键字参数。字符串{result}对应着关键字里的 result。在 2.5.6 节将会详细介绍字符串格式化的内容。

3. 作用域

在谈作用域之前，读者先试试运行以下代码，看看 print(a)的输出结果是什么。

```
a = 1
def fun1(x):
    a = 2 + x
fun1(2)
print(a)
```

输出结果是 1，而不是 4，这是为什么呢？这就涉及 Python 语言中作用域的知识。虽然函数内的变量和函数外的变量名称是一样的，但是它们是不同的两个变量，所以函数内变量 a 的改变并不会影响函数外的变量 a。

作用域可以简单理解为变量起作用的范围，每个函数都会创建一个属于自己的作用域。关于作用域的概念，读者暂时只需要记住一点，函数里的变量和函数外的变量即使名称相同也是相对独立的。

如果使用函数外的变量的值，可以通过参数传入函数里。例如，在下面的例子中，通过参数 x 把函数外 a 的值传入函数 test 中，最后的输出结果是 3。

```
a = 1
def test(x):
    b = x + 2
    print(b)

test(a)
```

2.5.2　用函数简化代码的实例

学习了如何定义函数之后，就可以把一些希望重复使用的代码放到函数中，让代码更加简洁易懂。如果以后要修改这些代码，也只需要修改函数，而不是将所有调用代码的地方都修改一遍。

例如，编写一个判断素数的程序，判断素数的方法是把数字 *n* 除以 2～*n*-1 的每一个数，看看余数是否为 0。

代码 2-2　判断素数

```
number = int(input("请输入数字"))
if number <= 1:
    print("不是素数")
else:
    is_prime = True
    for divisor in range(2, number-1):
        if number % divisor == 0:
            is_prime = False
            break
    if is_prime:
        print("{n}是素数".format(n=number))
    else:
        print("{n}不是素数".format(n=number))
```

上面的代码虽然已经完整地实现了需求，但是可读性和重用性可以再提高。其中一个改进方向就是把判断素数的代码独立成一个函数，这样就不需要为了判断素数，把上面的代码复制到程序中的其他地方。

代码 2-3　判断素数改进版

```
def is_prime(number):
    if number <= 1:
        return False

    for divisor in range(2, number-1):
        if number % divisor == 0:
            return False

    return True

number = int(input("请输入数字"))
if is_prime(number):
    print("{n}是素数".format(n=number))
else:
    print("{n}不是素数".format(n=number))
```

可以看到引入函数之后代码变得简单清晰。is_prime()也可以很方便地用到程序中其他需要判断素数的地方，而且修改判断素数的方法之后，调用 is_prime()方法的代码不需要做任何修改。

2.5.3　模块

Python 编程往往会把功能相关的函数和对象归类到同一个地方，这样就引入了模块的概念。使用模块来组织代码有利于代码的管理，在程序中可以通过模块名调用模块中的函数、对象和预定义常量。

想要使用某个 Python 模块的功能，先要使用 import 语句导入该模块。调用内置函数（如 len()、enumerate()等）的时候，不需要先执行 import 语句。

import 语句最常用的三种写法如下，module 对应模块名。

```
import module
module.function()

import module as m
m.function()

from module import funxxx
funxxx()
```

下面给出三种写法对应的具体例子。

```
import random
random.randint(0, 9)

import numpy as np
```

```
import pandas as pd
np.ones(3)
s=pd.Series({'a':1,'b':2,'c':3,'f':4,'e':5})

from datetime import date
print(date(2019, 11, 11))
```

本书中常用的类库 Pandas 和 NumPy 可以按如下方式导入：

```
import pandas as pd
import numpy as np
```

2.5.4 匿名函数

在 Python 数据分析中，经常要用匿名函数来筛选数据和变换数据。匿名函数就是一种没有函数名的函数。Python 使用 lambda 表达式来创建匿名函数。

lambda 表达式的语法如下：

```
lambda [arg1 [,arg2, ..., argn]]:expression
```

下面的代码就是一个匿名函数的例子，这个函数的作用就是给出返回输入值加 1 之后的结果。

```
lambda x: x + 1
```

lambda 表达式分为三部分：lambda 关键字、参数和表达式，参数和表达式用冒号隔开。上面的例子中 x 是参数，x+1 是表达式，调用匿名函数的时候 Python 解释器会计算表达式的值，并作为返回值。

匿名函数可以赋值给一个变量之后，再进行调用。

```
plusone = lambda x: x + 1
plusone(2)   # 输出结果是 3
```

不要在 lambda 表达式中使用过于复杂的运算逻辑，以免影响代码的可读性。如果确实需要使用复杂的逻辑，请使用普通函数。

2.5.5 列表推导式和函数

列表推导式可以结合函数一起使用。这里举一个实例来说明这种用法。

用 Python 实现一个小功能，检查一组号码，看看哪些号码是正确的手机号码。如果号码是正确的，把号码中间的 4 位数字换成星号。如果号码不正确，则把号码换成空字符串。判断号码是否正确的标准是号码的长度是否等于 11。实现这个需求的 Python 示例见代码 2-4。

代码 2-4　转换手机号码

```
mobiles = ["134246208", "13424620666", "18924627770", "150333444"]
```

```
def maskMobile(str):
    if len(str) == 11:
        return str[0:4] + '****' + str[8:]
    else:
        return ""
[maskMobile(m) for m in mobiles]
```

输出结果如下：

```
['', '1342****666', '1892****770', '']
```

2.5.6 字符串格式化

把变量转换为字符串并设置格式是常用的操作，这里面的需求很复杂，所以 Python 提供了很多字符串格式化的方法。本节之前都是使用百分号来实现字符串格式化，现在引入一种新的方法：格式字符串。格式字符串是一个字符串，它描述了变量转换成字符串的规则。一个格式字符串主要包括三部分：

- 字段名。可以不写，用于指定使用哪个值来替换。
- 转换标志。可以不写，数据分析中使用较少，本书不作介绍。
- 格式说明符。格式说明符前面有一个冒号。表 2.7 为常用的格式说明符。

表 2.7 常用的格式说明符

类　型	含　义
d	整数
f	小数
g	一个数字根据情况选择用定点表示法或科学表示法
e	科学计数法
s	字符串
%	百分比

如果不使用这些格式字符串，很多常规的字符串转换操作将会变得非常繁琐。格式字符串的内容很多，本节只介绍格式字符串最常用的部分。

下面这个例子中的格式字符串只有字段名：

```
'{a} {b}'.format(a='one', b='two')
# 'onetwo'
```

从输出结果看到，format 方法的关键字参数 a 和 b 的值与字符串“{a} {b}”一一对应。

格式字符串可以实现数字填充的效果。例如，用 0 填充数字，使数字达到指定位数。

```
'{:010d}'.format(313)
# '0000000313' 扩充到 10 位
```

格式字符串可以为整数添加小数位。

```
"{:#g}".format(32)
#  '32.0000'
"{:#.3g}".format(32)
#  '32.0'
"{:#g}".format(320000000000000000)
# '3.20000e+17'
```

格式字符串也可以把小数转换为百分比的形式。

```
'{:+.2%}'.format(0.75)
# '+75.00%'
```

格式字符串可以控制小数位后数字的显示方式，例如：

```
'{:.2f}'.format(3.12312)
# '3.12' 只显示小数点后的两位数字
```

在正数之前添加加号。

```
'{:+.2f}'.format(3.12312)
#  '+3.12'
```

格式字符串可以实现对齐效果，其中“<”代表左对齐，“>”代表右对齐，“^”代表居中对齐，例如：

```
'{:>10.2f}'.format(3.12312)
#  结果是字符串'      3.12'，总长度为 10
'{:<10.2f}'.format(3.12312)
#  结果是字符串'3.12      '，总长度也是 10
'{:^10.2f}'.format(3.12312)
#  结果是字符串'   3.12   '，总长度也是 10
```

2.5.7 练习题

（1）编写一个函数，用于计算圆形的面积。

（2）编写一个函数，计算一个整数列表的平均值，如[1, 3, 4, 5, 6]的平均值是 3.8。

（3）用 Python 实现一个简单的房贷计算器。

```
def monthlyPayment(totalLoans, rate, years):
    # totalLoans 总贷款额
    # rate 贷款年利率
    # years 贷款期限
```

（4）某件事情是每隔 7 天做一次，从 2019 年 1 月 1 日开始。请用 Python 计算 2019 年至 2020

年中具体哪些天要做这件事情，把这个功能封装成一个函数。

（5）修改 2.5.5 小节中的示例代码 2-4，检查手机号码的时候，号码开头为 139、138、188、158 而且长度等于 11 的手机号码才判断为正确的电话号码。

（6）有两个列表 list1 和 list2：

```
list1 = ['A', 'B', 'C', 'D', 'E']
list2 = ['G', 'B', 'C', 'H', 'J']
```

用 Python 实现如下需求：

- 找出两个列表的公共元素。
- 找出属于 list1 而不属于 list2 的元素。
- 找出属于 list2 而不属于 list1 的元素。

（7）如果不使用 range()函数，则利用 while 循环实现下面代码的功能。

```
for i in range(5):
    print(i)
```

2.6 面向对象入门

扫一扫，看视频

对于初学者，可以先学习面向对象的基本概念，懂得创建对象和调用对象的方法。至于如何创建自定义类，在本书后续的章节中用到的地方不多，可以慢慢学习和熟悉。

2.6.1 面向对象的基本概念

本节主要讲解面向对象的基本概念。面向对象中主要有两个概念：类和对象。类用来表示一些抽象的概念，如汽车、飞机、动物。对象则对应具体的事物，如具体的一辆汽车和一架飞机。类也可以表示一些虚拟的东西，如银行账户、几何里的三角形。

对象由属性和方法组成。属性是从属于对象的变量，方法是从属于对象的函数，对象的方法与函数很像。方法与函数的不同之处在于，方法可以直接访问所属对象本身。

从上面的介绍可以看出，面向对象实际是一种抽象手段。它把现实世界中各种需要重用的抽象概念提取出来，用类来表示。同时类实例化之后变成各个对象，对象之间的状态是独立变化的，这样易于管理。

有了面向对象之后，编程的时候可以更多地从抽象层面去表达要实现的功能，不需要过早地纠结于具体的实现细节。类似于为了解决工程的测量计算问题，先抽象出矩形和圆形等几何概念，然后把这些基本几何对象的性质研究清楚。合理使用面向对象编程往往让代码更符合人们的思维习惯，让代码更容易修改和理解。

2.6.2 Python 中的面向对象

在作数据分析的时候，常常调用已经写好的类库。至于如何自定义一个新的类，初学者初步了解即可，等以后有需要自定义类的时候再参考示例代码逐步掌握。

本节将结合具体的例子讲解 Python 面向对象的基本语法。下面的代码定义了一个 Car 类，并实例化这个类，调用这个类的几个方法。

```
# 对象定义
class Car:
    miles = 0
    #获取行驶距离
    def getMiles(self):
        return self.miles
    #汽车行进
    def run(self, x):
        self.miles = self.miles + x
    #汽车停止运动，行驶距离清零
    def stop(self):
        self.miles = 0
# 对象创建
car1 = Car()
car2 = Car()
# 对象方法调用
car1.run(10)
car2.run(90)
print(car1.getMiles())
print(car2.getMiles())
car1.stop()
print(car1.getMiles())
```

代码的第一部分是 Car 类的定义。类的名字一般用大写字母开头。Car 类的定义中总共有一个属性和三个方法。方法定义以 def 开头，跟普通函数的定义比较像。接着，实例化两个不同的 Car 对象 car1 和 car2，它们使用的 run 方法和 stop 方法都与上面 Car 类的定义一一对应。另外可以看到它们各自的 miles 属性的值也是独立的，也就是说对象之间的状态是相对独立的。

上面示例代码中的类结构如图 2.11 所示。

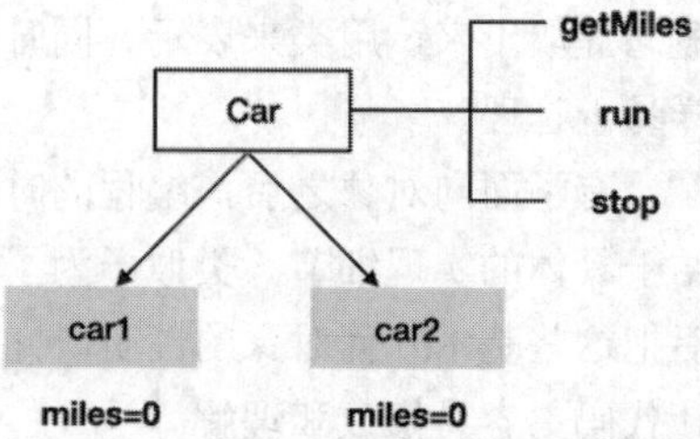

创建对象的语法如下：

```
obj = 类名()
```

对象方法调用的语法如下：

```
对象.方法名()
```


图 2.11　面向对象的类结构示意图

或

```
对象.方法名(参数)
```

2.6.3 用 Python 模拟一个简单的角色扮演游戏

下面用 Python 模拟一个简单的角色扮演游戏，让读者加深对 Python 面向对象的理解。

这个游戏中有三个对象 Player、Enemy 和 Item，分别代表玩家、敌人和物品。Player 可以移动、攻击和拾取物品。假定 Player 是在二维平面中运动，Enemy 可以执行攻击操作；Item 类代表物品，有名字和数量两个属性。

代码 2-5 一个简单的角色扮演游戏

```
class Player:
    def __init__(self):
        self.inventory = []                   # 玩家所拥有的物品
        self.hp = 100                         # 玩家角色的生命值
        self.position = {"x":0, "y":0}        # 角色的位置
        self.damage = 10                      # 攻击力
    def move(self, x, y):
        self.position = {"x":x, "y":y}
    def attack(self, enemy):
        enemy.hp = enemy.hp - self.damage
    #添加物品
    def pick(self, item):
        self.inventory.append(item)
    def is_alive(self):
        return self.hp > 0

class Item:
    def __init__(self, name, value):
        self.name = name
        self.value = value

class Enemy:
    def __init__(self, name, hp, damage):
        self.name = name
        self.hp = hp
        self.damage = damage
    def attack(self, player):
        player.hp = player.hp - self.damage
    def is_alive(self):
        return self.hp > 0
```

定义了这几个类之后，接下来使用它们创建对象。下面的代码先创建了五个对象，分别是玩家、两个敌人、两个物品，然后是调用 Player 对象的几个方法。

```
# 创建对象
player = Player()
lion = Enemy(name="狮子", hp=30, damage=5)
tiger = Enemy(name="老虎", hp=20, damage=4)
gold = Item("金", 10)
silver = Item("银", 5)

# player 移动
player.move(30, 20)
print(player.position)

# 攻击
player.attack(lion)
print(lion.is_alive())
player.attack(lion)
player.attack(lion)
print(lion.is_alive())
player.attack(tiger)
tiger.attack(player)

# 拾取物品
player.pick(gold)
player.pick(silver)
print("装备:")
for i in player.inventory:
    print("{name}, {value}".format(name=i.name, value=i.value))
```

这个例子综合了之前所学的各种知识，建议读者好好体会。本例只是让初学者熟悉面向对象编程而设计，实际上游戏编程中的面向对象设计与示例代码有很大差别。

2.6.4 练习题

（1）编写一个 Rectangle 类表示矩形，这个类有 height 和 width 两个属性，有两个方法分别用来计算矩形周长和面积。

（2）有一个 Person 类，有姓名和年龄两个属性，试着添加一个 age 方法用于计算年龄。

```
from datetime import datetime

class Person:
    def __init__(self, name, birthdate):
        self.name = name
        self.birthdate = birthdate
    def age(self):
        pass
```

```
p = Person("Jim", datetime.date(1999, 1, 1))
print(p.age())
```

（3）编写一个 Python 程序来模拟一个公司里的人员，这个程序有三个类：Company、Employee 和 Manager。Company 类代表公司，包含一个 Employees 列表和一个 Managers 列表。Employee 和 Manager 类都有三个属性 name、age、salary。Employee 类有一个工作天数 workdays 属性和一个 work 方法。调用 work 方法之后工作天数自动加 1，工作 1 天，薪水增加 100 元。

2.7 小结

本章介绍了 Python 的基本语法和常用数据结构。

- 变量名：一个用于标识内容的字符串。可以通过赋值语句让变量名对应不同的数据内容，在程序中通过变量名读取和修改变量对应的内容。
- 数据类型：每个变量属于某种数据类型。常用的数据类型有布尔、整数、字符串、时间日期。表 2.8 总结了字符串的常用方法。

表 2.8　字符串的常用方法

方　法	说　明
len	获取字符串长度
split	分割字符串
join	用某个字符串连接字符串
find	查找字符串
replace	替换字符串
strip	移除字符串头尾指定的字符
ljust、rjust	左对齐、右对齐
format	格式化字符串

- 表达式：表达式可以由数字和字符、变量、括号、运算符等组成，表达式的运算结果是一个值。
- 语句：一个语句对应着程序中的某个操作。
- 函数：一段可以复用的代码，负责完成某项特定任务。可以向函数传入参数，在函数体中使用这些参数。可以使用 return 语句返回运算结果。如果函数中没有 return 语句，那么默认返回 None。函数可以使用关键字参数，让函数更容易使用。每个函数都会创建一个属于自己的作用域。
- 匿名函数：用 lambda 可以创建一个匿名函数，适当运用匿名函数可以简化代码。
- 模块：模块中包含各种预先编写好的函数和类。通过 import 语句可以导入 Python 模块。
- 代码块：通过缩进来创建代码块，一般一级缩进对应 4 个空格。

- for 语句：主要用于遍历列表和字典等可迭代的对象。列表推导式可以简化很多原本用 for 语句实现的功能。
- range 函数既可以用于生成等差数列，也可以用于实现重复执行某个操作 *N* 次。
- if/else/elif 语句：都属于条件语句。条件语句根据判断条件的结果决定是否执行对应的代码块。
- while 语句：当满足某个条件的时候，重复执行某个操作。
- continue 语句：跳过循环体中剩下的代码，直接开始下一次循环。
- break 语句：用于跳出循环。
- 类：用来表示一些抽象的概念。对象是类的实例，对象由属性和方法组成。
- Python 中最常用的数据结构有三种：列表、字典、元组。元组与列表类似，只是元组创建之后不能修改。列表使用索引来读取存储的值，字典使用键（key）来读取对应的值。列表和元组都能用 len 方法获取元素个数。列表常用的方法有 append、extend、pop、reverse；字典常用的方法有 items、values、keys。
- 利用列表推导式可以从已有的列表创建新的列表。

第 2 篇
Python 数据处理

第 3 章

数据分析入门

本书所说的数据分析主要是指商业领域的数据分析，一般是分析日常经营活动数据，从中了解企业现状、总结规律。通过本章的学习，建立对数据分析的总体认识，了解商业数据分析的作用和基本流程。

3.1 数据分析概述

在介绍如何用 Python 进行数据分析之前，要知道数据分析究竟要分析什么，也就是通过数据分析要达到什么目的。毕竟 Python 只是数据分析的一个工具，只有明确数据分析的作用，才能让这个工具为我们服务。

在数据分析中，面对各种关系复杂数量庞大的业务数据，往往会遇到不知道该从何下手的问题。本节会给出一些常用的数据分析指标，通过计算和观察这些指标的变化，可以获取数据分析的灵感。

3.1.1 数据分析的作用

在商业领域，基于数据通过分析挖掘出对公司有用的信息，可以从这些信息中得出具体的执行计划，从而解决商业问题。数据分析得出来的结论可以与业务部门的已有经验相结合，更好地为企业经营服务。

数据分析过程中，需要分析人员对具体的业务有深入的了解。

数据分析的作用大概有以下几点：

（1）监测当前业务状况。企业可以在原始数据基础上计算出一些关键的业务指标。通过定时观察这些指标，可以知道业务发展是否符合预期，及早发现业务发展过程中的问题。

（2）发现商业背后的规律。数据分析人员利用各种统计分析方法去挖掘数据背后的因果关系和变化规律，根据规律制定计划。

（3）挖掘商机。利用数据可以发现客户的新需求，开发出有潜力的产品。

（4）预测未来走势。例如预测产品未来的销量，从而优化库存和进货策略。

从产品生命周期的角度看，数据分析在不同生命周期要解决的业务问题是不一样的。

产品生命周期一般分为起步期、成长期、成熟期、衰退期。下面说说在不同周期中数据分析有哪些作用。

（1）起步期。这个时期数据分析的任务就是通过业务数据验证产品是否可行、需求是否真实存在。这里的业务数据可能是线上广告投放效果数据，优惠券使用情况，新品的首月销售数据等。

（2）成长期。产品在起步期得到验证之后，公司在营销方面开始投入资金。这个时期数据分析的任务是寻找让用户量或者销量高速增长的方法。例如希望通过数据分析发现哪些渠道容易获取客户。

（3）成熟期。在产品的成熟期，新用户增长减缓，竞争对手也会试图瓜分市场份额。这个时期数据分析的任务是用户群体的细分、产品的细分。

（4）衰退期。再优秀的产品也会经历衰退的阶段。产品衰退的原因有很多，原因可能是竞争对手的同类产品已经超越了本公司产品，也有可能是整体市场的萎缩。这个时期数据分析的任务是延长产品生命周期，挖掘新的用户需求。

3.1.2 常用数据分析指标

这里总结一下日常数据分析中会用到的一些指标，这些指标对公司业务有很大的参考价值。通过计算这些指标，观察这些指标的变化规律，打开数据分析的思路。数据分析指标可以分为用户、商品、供应链、流量、内容 5 大类。

1．用户数据

（1）活跃用户数。在不同的公司中，活跃的定义也不同。根据周期不同可以分为以下几种：日活跃用户数量、周活跃用户数量、月活跃用户数量。统计月活跃用户数量的时候，要注意去重，因为月活跃用户数量并不是日活跃用户数量之和。

（2）新增用户数。按时间可以分为日新增用户数和月新增用户数。至于如何定义新增用户，需要结合业务实际去考虑。

（3）留存率。

留存率的相应指标公式如下：

次日留存率：（某天新增用户中，第二天还登录的用户数）÷某天新增用户数

3 日留存率：（某天新增用户中，第三天还登录的用户数）÷某天新增用户数

4 日留存率：（某天新增用户中，第四天还登录的用户数）÷某天新增用户数

以此类推，还有周留存率和月留存率，分母分别是某周的新增用户数和某月的新增用户数。与统计活跃用户类似，周留存率和月留存率也要注意去重。

对于用户访问带有明显周期性的产品，可以改用 *N* 日内留存率，这样更能反映真实情况。*N* 日内留存率的公式如下：

N 日内留存率=(第二至第 *N* 天内还登录的用户数)÷第一天新增用户数

日留存率常用于衡量一个推广渠道的质量，周留存率和月留存率则可以衡量一个互联网产品的黏性。

图 3.1 演示了某个网站 1 月 6 日统计的留存率的情况。

首次使用时间	新增用户	留存率			
		1天后	2天后	3天后	4天后
2020/1/1	100	25%	15%	10%	5%
2020/1/2	103	24%	14%	9%	
2020/1/3	95	23%	13%	8%	
2020/1/4	50	24%	14%		
2020/1/5	60	25%			

图 3.1　留存率示意图

（4）渠道来源。渠道来源指用户从哪里来。常见的渠道来源有网站（如官网、视频网站）、电子邮件、手机短信、手机 APP、搜索引擎（自然流量和付费流量）、自媒体（如微信公众号）、

社交媒体（如微博）、线下推广活动等。分析不同渠道来源的占比，可以了解产品在各个渠道的表现。

2．商品数据

常用的商品数据包括订单量、订单销售金额（这里指的是用户实际支付的金额）、商品销售量、商品销售额、客单价、销售毛利率、重复购买率、订单转换率。

客单价是指平均每个用户的下单金额。计算公式如下：

客单价=订金金额 ÷ 订金用户量

销售毛利率是用于衡量商品利润的指标。计算公式如下：

销售毛利率 =（销售收入-销售成本） ÷ 销售收入×100%

销售收入=销售量×单位售价

销售成本=销售量×单位成本

重复购买率，简称复购率。重复购买率越高，反映出消费者对该产品的认可程度越高。计算方法是先计算出重复购买某个产品的客户数，然后除以客户总数。10 个客户购买了产品，其中 3 个重复购买，那么重复购买率为 30%。

订单转换是指用户访问网站进而成为网站的消费用户。订单转换率越高，代表运营水平越高。订单转换率的计算公式如下：

订单转换率=产生订单的访问量 ÷ 总访问量

3．供应链数据

库存可用天数是指现有库存可以满足供应的天数。计算公式如下：

库存可用天数=库存数量 ÷ 每日销售数量

库存周转率是指某个时间段内的销售商品金额与该时段库存平均金额的比值。计算公式如下：

库存周转率=年销售商品金额 ÷ 年平均库存商品金额

库存量是指一定时间内库存商品的数量。

滞销率是指一个周期内没有成交商品数量占总商品数量的百分比。计算公式如下：

滞销率=(进货量-实销量) ÷ 进货量×100%

缺货率常常作为监控预警指标，指导经营决策。缺货率的计算公式如下：

缺货率=缺货商品数量 ÷ 客户订货数量

4．流量数据

页面浏览量（page views，PV）指的是网站的页面被打开的次数。

独立访问人数（unique visitors，UV）反映了访问网站的用户数。UV 按时间可以分为每小时 UV、每天 UV、每周 UV、每月 UV。

新独立访客是指首次访问网站的访客。

平均访问深度是指平均每个访问网站的用户看了多少个页面。平均访问深度越大，说明网站对用户的黏性越大。计算公式如下：

访问深度=PV ÷访问次数

访问时长是指在选定的时间范围内，持续时间不同的访问次数在所有访问中的分布情况。图 3.2 展示了某个网站访问时长的统计情况。

访问持续时间（秒）	访问次数	百分比
0-10	100	40.00%
11-30	50	20.00%
31-60	40	16.00%
61-180	30	12.00%
180-600	20	8.00%
601+	10	4.00%

图 3.2　访问时长示意图

弹出率是指用户访问着陆页之后没有单击第二个页面就离开了。着陆页是指用于推广营销的独立页面，如用户单击互联网广告之后跳转到的营销页面。弹出率的计算公式如下：

弹出率=弹出次数 ÷ 着陆页访问次数

转化率用于衡量转化的效率。转化意味着一个用户动作，可能是留言，可能是收藏商品，也可能是购买商品。确定了什么样的用户动作是一次转化，就可以计算转化率。计算公式如下：

转化率=转化次数 ÷ 总访问量

这些数据一般可以通过网站统计软件获取，如百度统计、Google Analytics。

5. 内容数据

这里内容指的是某篇文章、某条微博、某个短视频。常用的内容互动数据指标有浏览数、浏览时长、点赞数、转发数、评论数、收藏数。

3.2　数据分析的基本流程

本节主要讲述日常数据分析的基本流程。数据分析的基本流程可以分为以下几个阶段：

（1）分析业务需求，明确数据分析要解决的问题。

（2）获取数据。

（3）探索数据，了解数据的基本情况。

（4）数据预处理。

（5）分析数据。

（6）把数据分析结果整理成数据报告。

1. 分析业务需求，明确数据分析要解决的问题

首先数据分析人员要与业务运营部门或者公司领导进行沟通，了解实际的业务需求。例如，希望通过数据分析发现有发展潜力的产品，然后制定相应的销售计划。

2. 获取数据

这一步一般是从数据库或者 Excel 文件中读取数据。常见的数据库有 MySQL、Microsoft SQL Server、Oracle。数据分析人员也常常会从第三方平台（如百度统计和微信公众号后台）下载数据。要获取什么数据是根据第一步的分析思路确定的。

3. 探索数据

获取数据之后，可以看看数据中有多少个字段，每个字段数据值的大致分布状况。如果获取的数据字段不能满足数据分析需求，就需要重新获取数据。这个步骤中可以适当地使用数据可视化的方法，探索数据的规律。

4. 预处理数据

获取到的原始数据往往存在异常、缺失和重复的情况，所以在使用数据之前，要对数据进行预处理。处理的方式有丢弃、补全等。如何用 Python 预处理数据会在第 6 章里详细介绍。

5. 分析数据

这一步就是对已经完成了预处理的数据运用各种数据分析方法，针对业务需求进行分析，分析数据的基本方法主要有比较分析法、分组分析法、结构比例分析法、计算汇总统计量分析法、交叉分析法。

（1）比较分析法。比较主要有两种：纵向比较和横向比较。纵向比较是指同一事物在不同时期的比较；横向比较是指两个或多个不同事物之间的比较。

纵向比较包括同比和环比两种。同比是指本期数据与历史相同时期的数据比较。例如，2019 年 11 月的销售额是 1000 元，2018 年 11 月的销售额是 800 元，同比增长 25%。环比是指本期数据与上期数据比较。例如，2019 年 11 月的销售额是 1000 元，2019 年 12 月销售额是 800 元，环比减少 25%。营销活动前后商品销售量的对比也属于纵向比较。

商业数据分析中，常见的横向比较有同类产品的比较、同类企业的比较、不同地区之间的比较。

（2）分组分析法。分组分析是指根据数据的特点，按照一定的规则把数据划分为不同的部分进行研究。不同部分之间进行比较，查看各个部分占整体的比例。例如，把中国的城市按人口数量划分为几个组别。分组之后，具有相似性质的对象合在一起，方便比较和发现规律。根据具体情况，分组的方法有很多，有等距分组，也有不等距分组。分组可以按照属性，也可以按照数量指标。例如，按男、女性别来分组就是按照属性来分组，按考试成绩来分组就是按照数量指标来分组。建议要设置合理的组数，组数太多，组与组之间的差异不够大；组数太少，组内的特征不明显。

（3）结构比例分析法。结构比例分析法是指观察总体内各个部分占总体的比例，从而发现规律

的一种分析方法。

结构比例分析法需要计算各个部分的结果指标。结构指标的计算公式如下：

结构指标（%）=（总体中某一部分的值 ÷ 总体总量）×100%

结构指标在实际分析中应用很广。例如，一个公司中有几个不同产品的销售额，可以计算每种产品占总销售额的比例，销售占比越大的产品对公司销售额的影响越大。

结构比例分析常常借助饼图来实现。如何用 Python 绘制饼图在本书第 9 章会详细介绍。

（4）计算汇总统计量分析法。在日常生活中，我们常常用一两个数字去概括大量数据，如北京人均收入的中位数、北京的平均房价。这些数字就是我们所说的汇总统计量。

常用的汇总统计量有平均值、中位数、标准差。下面逐一介绍这些统计量。

平均值是指一组数据中所有数据之和除以数据个数得到的值，可以反映数据的一般水平状况。

把一组数据从小到大排列，在位于中间的一个数叫作这组数据的中位数。数据的个数是偶数时，中位数是两个数字的平均值。

方差是 N 个数据到均值距离的平方和除以（N-1）。标准差是方差的算术平方根。标准差越大，数据越分散；标准差越小，数据越集中。标准差在实际中比方差更加常用。

（5）交叉分析法。交叉分析其实就是一种类似 Excel 数据透视表的分析方法。对于二维的交叉分析，具体的做法就是把一个变量放到行，一个变量放到列，然后把汇总数据填到每行与每列交叉的那个单元格内。

下面举一个例子说明。如图 3.3 所示的销售表，统计了 1—3 月份北京、上海、广州三个城市的销量。

在 Excel 中创建数据透视表，月份放在列，城市放在行，如图 3.4 所示。

	A	B	C	D
1	月份	地区	销量	
2	1	北京	100	
3	1	广州	200	
4	1	上海	150	
5	2	北京	250	
6	2	广州	300	
7	2	上海	200	
8	3	北京	100	
9	3	广州	300	
10	3	上海	400	
11				

图 3.3　三个城市的销量统计

Sum of 销量	Column Labels			
Row Labels	1	2	3	Grand Total
北京	100	250	100	450
广州	200	300	300	800
上海	150	200	400	750
Grand Total	450	750	800	2000

图 3.4　三个城市的销量统计数据透视表

通过这个数据透视表可以很清晰地知道每个城市的总销量，每个月份的总销量以及每个月份不同城市的销量情况。

（6）公式拆解法。公式拆解法就是把业务目标按照公式进行分解，从而确定工作的重点。例如销售额可以这样拆分：

销售额=流量×转换率×客单价

从上面公式可以看出提高销售额可以从三方面努力：提高流量、提高转换率、提高客单价。对于价格不是太高的产品，销售工作的重点就放在提高流量上。对于客单价较高的产品，销售工作的重点应放在如何提高转换率上。

使用公式拆解法还可以对公式的因素进行进一步拆解。例如，上面的流量因素又可以进一步拆分为付费流量和免费流量。付费流量可以拆分为线上广告和线下广告流量，然后结合前面的结构分析和比较分析去分析流量的构成，最终得出流量的高性价比优化策略。

（7）矩阵分析法。矩阵分析法是一种分类分析的方法。把事物的两个属性分别按某个标准划分两部分，构成四个象限，然后把该事物的各种实例分配到这四个象限中。

矩阵分析法一个典型的例子就是波士顿矩阵。波士顿矩阵是由美国大型商业咨询公司波士顿咨询公司创立的一种规划企业产品的方法。波士顿矩阵就是把公司的产品按照销售增长率与市场占有率这两个维度划分为四种类型，如图 3.5 所示。

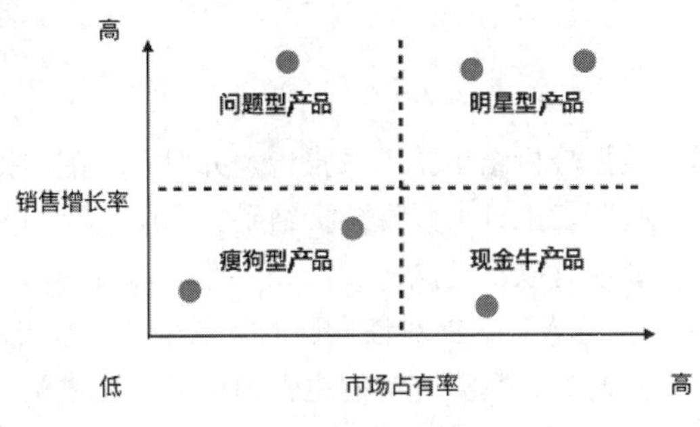

图 3.5　波士顿矩阵分析

明星型产品：销售增长率高而且市场占有率也高的产品。这类产品需要加大投资使其更好地发展。

问题型产品：销售增长率高但市场占有率低的产品。这类产品应该采取选择性投资的策略，即寻找这类产品中哪些经过扶持之后会变成明星型产品。

现金牛产品：销售增长率低但市场占有率高的产品。这类产品一般已经进入成熟期，无须大量的投资。这类产品是企业现金的来源，用于支持其他业务的发展。

瘦狗型产品：销售增长率低同时市场占有率也低的产品。这类产品一般无法为企业带来收益，对这类产品应该采用撤退策略。

通过矩阵图可以很清晰地看到各种产品的目前状况，可以根据所属象限执行相应的策略。

（8）高级分析法。高级分析法有聚类分析、回归分析、关联分析、时间序列分析法。这些方法的具体介绍可以查阅统计学分析的相关教材，这里只作简单介绍。

顾名思义，聚类就是把数据归类。聚类是根据数据的多个属性类进行分类。聚类分析常用的方法有 K 均值聚类和分层聚类。在进行聚类分析之前，往往对数据的划分没有任何相关经验。例如，业务部门已经获得了一些关于用户各种属性的数据，可以依据这些特征数据来分类客户，然后针对新的分类进一步分析。

回归分析是研究自变量和因变量之间关系的一种分析方法。例如我们想探究广告费用和销售额之间的关系，广告费用就是自变量，销售额就是因变量。使用回归分析可以判断是否广告费用越高，销售额就越高，也就是说是否存在线性关系。

关联分析是一种在大规模数据中寻找有用的关联规则的数据分析方法。频繁项集是指那些经常一起出现的项集，例如买了手机，一般也会买手机壳。关联规则表示两种项目之间存在很强的关系。关联分析首先要找到频繁项集，然后从频繁项集中挖掘关联规则。Apriori 算法可以用于获取频繁项集。关联分析的应用场景之一就是购物篮分析。购物篮分析通过分析用户同一时间购买的产品来发现用户的购物习惯。关联分析也可以用于网页流量分析。

时间序列分析用于研究数据随时间变化的规律，时间序列是用对象不同时间的观测值形成的数据。时间序列实际上也是一种回归分析，但观测值之间并不独立。时间序列分析的其中一个应用就是用某个变量过去的观测值预测这个变量的未来值，常用的时间序列分析方法有 ARIMA 模型和指数平滑模型。

6. 制作数据分析报告

在这一步数据分析人员把数据分析结果整理成报告，并对业务部门提出有益的建议，辅助公司的运营。这个步骤可以使用一些图表工具来展现分析结果。

制作数据分析报告的时候要注意以下几点：

（1）明确阅读数据分析报告的人群，针对该人群的特点来撰写报告。例如，公司领导更倾向于看最终结论，中层管理人员会侧重于看数据分析的逻辑和业务改进建议。

（2）要突出报告的关键信息和观点，对业务部门提供真正有用的建议，避免数据的堆砌。建议报告要有摘要，方便企业领导快速了解报告的内容。

（3）合理使用字体和颜色，便于阅读。配色可以上网查找合适的配色方案，这里列出几个常用的配色网站。

- https://colorhunt.co
- https://coolors.co/browser/latest/1
- https://color.uisdc.com/pick.html
- https://colordrop.io

（4）合理排版图表，可以参考本书第 9 章的内容。

第 4 章

常用数据分析包

虽然 Python 提供了列表和字典等数据结构，但是 Python 数据分析中一般使用专为日常数据分析设计的 Pandas 类库，用于分析的数据都放在 DataFrame 中。利用 Pandas 的内置方法可以很方便地完成各种日常数据分析操作，如分组、统计最大值最小值、绘制图表。

本章主要涉及的知识点有：

- Pandas 类库中 Series 和 DataFrame 的创建和修改。
- 数值计算库 NumPy 的各种常用操作。

DataFrame 中的数据转换、分组、连接合并等功能将会放在后面的章节介绍。

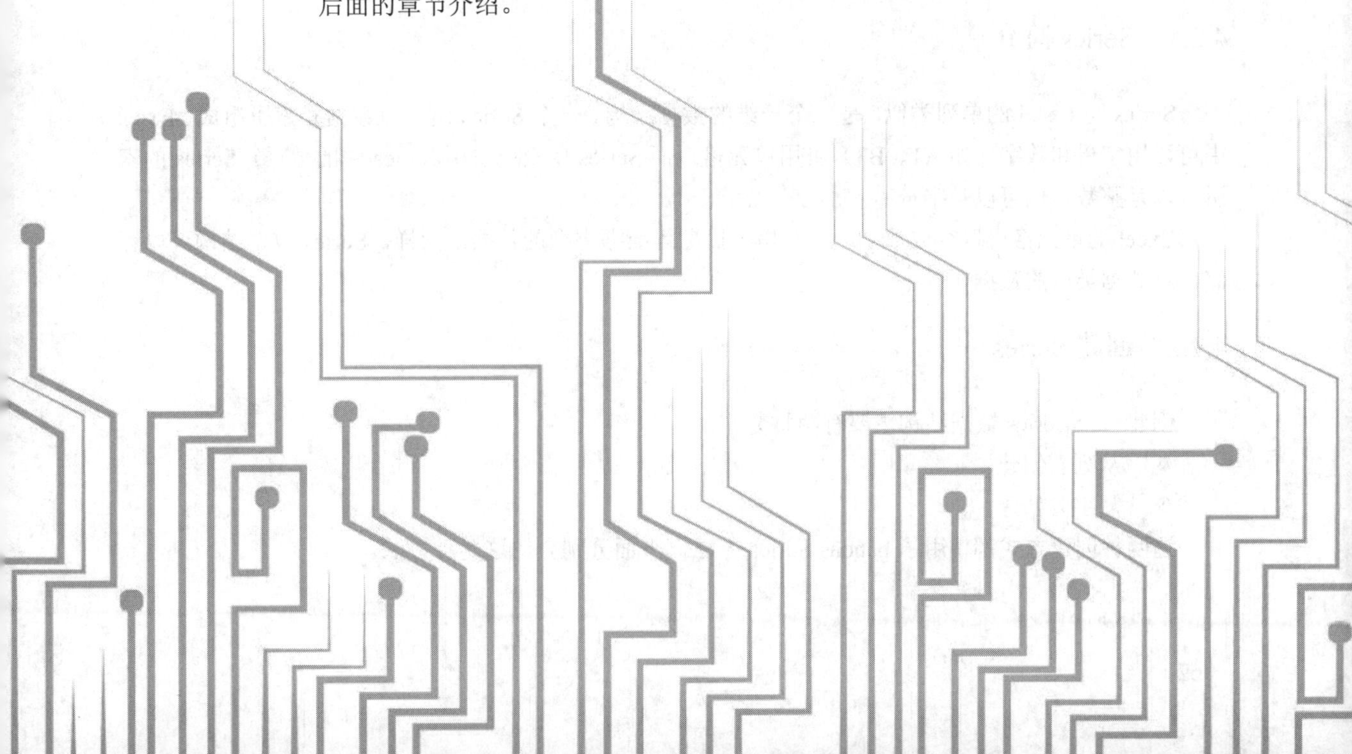

4.1 Pandas 简介

Python 数据分析最基础的两个类库是 Pandas 和 NumPy。NumPy 是一个开源的科学计算类库，能实现高性能的数组和矩阵运算。Pandas 是一个基于 NumPy 开发的数据分析类库，对二维数据的处理比 NumPy 更加方便。Pandas 还提供了一些 NumPy 所没有的功能，例如时间序列的处理。

Pandas 的英文参考文档的网址是 https://pandas.pydata.org/pandasdocs/stable/reference/index.html。

Pandas 里有 Series 和 DataFrame 两种数据结构，我们经常把数据放到这两种数据结构里，然后统计分析。下面的章节将详细介绍 Series 和 DataFrame 的用法。

为了叙述方便，本书后面的示例代码默认先执行以下导入语句：

```
import pandas as pd
import numpy as np
```

本书代码中的 pd 代表 Pandas，np 代表 NumPy。

扫一扫，看视频

4.2 Series 数据结构

Pandas 类库中定义了两个重要的类：Series 和 DataFrame。其中 Series 是一维的，DataFrame 是二维的。数据分析主要是用 DataFrame，本节先介绍如何创建 Series 和修改 Series 的值，最后还会介绍一下 Series 的算术自动对齐特性。

4.2.1 Series 简介

Series 与 Excel 的单列类似，是一个一维的数据结构。一个 Series 由一组数据和索引组成。Excel 中可以用字母和数字（如 A1、B3）引用单元格，而 Series 用索引引用 Series 中的数据。Series 的索引可以是整数，也可以是字符串。

Excel 的单元格可以存放数字、字符串、日期等数据类型的数据。同样，Series 数据结构可以存储任意数据类型的数据。

4.2.2 创建 Series

创建一个 Series 数据结构主要有两种方式：

- 从列表创建。
- 从字典创建。

这两种创建方式都使用了 pandas.Series 方法，下面分别介绍这两种方法。

1. 从列表创建

下面代码通过传入一个列表来创建 Series，然后输出索引和存储的值。

```
s = pd.Series([1, 2, 3, 6, 8])
print(s.index)
print(s.values)
```

输出结果如下：

```
RangeIndex(start=0, stop=5, step=1)
[1 2 3 6 8]
```

s 的结构如图 4.1 所示。创建 Series 时默认的索引是一个 0～N 的整型索引。Series 有两个属性 index 和 values，分别对应索引和值。

基于列表创建 Series 的时候，可以用 index 参数指定每个元素的索引。

```
s2 = pd.Series([1, 2, 3, 6, 8], index=['A', 'B', 'C', 'D', 'E'])
print(s2.index)
print(s2.values)
```

输出结果如下：

```
Index(['A', 'B', 'C', 'D', 'E'], dtype='object')
[1 2 3 6 8]
```

s2 的结构如图 4.2 所示。

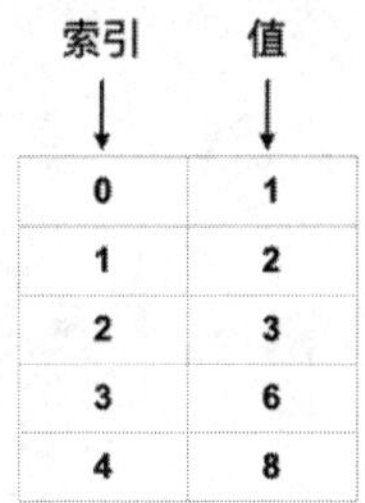

图 4.1 s 的结构

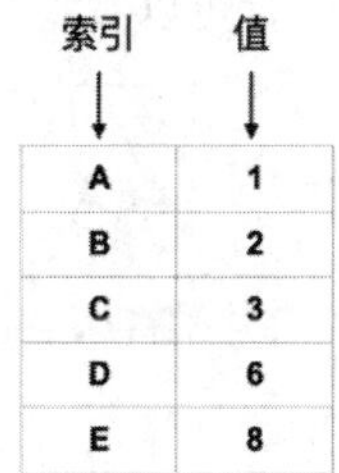

图 4.2 s2 的结构

2. 从字典创建

下面代码通过传入一个字典来创建 Series，然后输出索引和存储的值。

```
s3 = pd.Series({'b': 1, 'a': 0, 'c': 2})
print(s3.index)
print(s3.values)
```

输出结果如下：

```
Index(['b', 'a', 'c'], dtype='object')
[1 0 2]
```

索引	值
b	1
a	0
c	2

图 4.3　s3 的结构

这种方式创建的 Series 的索引是字典的键。s3 的结构如图 4.3 所示。

基于字典创建 Series 的时候，也可以用 index 指定索引。如果某个索引没有对应的值，那么对应的 value 是 NaN，也就是一个默认值。

```
s4 = pd.Series({'b': 1, 'a': 0, 'c': 2}, index=["a", "b", "c", "d"])
print(s4)
```

输出结果如下：

```
a    0.0
b    1.0
c    2.0
d    NaN
dtype: float64
```

3．name 参数

Series 可以通过 name 参数设定一个名称。

```
s = pd.Series([1,2,3,4,5], name='integer array')
print(s.name)
print(s)
```

在输出结果的最后一行可以看到 Series 的 name：

```
integer array
0    1
1    2
2    3
3    4
4    5
Name: integer array, dtype: int64
```

4.2.3　读取 Series

读取 Series 中的数据与 Python 读取列表中的数据类似，都依赖于索引。Series 的索引主要有两种：整数和字符串，而 Python 中列表的索引只能是整数。读取 Series 的示例如下：

```
# 使用整数索引
s = pd.Series([1, 2, 3, 6, 8])
print(s[0])
```

```
# 使用字符串索引
s2 = pd.Series({'b': 1, 'a': 0, 'c': 2})
print(s2['b'])
```

可以传入一个索引列表来读取 Series 的多个数据，例如：

```
print(s2[['a', 'b']])
```

输出结果如下：

```
a    0
b    1
dtype: int64
```

Series 可以像 Python 字典那样，用 in 来判断某个索引是否存在：

```
'a' in obj  #  True
```

4.2.4 修改 Series

Series 的值和索引都可以直接修改，直接赋值即可，比较简单。通过赋值既可以修改 Series 的单个数据，也可以修改 Series 的多个数据，例如：

```
ss = pd.Series([1, 2, 3, 4], index=['a', 'b', 'c', 'd'])
# 修改单个数据
ss['a'] = 100
print(ss)
# 修改多个数据
ss['b':'c'] = 5
print(ss)
```

输出结果如下：

```
a   100
b   5
c   5
d   4
dtype: int64
```

Pandas 的切片运算与 Python 列表的切片运算有差异，这里 ss['b':'c']对应的是两个元素，而不是只有 ss['b']。

下面是修改索引的例子：

```
obj = pd.Series([1, 2, 3, 4], index=['a', 'b', 'c', 'd'])
obj.index = ['e', 'f', 'g', 'h']
print(obj)
```

输出结果如下：

```
e   1
f   2
g   3
h   4
dtype: int64
```

可以看到索引由 a、b、c、d 变成了 e、f、g、h，上面的操作如图 4.4 所示。

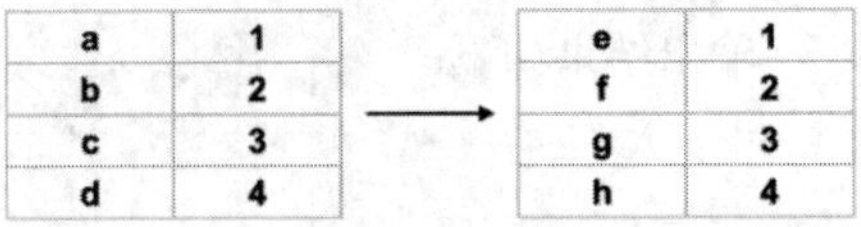

a	1
b	2
c	3
d	4

→

e	1
f	2
g	3
h	4

图 4.4　修改索引

4.2.5　自动对齐

自动对齐是 Pandas 的特色功能。自动对齐是指当两个 Series 的索引不完全相同时，会将索引对齐后再运算。

先来介绍一下 Series 的数学运算和连接运算。Series 的数学运算与高中数学的向量运算类似，例如：

```
s1 = pd.Series([1, 2, 3, 6, 8])
s1*2
```

输出结果如下：

```
0     2
1     4
2     6
3    12
4    16
dtype: int64
```

上述代码将 Series 中的每个元素都乘以 2，乘积构成一个新的 Series。

两个 Series 可以进行相加，例如：

```
s2 = pd.Series([3, 3, 3, 3, 3])
s1+s2
```

输出结果如下：

```
0     4
1     5
2     6
3     9
4    11
dtype: int64
```

上面例子中参与运算的 Series 的索引是相同的。如果 Series 的索引不完全相同，就会自动对齐再运算，例如：

```
s1 = pd.Series([1, 2, 3, 4], index=['一月', '二月', '三月', '四月'])
s2 = pd.Series([1, 2, 3, 4], index=['二月', '三月', '四月', '五月'])
s1+s2
```

输出结果如下所示：

```
一月    NaN
三月    5.0
二月    3.0
五月    NaN
四月    7.0
dtype: float64
```

二月、三月、四月这三个索引值是 s1 和 s2 都有的，Pandas 会自动对齐相加。例如，s1 二月的值是 2，s2 二月的值是 1，所以相加的结果等于 3。但是 s1 没有五月的数据，s2 没有一月的数据，所以合并结果中一月和五月的数据是缺失的。该例的自动对齐操作如图 4.5 所示。

一月	1
二月	2
三月	3
四月	4

+

二月	1
三月	2
四月	3
五月	4

↓

一月	NaN
三月	5.0
二月	3.0
五月	NaN
四月	7.0

图 4.5　自动对齐

如果希望 NaN 当成数字 0 来相加，应该如何操作呢？这里用到第 6 章关于默认值相关的知识点。读者可以在学习第 6 章之后，再试试解决这个问题。

```
一月    1.0
三月    5.0
二月    3.0
五月    4.0
四月    7.0
dtype: float64
```

4.3　DataFrame 数据结构

扫一扫，看视频

本节主要介绍 DataFrame 的创建和读取。DataFrame 的相关知识是 Python 数据分析的重要部分，建议读者重点掌握。

本节介绍的读取 DataFrame 有三种方式：

- 使用切片运算符。
- 使用 loc 属性。
- 使用 iloc 属性。

其中切片运算符使用起来比较简单，loc 属性和 iloc 属性相对复杂。建议读者先弄懂切片换算符，loc 属性和 iloc 属性的使用可以在以后通过多实践逐步掌握。

4.3.1 DataFrame 概述

DataFrame 是一个表格型的数据结构，跟 Excel 里的 table 很像。DataFrame 有行索引，也有列索引。DataFrame 每列的数据类型可以不一样。DataFrame 由三部分构成，分别是行索引、列索引、数据。在 DataFrame 中，行索引叫作 index，列索引叫作 columns。DataFrame 的每一列都是一个 Series 对象。

如图 4.6 所示，Excel 表格是通过英文字母和数字来定位的。其中行号是行索引，英文字母是列索引，行号从 1 开始计数，列索引从字母 A 开始，4.3.2 小节将讲解如何用 DataFrame 存储类似的数据。

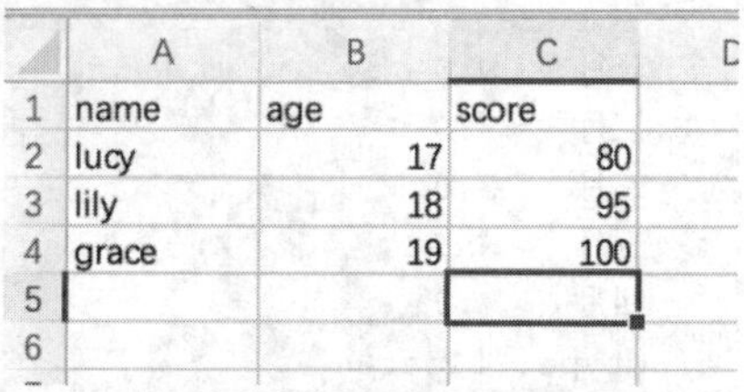

	A	B	C	D
1	name	age	score	
2	lucy	17	80	
3	lily	18	95	
4	grace	19	100	
5				
6				

图 4.6　Excel 中的表格

4.3.2 创建 DataFrame

创建 DataFrame 的方法是使用 pandas.DataFrame，向这个方法传入字典就可以创建 DataFrame。

下面的例子用传入字典的方法把 4.3.2 小节的 Excel 表的数据存到 DataFrame 中。传入的字典的 key 对应 Excel 表的字段行（A1、B1、C1 这三个单元格），代码中的第 2～4 行分别对应 Excel 表格的 A、B、C 三列。

```
students = pd.DataFrame({
        "name" : ["lucy","lily", "grace"],
        "age" : [17,18,19],
        "score" : [80,95,100]
}, index = [1,2,3])
students
```

输出结果如下：

```
    Name     age  score
1  lucy      17   80
2  lily      18   95
3  grace     19   100
```

index 参数对应结果的第一列。

如果不设置 index 参数，那么与 Series 类型类似，默认使用 0～N 的整数索引。

```
students = pd.DataFrame({
        "name" : ["lucy","lily", "grace"],
        "age" : [17,18,19],
        "score" : [80,95,100]
```

```
})
students
```

输出结果如下：

```
    name    age  score
0   lucy    17   80
1   lily    18   95
2   grace   19   100
```

在创建 DataFrame 结构时，可以用 columns 参数定义列名。

```
students = pd.DataFrame({
        "name" : ["lucy","lily", "grace"],
        "age" : [17,18,19],
        "score" : [80,95,100]
    }, index = [1,2,3], columns=["score", "name", "age", "newcol"])
print(students)
```

如果某一字段的数据没有，会自动变成 NaN，例如：

```
pd.DataFrame({
    '2018': {'GDP': "1%", '人口': 3},
    '2019': {'GDP': "3%", '人口': 2},
    '2020': {'GDP': "2%", '人口': 1},
    '2021': {'人口': 1},
    '2022': {'GDP': "4%"}
})
```

输出结果如图 4.7 所示。

2021 年没有 GDP 的数据，该字段的数据自动变成 NaN。

创建 DataFrame 的时候，可以设置多层的索引。假定有如图 4.8 所示的 Excel 表格。

	2018	2019	2020	2021	2022
GDP	1%	3%	2%	NaN	4%
人口	3	2	1	1	NaN

图 4.7　DataFrame 数据缺失

	A	B	C	D
1			销量	型号
2	一月	冰箱	10	A
3		电视	11	B
4	二月	冰箱	13	C
5		电视	10	D
6	三月	冰箱	12	E
7		电视	12	F
8				

图 4.8　Excel 表格示例

图 4.8 中的 Excel 表格的数据结构，可以这样实现：

```
values = [
    [10, "A"], [11, "B"],  [13, "C"], [10, "D"],  [12, "E"], [12, "F"],
]
salesData = pd.DataFrame(values, columns=["销量", "型号"], index=[
    ["一月", "一月", "二月", "二月", "三月", "三月"],
    ["冰箱", "电视", "冰箱", "电视", "冰箱", "电视"],
])
salesData
```

输出结果如图 4.9 所示。

index 是一个 Python 列表，Python 列表的第一个元素对应 Excel 表格的 A 列，第二个元素对应 Excel 表格的 B 列，请读者仔细比对体会。

另外，MultiIndex 方法可以直接生成多层次索引，例如：

```
index = pd.MultiIndex.from_tuples([('d', 1), ('d', 2), ('e', 2)], names=['n', 'v'])
pd.DataFrame({
    "a": [4, 5, 6],
    "b": [7, 8, 9],
    "c": [10, 11, 12]
}, index=index)
```

生成的多层次索引的 DataFrame 如图 4.10 所示。

		销量	型号
一月	冰箱	10	A
	电视	11	B
二月	冰箱	13	C
	电视	10	D
三月	冰箱	12	E
	电视	12	F

图 4.9　DataFrame 层次化索引

		a	b	c
n	v			
d	1	4	7	10
	2	5	8	11
e	2	6	9	12

图 4.10　多层次索引的 DataFrame

4.3.3　使用切片运算符读取 DataFrame

读取 DataFrame 时要用到切片运算符，调用方式与读取 Python 列表的数据类似，但是用法更加丰富。下面以 4.3.2 小节的 students 变量为例，讲解如何读取 DataFrame 的数据。

1. 读取其中某一列，返回值是 Series 类型

例如，要读取 name 列，可以这样实现：

```
students['name']
```

输出结果如下：

```
1    lucy
2    lily
3    grace
Name: name, dtype: object
```

2. 选择多列，返回值是 DataFrame 类型

例如，要读取 name 和 age 这两列，可以这样实现：

```
# 注意这里使用了两组方括号
students[['name', 'age']]
```

输出结果如下：

```
     name     age
1    lucy     17
2    lily     18
3    grace    19
```

3. 选择多行，返回值是 DataFrame 类型

要读取前两行，可以这样实现：

```
# 与 Python 列表的切片运算符类似
students[:2]
```

输出结果如下：

```
    name  age   score
1   lucy  17    80
2   lily  18    95
```

4.3.4 loc 属性和 iloc 属性

DataFrame 有两个属性：loc 和 iloc，可以用来选取数据。其中 loc 是基于标签的，iloc 是基于位置的，位置用整数来表达。本小节把几种常用方式都介绍一下，并在每个例子后面加上示意图，辅助读者理解。

1. loc 属性的使用方法

（1）选择某一行。

```
students.loc[1]
```

输出结果如下：

```
name      lucy
age        17
score      80
Name: 1, dtype: object
```

数据选择结果如图 4.11 所示。

	name	age	score
1	lucy	17	80
2	lily	18	95
3	grace	19	100

图 4.11　选择某一行

这里的“1”是行索引，不是代表第一行。下面的代码就出现错误提示“KeyError:1”，因为这个 students2 没有“1”这个索引。

```
students2 = pd.DataFrame({
       "name" : ["lucy","lily", "grace"],
       "age" : [17,18,19],
       "score" : [80,95,100]
}, index=[2, 3, 4])
students2.loc[1]
```

（2）选择多行多列。逗号之前的参数对应行索引，逗号后的参数对应列索引。参数既可以是数字和字符串，也可以是列表。下面给出 4 个例子。

例 1：

```
students.loc[1, ['name',  "age"]]
```

例 1 的数据选择结果如图 4.12 所示。

例 2：

```
students.loc[[1, 3], "name"]
```

例 2 的数据选择结果如图 4.13 所示。

	name	age	score
1	lucy	17	80
2	lily	18	95
3	grace	19	100

图 4.12　同时选择行和列①

	name	age	score
1	lucy	17	80
2	lily	18	95
3	grace	19	100

图 4.13　同时选择行和列②

例 3：

```
students.loc[[1, 3], ['name', "age"]]
```

例 3 的数据选择结果如图 4.14 所示。

例 4：

```
students.loc[1:2]
```

例 4 的数据选择结果如图 4.15 所示。

	name	age	score
1	lucy	17	80
2	lily	18	95
3	grace	19	100

图 4.14　同时选择行和列③

	name	age	score
1	lucy	17	80
2	lily	18	95
3	grace	19	100

图 4.15　选择多行

“[1:2]”包含索引 2 对应的值，跟 Python 的列表不一样。

（3）基于 lambda 表达式。用 lambda 表达式筛选 DataFrame 数据的调用形式如下：

```
dataframe.loc[lambda 表达式]
```

这里的 lambda 表达式以 DataFrame 的某一行数据为参数，返回值是一个布尔值。下面举例说明这个用法。

要获取行索引值是偶数的数据行，可以这样实现：

```
students.loc[lambda x: x.index % 2 == 0]
```

因为只有第二行符合条件，所以结果如下：

```
   name     age   score
2  lily     18     95
```

获取 age 大于 18 的数据行，可以这样实现：

```
students.loc[lambda x: x['age'] > 18 ]
```

只有 grace 的年龄大于 18，所以结果如下：

```
   name     age   score
3  grace    19     100
```

（4）按条件筛选之后选择其中一列或几列。调用形式如下：

```
dataframe.loc[条件, 列名]
```

在逗号之前填写筛选条件，在逗号之后直接填写要获取的列的名称。例如：

```
students.loc[students['age'] > 17, 'name']
```

输出结果如下：

```
2    lily
3    grace
Name: name, dtype: object
```

在逗号之后直接填写要获取的字段列表的名称。

```
students.loc[students['age'] > 17, ['name', 'score']]
```

输出结果如下：

```
   name    score
2  lily    95
3  grace   100
```

另外，loc 属性可以通过多层次索引选取 DataFrame 数据，例如：

```
salesData = pd.DataFrame([
    [10, "A"], [11, "B"],  [13, "C"], [10, "D"],  [12, "E"], [12, "F"],
], columns=["销量", "型号"], index=[
    ["一月", "一月", "二月", "二月", "三月", "三月"],
    ["冰箱", "电视", "冰箱", "电视", "冰箱", "电视"],
])
```

读取一月的数据：

```
salesData.loc['一月']
```

返回的结果是一个 DataFrame。

```
      销量    型号
冰箱  10      A
电视  11      B
```

读取一月的冰箱的销售数据：

```
salesData.loc['一月', '冰箱']
```

返回的结果是一个 Series。

```
销量    10
型号    A
Name: (一月, 冰箱), dtype: object
```

2. iloc 属性的使用方法

首先引入一个用于演示的 DataFrame。

```
df1 = pd.DataFrame( [[3,3,8,7], [5,4,4,8], [8, 8, 4, 8], [5, 4, 2, 9], [1,
2, 3, 4], [4, 5, 6, 7]] ,
    index=list(range(0, 12, 2)),
    columns=list(range(0, 8, 2)))
```

下面是 iloc 属性的各种常用用法。

（1）选取某一行。

```
df1.iloc[1]
```

这里的数字“1”是指第 2 行，而不是行索引，数据选择结果如图 4.16 所示。

（2）使用切片运算符。

```
df1.iloc[:3]
```

该例的数据选择结果如图 4.17 所示。

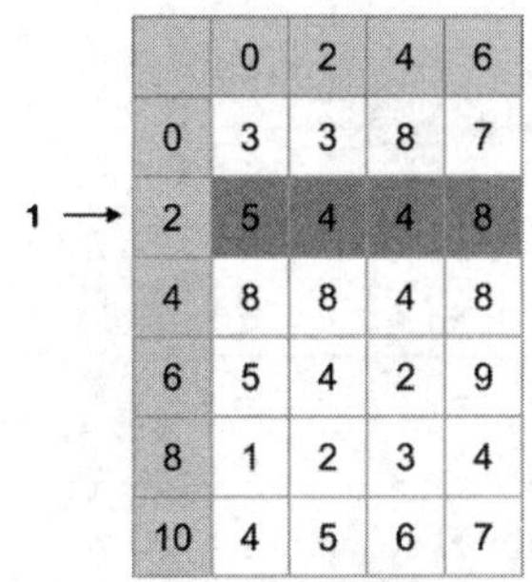

图 4.16　iloc[1]数据选择示意图

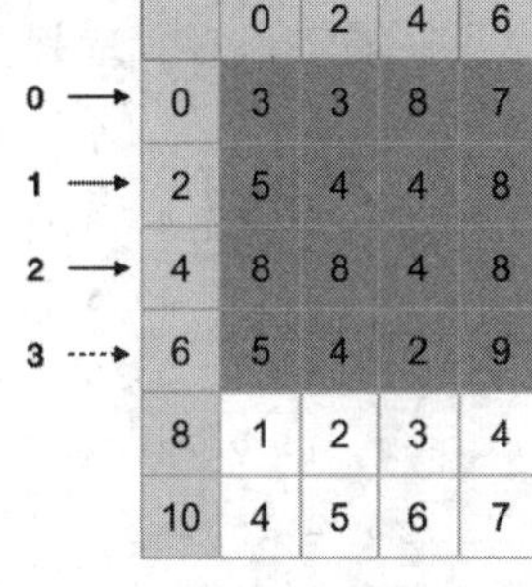

图 4.17　iloc[:3]数据选择示意图

“:3”是“0:3”的简写。与 Python 列表类似，这里不包含索引“3”对应的行。

切片运算符超出范围不会引起错误，例如：

```
df1.iloc[3:100]
```

但是如果读取某个不存在的索引值，会引起错误。

```
df1.iloc[4, 8, 9]
```

错误信息如下：

```
IndexError: single positional indexer is out-of-bounds
```

（3）选择某一个元素。

```
df1.iloc[1, 1]
```

该例的数据选择结果如图 4.18 所示。

（4）选择连续的行和列。

```
df1.iloc[1:5, 2:4]
```

该例的数据选择结果如图 4.19 所示。

（5）选择某些行和某些列。

```
df1.iloc[[1, 3, 5], [1, 3]]
```

该例的数据选择结果如图 4.20 所示。

（6）用冒号代表获取一整行。

```
df1.iloc[1:3, :]
```

该例数据选择结果如图 4.21 所示。

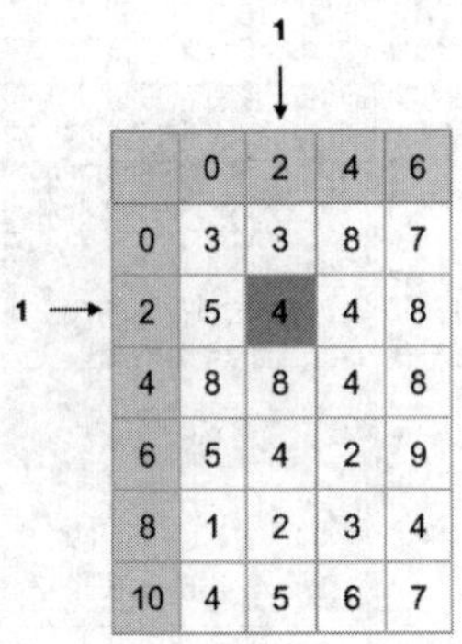

图 4.18　iloc[1, 1]数据选择示意图

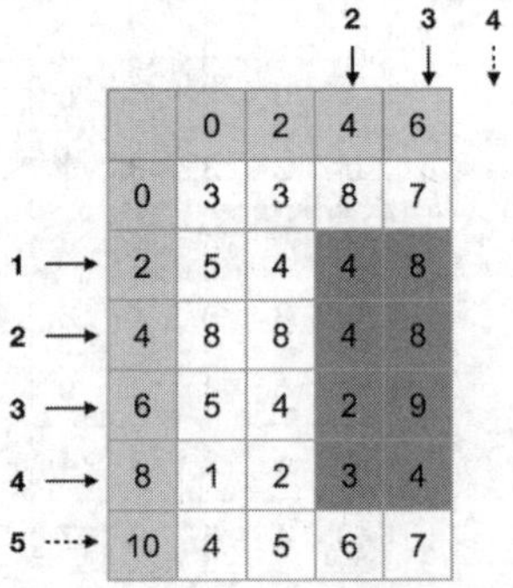

图 4.19　iloc[1:5, 2:4]数据选择示意图

（7）用冒号代表获取一整列。

```
df1.iloc[:, 1:3]
```

该例的数据选择结果如图 4.22 所示。

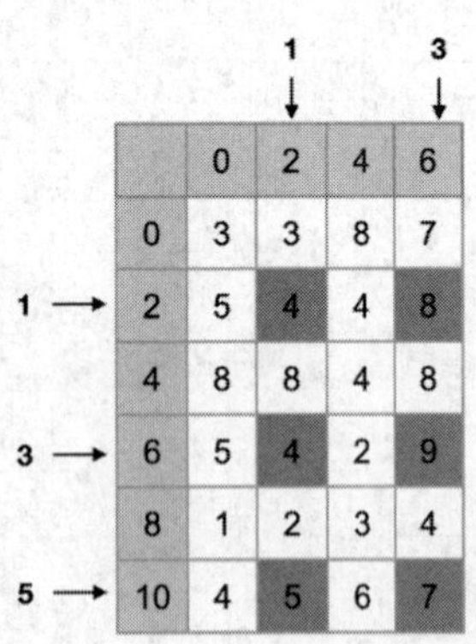

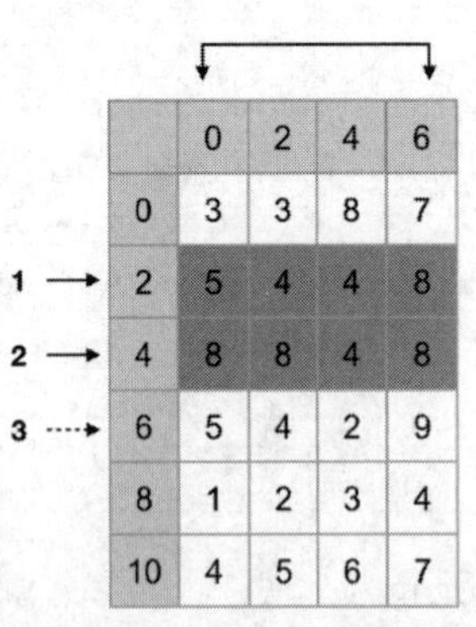

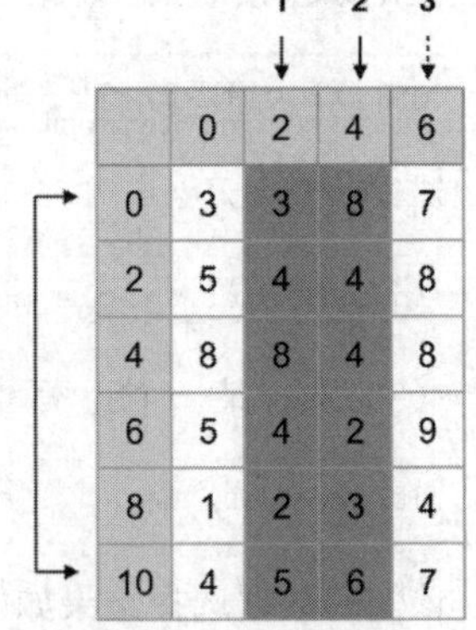

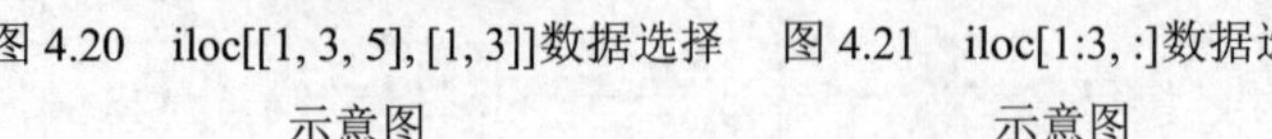

图 4.20　iloc[[1, 3, 5], [1, 3]]数据选择示意图

图 4.21　iloc[1:3, :]数据选择示意图

图 4.22　iloc[:, 1:3]数据选择示意图

4.3.5 遍历 DataFrame

遍历 DataFrame 与遍历 Python 字典类似，会返回索引和对应的值。遍历 DataFrame 有两种方式：按行遍历和按列遍历。如果遍历 DataFrame 比较慢，可以用向量操作或 apply 函数替代。

iterrows 方法可以遍历 DataFrame 的每一行，例如：

```
for index, row in students.iterrows():
    print("index: {0}".format(index))
    print("{0}, {1}, {2}".format(row['name'], row['age'], row['score']))
```

输出结果如下：

```
index: 1
lucy, 17, 80
index: 2
lily, 18, 95
index: 3
grace, 19, 100
```

items 方法可以遍历 DataFrame 的每一列，例如：

```
for label, item in students.items():
    print(label)
    print(item)
```

输出结果如下：

```
name
1     lucy
2     lily
3     grace
Name: name, dtype: object
age
1    17
2    18
3    19
Name: age, dtype: int64
score
1     80
2     95
3    100
Name: score, dtype: int64
```

扫一扫，看视频

4.4 NumPy

Numpy 主要操作一个 *N* 维数组对象（ndarray）。一维 ndarray 与数学中的向量很像。二维 ndarray 与数学中的矩阵很像，ndarray 所有元素的类型必须相同。

本节主要涉及的知识点有：

- 创建数组、复制数组、添加元素、删除元素。
- 数据选取。
- 数组的数学运算。
- 数组元素转换、按值排序、数组转置和反转。
- 数组的合并与拆分。

对于 Numpy 的使用，初学者可以先学习 4.4.1～4.4.7 小节的内容，以后需要用到的时候查阅其他内容。NumPy 参考文档的网址是 https://docs.scipy.org/doc/numpy/user/。

为了简便起见，设定本节的代码先运行以下 import 语句：

```
import numpy as np
```

4.4.1 创建 NumPy 数组

创建 NumPy 数组主要有三种方法：基于列表生成、按规则生成、随机生成，下面逐一介绍。

1. 基于列表生成

利用 array 方法可以基于一个列表或元组创建 NumPy 数组。列表和元组可以是一维的，也可以是多维的。例如：

```
# 创建一维数组
a = np.array([1,2,3])       #列表
a2 = np.array((1,2,3))      #元组
# 创建二维数组
np.array([(1,2,3),(4,5,6)])
```

2. 按规则生成

NumPy 中内置了一些方法可以很方便地生成一些有规律的数组。arange 方法可以生成等差序列，zeros 方法可以生成固定形状的数值全是 0 的数组，ones 方法可以生成固定形状的数值全是 1 的数组。

下面先用这三个函数生成一维数组。

```
print(np.arange(1, 15, 3))
print(np.zeros(3))
print(np.ones(3))
```

输出结果如下：

```
[ 1  4  7  10 13]
[0. 0. 0.]
[1. 1. 1.]
```

arange 的第一个参数代表起始值，第二个参数代表终止值，第三个参数代表步长。例子中的“np.arange(1, 15, 3)”代表数值从 1 开始自增，每次加 3，直到值大于 15 为止。

zeros 方法和 ones 方法都可以创建多维数组，生成的数组包含的元素总个数等于数字的乘积。例如 zeros 方法可以如下调用，参数是一个元组。

```
np.zeros((2, 3))
```

生成了一个 2×3 的数组，输出结果如下：

```
array([[0., 0., 0.],
       [0., 0., 0.]])
```

ones 方法与 zeros 方法类似。

```
np.ones((2, 3))
```

输出结果如下：

```
array([[1., 1., 1.],
       [1., 1., 1.]])
```

请读者观察以下代码的输出结果，以此来理解这个函数的用法。

```
print(np.ones((2, 1, 3, 4)))
```

3. 生成随机数组

rand 方法可以生成 0～1 的随机数组。例如，生成长度为 3 的一维随机数组，如下所示：

```
np.random.rand(3)
```

输出结果如下：

```
array([0.6052226 , 0.6396416 , 0.66098239])
```

这个输出结果是随机的，所以读者在自己计算机上看到的运行结果会有差异。

生成 3×2 的随机数组，如下所示：

```
np.random.rand(3,2)
```

randint 可以生成随机整数数组。数字范围由第一个参数和第二个参数设定，例如：

```
np.random.randint(1, 5, 10)    #注意这里不包含 5， 第三个参数代表长度
```

输出结果如下：

```
array([3, 1, 1, 1, 2, 3, 4, 1, 1, 3])
```

randint 也可以生成二维数组，例如：

```
# 数字大于等于 2，小于 10
# 这是一个 3×2 的二维数组
np.random.randint(2, 10, size=(3,2))
```

输出结果如下：

```
array([[7, 6],
       [8, 5],
       [7, 2]])
```

randn 方法可以生成指定形状的数组，数组元素服从正态分布，例如：

```
np.random.randn(2, 2, 2)
```

输出结果如下：

```
array([[[-1.23557352,  0.30109071],
        [ 0.946952  ,  0.16218524]],
       [[-0.11112689,  0.73122807],
        [-2.29161244, -0.35951573]]])
```

总共生成了 8 个数字，这 8 个数字构成了一个 2×2×2 的数组。
sample 方法与 randn 方法类似，但是数字元素服从 0～1 的均匀分布。

```
np.random.sample(size =(3, 3))
```

输出结果如下：

```
array([[0.76146036, 0.18585557, 0.46634031],
       [0.21598429, 0.75748536, 0.61146661],
       [0.18317907, 0.04073707, 0.54374125]])
```

最后把这几个函数总结成表 4.1。其中 size 参数是一个整数，也可以是一个元组。

表 4.1 随机相关函数

方法	说明
rand(size)	生成从 0 到 1 之间的随机数组
randint(low, high, size)	生成从 low 到 high 之间的随机数组
randn(d1, d2, ...)	生成服从正态分布的随机数组
sample(size)	生成服从均匀分布的随机数组

4.4.2 NumPy 数组的数据类型转换

有时 NumPy 数组中的元素默认的类型不符合数据处理的要求，需要进行转换，例如把字符串转换成纯数字，以方便后续的数学运算。用 astype 方法可以转换数组的数据类型。

```
arr = np.array([2,3,2])
floatArr = arr.astype(np.float)
print(floatArr)
print(floatArr.dtype)
```

输出结果如下：

```
[2. 3. 2.]
float64
```

astype 方法的参数是一个 NumPy 元素的类型。表 4.2 总结了常用的 NumPy 元素的类型。

表 4.2 NumPy 元素的类型

类 型	描 述
np.uint	无符号整数
np.int	整数
np.float	浮点数
np.bool	布尔值
np.datetime	时间日期
np.timedelta	时间差
np.str	字符串

4.4.3 NumPy 数组的数据选择

NumPy 数组的数据选择主要依赖于索引。对一维 NumPy 数组可以像 Python 列表那样用整数索引读取，例如：

```
a = np.array([1,2,3,4])
print(a[1])
print(a[-1])
print(a[1:2])
```

输出结果如下：

```
2
4
[2]
```

对多维数组的数据选取与 DataFrame 类似，例如：

```
b = np.array([
    [1,2,3,4],
    [5,6,7,8],
    [11,12,13,14],
    [15,16,17,18],
    [21,22,23,24]
])
print(b[2,3])
print(b[0:5, 1])
print(b[ : ,1])
print(b[1:3, : ])
```

输出结果如下：

```
14
[ 2  6 12 16 22]
[ 2  6 12 16 22]
[[ 5  6  7  8]
 [11 12 13 14]]
```

在元素选择操作例子中，选择 b[2,3]的结果如图 4.23 所示，选择 b[0:5, 1]和 b[:,1]的结果如图 4.24 所示，选择 b[1:3, :]的结果如图 4.25 所示。

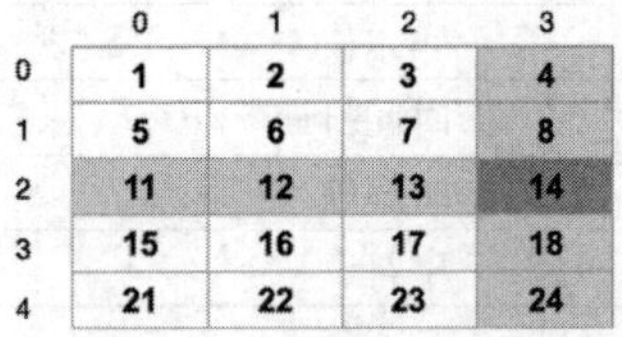

	0	1	2	3
0	1	2	3	4
1	5	6	7	8
2	11	12	13	14
3	15	16	17	18
4	21	22	23	24

图 4.23　选择 b[2,3]的结果

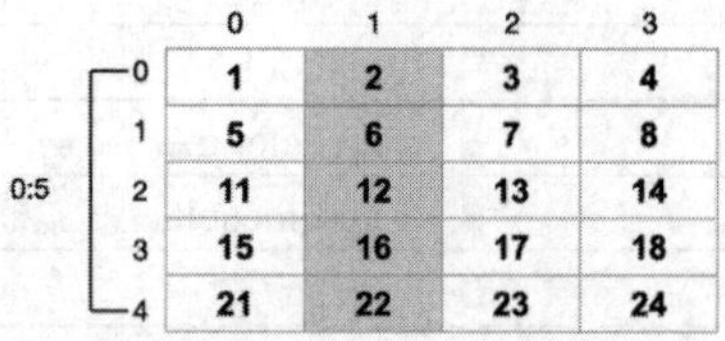

		0	1	2	3
0:5	0	1	2	3	4
	1	5	6	7	8
	2	11	12	13	14
	3	15	16	17	18
	4	21	22	23	24

图 4.24　选择 b[0:5,1]和 b[:,1]的结果

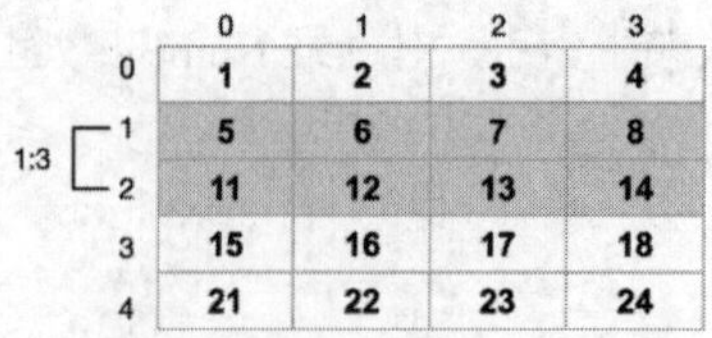

		0	1	2	3
	0	1	2	3	4
1:3	1	5	6	7	8
	2	11	12	13	14
	3	15	16	17	18
	4	21	22	23	24

图 4.25　选择 b[1:3,:]的结果

这里顺便介绍一下 np.where 方法。np.where 方法可以根据条件转换元素，np.where 方法可以配合其他运算实现数组转换操作。

```
a = np.array([2,4,6,8,10])
greaterThanFive = np.where(a > 5, 1, 0)
print(greaterThanFive)
```

输出结果如下：

```
[0 0 1 1 1]
```

在这个例子里，对于大于 5 的元素，转换成 1，对于小于或等于 5 的元素，转换成 0。

4.4.4 NumPy 数组的常用属性

NumPy 数组的常用属性有 shape、size、dtype、ndim。其中 shape 属性用于表示数组各个维度上的大小，例如：

```
arr1 = np.array([2,3,2])
print(arr1.shape)
arr2 = np.array([
    [2,3,2], [4,5,6]
])
print(arr2.shape)
arr3 = np.array([
    [ [2,3,2], [4,5,6] ],
    [ [2,3,2], [4,5,6] ],
])
print(arr3.shape)
```

输出结果如下：

```
(3,)
(2, 3)
(2, 2, 3)
```

size 属性记录了数组元素的总个数。

```
print(arr1.size)
print(arr2.size)
print(arr3.size)
```

NumPy 的 dtype 属性记录了数组的具体类型，例如：

```
arr = np.array([2,3,2])
print(arr.dtype)
```

输出结果如下：

```
int64
```

ndim 记录了数组的维数。

```
print(arr1.ndim)
print(arr2.ndim)
print(arr3.ndim)
```

输出结果如下：

```
1
2
3
```

4.4.5 NumPy 数组的运算

介绍数组运算之前，先来看一个问题：把下面的两个数组元素一一对应相加，结果存到一个新的数组里。

```
arr1 = np.array([2,3,4])
arr2 = np.array([6,7,8])
```

利用前面介绍的知识，可以借助列表推导式计算出来。

```
arr3 = np.array([ arr1[i]+arr2[i] for i in range(len(arr1))])
```

但是在 NumPy 里有更简便的方法，就是直接用加号相加，例如：

```
print(arr1 + arr2)
```

输出结果如下：

```
[ 8 10 12]
```

除了加法，减法、除法、乘法也可以这样运算。

```
print(arr2 - arr1)
print(arr2 / arr1)
print(arr1 * arr2)
```

输出结果如下：

```
[4 4 4]
[3.  2.33333333  2. ]
[12 21 32]
```

从输出结果可以看到 arr1 和 arr2 的元素之间发生了一对一的运算，如图 4.26 所示。

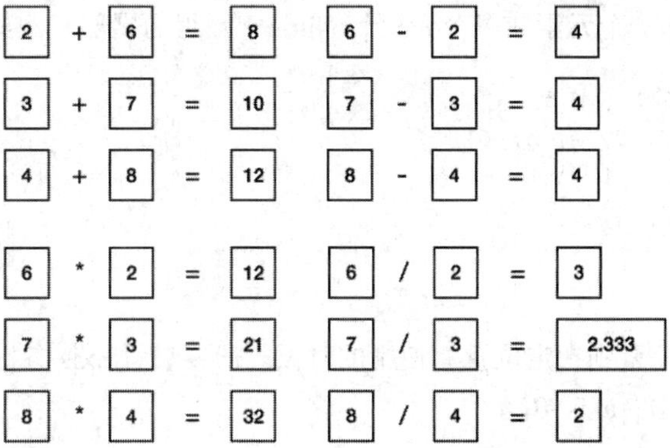

2 + 6 = 8　　6 - 2 = 4
3 + 7 = 10　　7 - 3 = 4
4 + 8 = 12　　8 - 4 = 4

6 * 2 = 12　　6 / 2 = 3
7 * 3 = 21　　7 / 3 = 2.333
8 * 4 = 32　　8 / 4 = 2

图 4.26　NumPy 数组之间的运算

NumPy 数组可以与标量运算。

```
arr = np.array([2,3,4])
print( arr+1)
print( arr-1)
print(1 / arr)
```

输出结果如下：

```
[3 4 5]
[1 2 3]
[0.5 0.33333333 0.25]
```

从输出结果可以看到 arr 中每一个元素都与标量进行了数学运算，运算结果构成了一个新的数组。NumPy 数组还可以与标量进行比较运算，结果是一个布尔数组，例如：

```
s = np.random.randn(5)
s > 0.5
```

输出结果如下：

```
array([ True, False,  True, False,  True])
```

例子中数组里的每一个元素分别与 0.5 进行比较，得出布尔值。

4.4.6　添加元素和删除元素

NumPy 数组与 Python 列表类似，可以调用数组自带的方法完成添加元素、插入元素、删除元素等操作，下面逐一介绍。

1．添加元素

append 方法可以添加一个元素或多个元素到 NumPy 数组的尾部，例如：

```
np.append([1, 2, 3], [4, 5, 6])
# 结果是 array([1, 2, 3, 4, 5, 6])
np.append([1, 2, 3], 4)
# 结果是 array([1, 2, 3, 4])
```

2．插入元素

insert 方法可以插入元素到指定位置。使用的时候一般要设置 axis 参数。

（1）按行来插入数据（axis=0）。

```
a = np.array([[1, 1], [2, 2], [3, 3]])
np.insert(a, 1, [5, 6], axis=0)
```

结果如下：

```
array([[1, 1],
       [5, 6],
       [2, 2],
       [3, 3]])
```

insert 方法第二个参数 1 代表从第一行和第二行之间插入，如图 4.27 所示。

（2）按列来插入数据（axis=1）。

```
a = np.array([[1, 1], [2, 2], [3, 3]])
np.insert(a, 1, [5, 6, 7], axis=1)
```

结果如下：

```
array([[1, 5, 1],
       [2, 6, 2],
       [3, 7, 3]])
```

insert 方法第二个参数 1 代表从第一列和第二列之间插入，如图 4.28 所示。

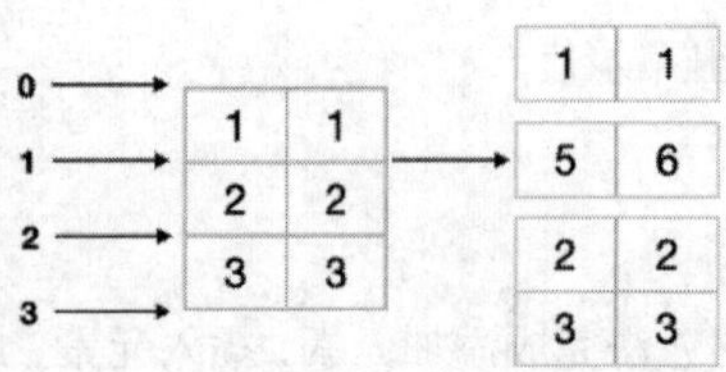

图 4.27　insert 方法按行插入

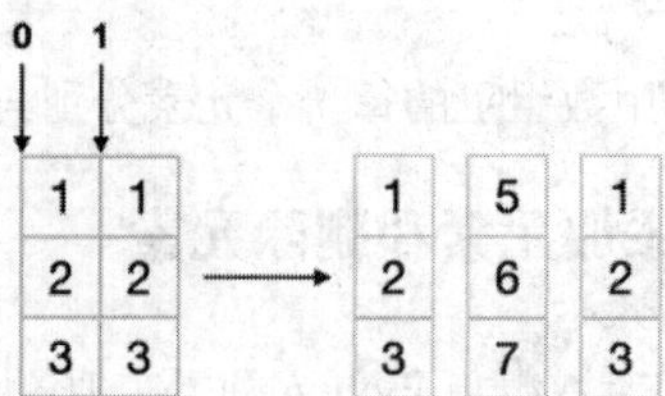

图 4.28　insert 方法按列插入

3. 删除元素

delete 方法用于删除元素，调用的时候需要设置 axis 参数。axis=1 代表删除某一列；axis=0 代表删除某一行。

```
arr = np.array([[1,2,3,4], [5,6,7,8], [9,10,11,12]])
print(np.delete(arr, 1, axis=1))
print("========")
print(np.delete(arr, 1, axis=0))
```

输出结果如下：

```
 [[ 1  3  4]
 [ 5  7  8]
 [ 9 11 12]]
========
[[ 1  2  3  4]
 [ 9 10 11 12]]
```

4.4.7 NumPy 数组的排序

NumPy 数组的排序主要用到 sort 方法，用法与 Python 列表类似，例如：

```
x = np.array([2.3, -3.1, 4.7, 0])
x.sort()
x
```

输出结果如下：

```
array([-3.1,  0. ,  2.3,  4.7])
```

sort 方法会修改原数组中元素的顺序。

4.4.8 NumPy 数组的转置与反转

NumPy 数组转置是指数组的行列互换，得到新的数组。NumPy 数组反转是指把数组的第一个元素与最后一个元素互换位置，数组的第二个元素和倒数第二个元素互换位置，一直到数组中间的元素为止。

NumPy 的 T 方法可以实现数组转置操作。

```
arr1 = np.array([[1,2,3], [7,8,9]])
arr2 = arr1.T
print(arr1.T)
```

输出结果如下：

```
[[1 7]
 [2 8]
 [3 9]]
```

可以看到 arr1 的第一列变成了 arr2 的第一行，arr1 的其他列也是这样，如图 4.29 所示。

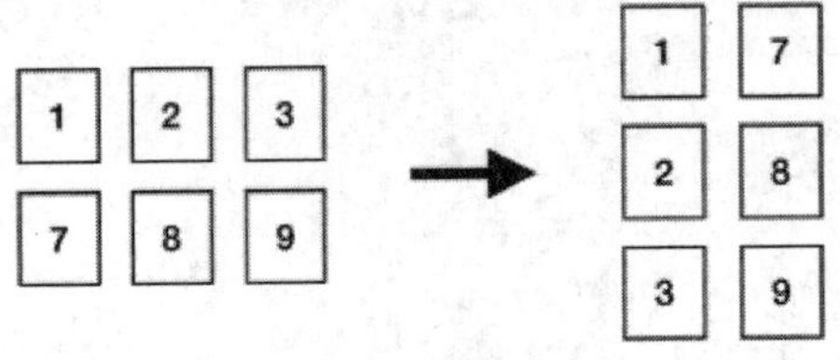

图 4.29　数组转置

flip 方法可以反转一个数组，例如：

```
x = np.array([2.3, -3.1, 4.7, 0])
np.flip(x)
```

输出结果如下：

```
array([ 0. ,  4.7, -3.1,  2.3])
```

4.4.9　NumPy 数组的合并

NumPy 中有横向合并和纵向合并，常常用于多个数据处理结果的合并。NumPy 的 hstack 方法可以实现横向合并，vstack 方法可以实现纵向合并。

hstack 的例子如下：

```
arr1 = np.array([[1,2,3], [7,8,9]])
arr2 = np.array([[4,5,6], [10,11,12]])
arr3 = np.hstack([arr1, arr2])
print(arr3)
```

输出结果如下：

```
[[ 1  2  3  4  5  6]
 [ 7  8  9 10 11 12]]
```

可以看到 arr1 的第一行和 arr2 的第一行合并成一行，arr1 的第二行和 arr2 的第二行合并成一行，如图 4.30 所示。

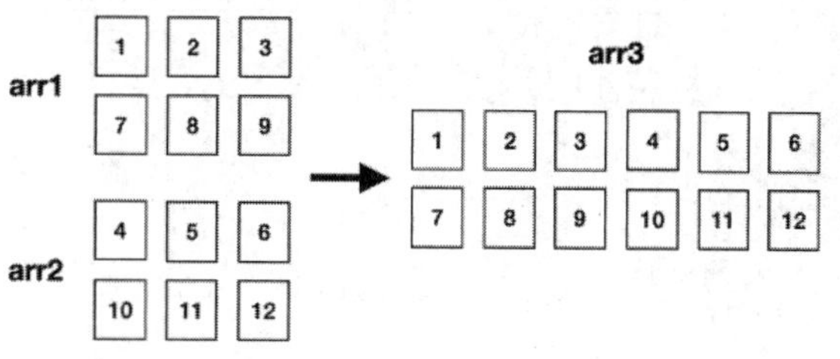

图 4.30　hstack 示意图

vstack 的例子如下：

```
arr1 = np.array([[1,2,3], [7,8,9]])
arr2 = np.array([[4,5,6], [10,11,12]])
arr3 = np.vstack([arr1, arr2])
print(arr3)
```

输出结果如下：

```
[[ 1  2  3]
 [ 7  8  9]
 [ 4  5  6]
 [10 11 12]]
```

可以看到 arr1 的第一列和 arr2 的第一列合并成一列，如图 4.31 所示。

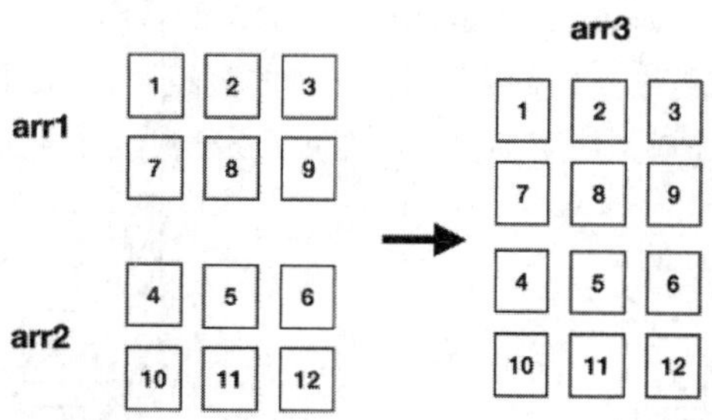

图 4.31　vstack 示意图

4.4.10　NumPy 数组的拆分

要把 NumPy 数组拆分成若干个形状一样的数组，有两种方法：hsplit 和 vsplit，其中 hsplit 方法是按列拆分，vsplit 方法是按行拆分。

先来看看一维数组的拆分。

```
arr = np.array([2, 3, 2, 4])
# 拆分成 4 个不同的数组
# 结果是 [array([2]), array([3]), array([2]), array([4])]
np.hsplit(arr, 4)
```

```
# 拆分成 2 个不同的数组
# 结果是 [array([2, 3]), array([2, 4])]
np.hsplit(arr, 2)

# 参数是 1 代表不拆分
# 结果是[array([2, 3, 2, 4])]
np.hsplit(arr, 1)
```

再来看看二维数组的拆分。

```
arr = np.array([
    [2, 3, 2, 4],
    [5, 5, 6, 7]
])
print(arr.shape)
print(np.vsplit(arr, 2)[0].shape)
print(np.hsplit(arr, 2)[0].shape)
```

输出结果如下：

```
(2, 4)
(1, 4)
(2, 2)
```

通过 shape 属性可以看出，vsplit 方法是把一个 2×4 的数组横向切分成两个 1×4 的数组，而 hsplit 方法是把一个 2×4 的数组纵向切分成两个 2×2 的数组。vsplit 方法是对第一个维度的分割，hsplit 方法是对第二个维度的分割。使用 vsplit 方法拆分 arr 数组如图 4.32 所示，使用 hsplit 方法拆分 arr 数组如图 4.33 所示。

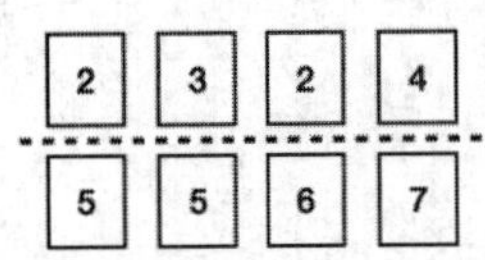

图 4.32 使用 vsplit 方法拆分 arr 数组

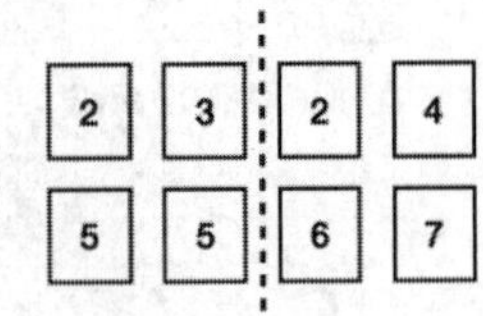

图 4.33 使用 hsplit 方法拆分 arr 数组

最后再来看看多维数组的拆分。

```
arr = np.array([
    [ [2,3,2], [4,5,6] ],
    [ [2,3,2], [4,5,6] ],
])
print(arr.shape)
print(np.vsplit(arr, 2)[0].shape)
print(np.hsplit(arr, 2)[0].shape)
```

输出结果如下：

```
(2, 2, 3)
(1, 2, 3)
(2, 1, 3)
```

可以看到对于多维数组，vsplit 方法是对第一个维度的分割，hsplit 方法是对第二个维度的分割，如图 4.34 所示。

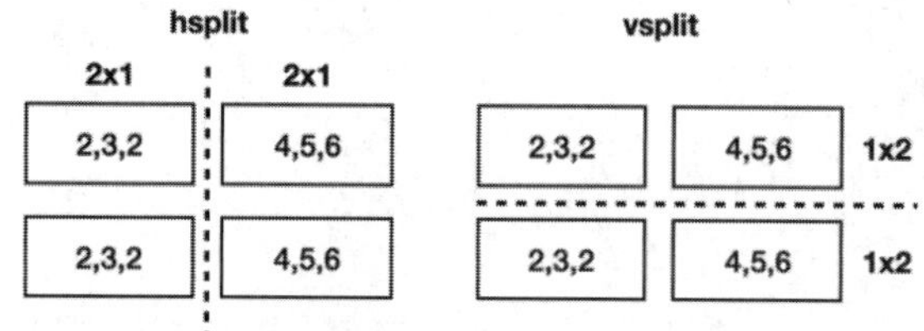

图 4.34　多维数组的 hsplit 和 vsplit 拆分

如果某个维度的长度不支持等分，就会出错，例如：

```
np.vsplit(arr, 3)
```

错误信息如下：

```
ValueError: array split does not result in an equal division
```

4.4.11　NumPy 数组与统计函数

数据分析中常常要对数组的元素进行统计计算，例如求和、求平均值。NumPy 可以用统计函数直接对元素进行统计运算，不需要程序员手工实现统计计算。表 4.3 总结了常用的统计函数。

表 4.3　常用的统计函数

函　数	说　明
sum	计算所有元素的和或者某条轴上所有元素的和
mean	计算平均值
median	计算中位数
max	求最大值
min	求最小值
std	计算标准差
cumsum	计算累计和

统计函数的示例代码如下：

```
arr = np.array([2, 3, 2, 4])
print(arr.sum())
print(arr.mean())
print(arr.max())
```

```
print(arr.min())
print(np.std(arr))
print(np.median(arr))
print(arr.cumsum())
```

输出结果如下：

```
11
2.75
4
2
0.82915619758885
2.5
[ 2  5  7 11]
```

例子中的累计和的计算过程如下：

```
2=2
5=2+3
7=2+3+2
11=2+3+2+4
```

利用累计和可以画出一些很实用的图表，如销售量增长情况，见表 4.4。

表 4.4　累计销售量

月　　份	累计销售量
1	2
2	5
3	7
4	11

根据表 4.4 使用 Excel 将其绘制成面积图，如图 4.35 所示。

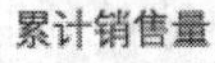

图 4.35　累计销售量图

这些统计函数都支持按某条轴计算统计量，结果以数组的形式返回。以 sum 方法为例，如下所示：

```
print(np.sum([[0, 1], [0, 5]], axis=0))
print(np.sum([[0, 1], [0, 5]], axis=1))
```

输出结果如下：

```
[0 6]
[1 5]
```

axis=0 时按列求和；axis=1 时按行求和，如图 4.36 所示。

图 4.36 按某条轴求和

4.4.12 NumPy 数组与数学函数

除了常规的加减乘除运算，NumPy 还可以利用内置函数对每个元素进行一些数学运算，例如求平方根、求对数。表 4.5 总结了常用的数学函数。

表 4.5 常用的数学函数

函　数	说　明
abs	计算各个元素的绝对值
sqrt	计算各个元素的平方根
square	计算各个元素的平方
log、log10、log2	计算以 e 为底、以 10 为底、以 2 为底的对数
ceil、floor	向上取整、向下取整
sign	计算各个元素的正负值：1（正数），-1（负数），0（零）
cos、sin、tan	三角函数

下面的代码演示了如何运用 sign、ceil、floor 函数。

```
x = np.array([2.3, -3.1, 4.7, 0])
print(np.sign(x))
print(np.ceil(x))
print(np.floor(x))
```

输出结果如下：

```
[ 1. -1.  1.  0.]
[ 3. -3.  5.  0.]
[ 2. -4.  4.  0.]
```

4.4.13 随机选择元素

NumPy 内置了一些实用的与概率相关的方法，如 choice 方法和 shuffle 方法。choice 方法可以按照某种概率分布生成数组，shuffle 方法用于对数组的元素进行随机排列。

choice 方法的例子如下：

```
np.random.choice(np.array([1, 2, 3, 4, 5]), (1, 3), p=[0.1, 0, 0.3, 0.6, 0])
```

输出结果如下：

```
array([[4, 1, 3]])
```

choice 方法的第一个参数是一个一维数组，第二个参数是生成数组的形状，第三个参数是概率分布。本例的概率分布总结见表 4.6，读者可以与代码对照，加深理解。

表 4.6　数字表示的概率分布

数　字	选 中 概 率
1	10%
2	0
3	30%
4	60%
5	0

shuffle 方法的例子如下：

```
arr = np.arange(10)
print(arr)
np.random.shuffle(arr)
print(arr)
```

输出结果如下：

```
[0 1 2 3 4 5 6 7 8 9]
[1 7 3 0 5 9 2 8 6 4]
```

最后把本节介绍的两个随机选择元素的方法总结成表 4.7。

表 4.7　随机相关函数

方　法	说　明
choice(arr, size, p)	从一维数组中按照某种概率选取数据
shuffle(arr)	打乱数组顺序

4.4.14　复制 NumPy 数组

有时希望对 NumPy 数组进行修改操作时不影响原有的数据。为了解决这个需求，可以用 copy 方法复制一个新的数组，复制出来的数组与原数组完全独立。例如：

```
arr = np.random.rand(3)
arr2 = np.copy(arr)
arr2[0] = 1
print(arr)
print(arr2)
```

输出结果如下：

```
[0.49195041 0.62647354 0.8701585 ]
[1.         0.62647354 0.8701585 ]
```

从输出结果可以看到 arr2 的元素已改变，与 arr 没有关系。

4.5 小结

本章主要介绍了 Series 数据结构和 DataFrame 数据结构。Series 和 DataFrame 的创建、读取、修改是 Pandas 中的基础内容，建议读者通过实际操作熟练掌握。下面来总结一下。

（1）介绍了创建 Series 和 DataFrame 的 4 种方法：

- 基于字典创建 Series。
- 基于列表创建 Series。
- 基于字典创建 DataFrame。
- 基于列表创建 DataFrame。

这 4 种方法的例子如下：

```
# 基于字典创建 Series
pd.Series([1, 2, 3, 4, 5])
# 基于列表创建 Series
pd.Series({'a': 0,  'b': 1, 'c': 2})
# 基于字典创建 DataFrame
pd.DataFrame({
    "col1" : [1, 2, 3],
    "col2" : ['a', 'b', 'c']
}, index = [1,2,3])
# 基于列表创建 DataFrame
pd.DataFrame(
    [['a', 1], ['b', 2], ['c', 3]] ,
index = [1,2,3], columns=['col1', 'col2'])
```

创建 Series 时可以指定索引 index，创建 DataFrame 时可以指定 index 和 columns。

（2）Series 和 DataFrame 都支持直接修改索引。

（3）读取 Series 数据的常用方法：

- 基于单个索引读取，如 s[1]。
- 基于多个索引读取，如 s[[1,3]]。

（4）读取 DataFrame 数据的常用方法：

- 使用切片运算符。
- 使用 loc 属性和 iloc 属性。其中 loc 基于标签，iloc 基于位置。表 4.8 总结了 loc 的常用模式，表 4.9 总结了 iloc 的常用模式。

表 4.8　loc 的常用模式

模　　式	例　　子
单标签	df.loc[5]、 df.loc['a']
多标签	df.loc[['a', 'b', 'c']]
切片运算符	df.loc['a':'f']
按条件读取	df1.loc[:, df1.loc['a'] > 0]
lambda 表达式	df.loc[lambda x: x.index % 2 == 0]

表 4.9　iloc 的常用模式

模　　式	例　　子
单标签	df.iloc[5]
多标签	df.iloc[[4, 3, 0]]
切片运算符	df.iloc[1:7]

（5）iterrows 方法按列遍历，items 方法按行遍历。

本章也介绍了 NumPy 相关知识点，下面来总结一下。

（1）创建 NumPy 数组。

- 基于一维或多维列表创建。
- 借助内置的 arange、zeros、ones 方法。
- 内置的随机函数 rand、randint、randn 可以生成各种形状的随机数组。

（2）NumPy 元素的数据类型有 int64、float32、bool、string；转换类型的方法是 astype。

（3）NumPy 常用的聚合函数有 sum、min、max、cumsum、mean、median、std。

（4）可以通过以下属性和方法了解一个 NumPy 数组的基本信息。

- size：元素个数。
- shape：每个维度的长度，shape 是一个 Python 元组。
- dtype：元素类型。
- ndim：维数。

（5）NumPy 中的算术运算和比较运算。

```
# a和b都是NumPy数组
# 加减乘除
a + b
a - b
a * b
a / b
# 与标量运算
a+1
a-1
1/a
a*1
# 使用内置数学函数
np.exp(a)
np.sqrt(a)
np.sin(a)
np.cos(a)
np.log(a)
# 比较运算
a == b
a < 2
```

Series之间的算术运算会自动对齐。

（6）NumPy读取元素依赖索引。常用的方式如下：

- 基于单个索引读取，如a[2]。
- 基于多个索引读取，如a[1,2]。
- 基于切片运算读取，如a[0:2]。

（7）NumPy的常用方法。

- T方法：转置数组。
- sort方法：排序。
- flip方法：反转数组。
- append方法：添加新元素。
- insert方法：插入新元素。
- delete方法：删除元素。
- hstack方法和vstack方法：合并数组。
- hsplit方法和vsplit方法：拆分数组。

第 5 章

数据的导入与导出

日常数据分析导入的数据主要分为以下几类：

- Excel 文件。
- JSON 文件。
- CSV 文件。
- 数据库。

本章将逐一介绍如何读取这几类常见的数据源。

本章用于示例的关系数据库是国内非常流行的而且免费的 MySQL。为了让读者可以在自己的计算机上练习如何读取数据库，后面会介绍如何安装 MySQL 和如何导入示例数据库。在实际工作中，数据库一般是由数据库管理员搭建好，数据分析人员只需要利用已经设定好的账号和密码连接数据库并读取所需要的数据即可。

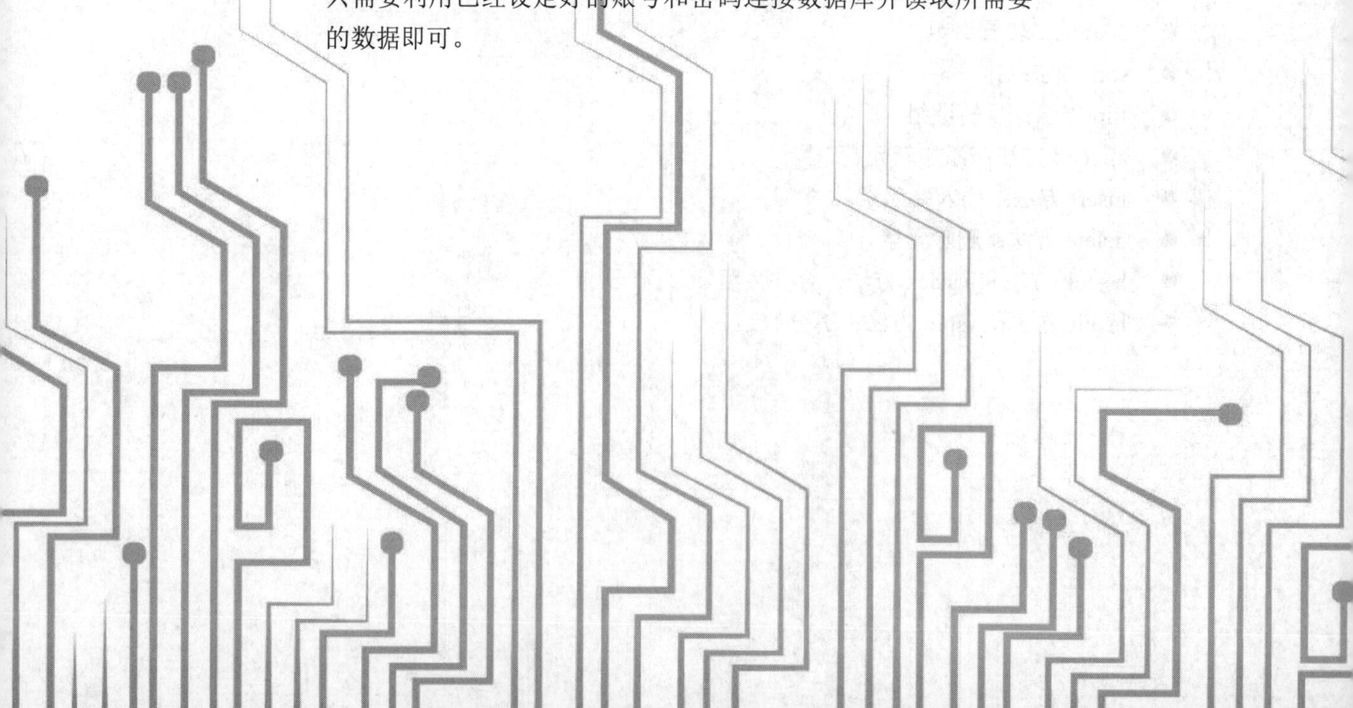

5.1 Windows 文件路径

用 Pandas 读取 Excel 文件和文本文件的时候，需要传入文件路径。这里先简单介绍一下 Windows 文件路径的基础知识。

Windows 操作系统的文件路径由以下三部分组成：

- 卷号或驱动器号，后跟卷分隔符（:）。
- 目录名称。
- 可选的文件名。

父目录名称和子目录名称之间用目录分隔符隔开，目录名称和目录下的文件名称也用目录分隔符隔开。Windows 支持使用斜杠或反斜杠作为目录分隔符。

表 5.1 列举了几个 Windows 文件路径的例子。

表 5.1　Windows 文件的路径举例

路　径	说　明
C:\Projects\	C 盘根路径 Projects 文件
C:\Projects\example.xlsx	C 盘根路径 Projects 文件下的 xlsx 文件
D:\Projects\example.csv	D 盘根路径 Projects 文件下的 CSV 文件
C:\Projects\data	C 盘根路径 Projects 文件下的 data 文件夹
C:/Projects/data	斜杠作为分隔符

在 Python 中建议使用斜杠作为路径的分隔符。

5.2 读取 Excel 文件

Excel 文件有两种格式：

- xls 格式，Excel 所有版本都可以读取并修改。
- xlsx 格式，只能用 Excel 的 2007 及以上版本读取并修改。

如果文件的后缀名是.xls，这个文件就是 xls 格式；如果文件的后缀名是.xlsx，这个文件就是 xlsx 格式。这两种格式的文件都可以用 Pandas 导入。

用 Pandas 导入 Excel 文件使用的是 read_excel 方法。read_excel 方法返回的结果是 DataFrame，DataFrame 的一列对应着 Excel 表格的一列。

read_excel 方法的第一个参数是文件路径。read_excel 读取 xlsx 格式文件的例子如下：

```
df = pd.read_excel("d:/test.xlsx", sheet_name="Sheet1")
# 输出 df 的内容
df
```

sheet_name 参数用于指定导入 Excel 文件中的哪个 sheet，如果不填写这个参数，默认读取 Excel 文件中的第一个 sheet。

代码示例中的文件路径，读者可以自行替换成实际的 Excel 文件路径，如 d:/example/test.xlsx。

index_col 参数用于指定以表格的第几列作为 DataFrame 的行索引，从 0 开始计数。例如：

```
# 以第一列作为 df 的行索引
df = pd.read_excel("d:/test.xlsx", sheet_name="Sheet1", index_col=0)
# 以第三列作为 df 的行索引
df = pd.read_excel("d:/test.xlsx", sheet_name="Sheet1", index_col=2)
```

nrows 参数可以控制导入的行数，nrows 参数在导入体积较大的文件时很有用。例子代码如下：

```
# 只导入 Excel 表格的 100 行
df = pd.read_excel("d:/test.xlsx", sheet_name="Sheet1", nrows =100)
```

skipfooter 参数可以在读取数据时跳过表格底部的若干行，例如：

```
# 跳过表格底部的最后一行
df = pd.read_excel("d:/test.xlsx", sheet_name="Sheet1",
skipfooter=1)
```

Pandas 里假定 Excel 表格的第一行是字段名。如果表格的第一行不是字段名，如图 5.1 所示，就要设置 header 参数。

	A	B	C	D
1	产品A	100	333	
2	产品B	200	234	
3	产品C	150	156	
4				
5				
6				
7				

图 5.1　第一行不是字段名的表格

把 header 参数设置成 None，这样就会用数字作为列名。

```
df = pd.read_excel("d:/test.xlsx", sheet_name="Sheet1", header=None)
df
```

输出结果如下：

```
     0      1    2
0  产品 A  100  333
1  产品 B  200  234
2  产品 C  150  156
```

usecols 参数可以控制导入 Excel 表格中的哪些列，例如：

```
# 只导入第一列和第三列数据
df = pd.read_excel("noheader.xlsx", sheet_name="Sheet1", header=None, usecols=[0,2])
```

输出结果如下：

```
      0      2
0   产品A    333
1   产品B    234
2   产品C    156
```

要把上面的数字列名改成常规的列名，可以使用 names 参数，例如：

```
df = pd.read_excel("noheader.xlsx", sheet_name="Sheet1",
                   header=None, usecols=[0,2], names=['A', 'B'])
```

结果如下：

```
      A      B
0   产品A    333
1   产品B    234
2   产品C    156
```

5.3 读取 CSV 文件

Pandas 里使用 read_csv 方法读取 CSV 文件，这个方法的参数非常多，这里选择最常用的参数结合几个实例讲解。

首先介绍 sep 和 encoding 这两个参数，例子如下：

```
df = pd.read_csv("file_name.csv", sep=",", encoding="utf-8")
# 输出 df 的内容
df
```

sep 参数代表要导入的 CSV 文件中的分隔符，默认值是半角逗号。encoding 用于指定 CSV 文件的编码，常用的编码有两种：utf-8 和 gbk。

导入带有中文的 CSV 文件时可能会出现乱码。遇到这种情况，可以设置 encoding 的值为 gbk。

当读取体积较大的 CSV 文件的时候，可以设置 nrows 参数控制文件导入的行数。例如：

```
# 只获取 CSV 文件的头两行数据
df = pd.read_csv("file_name.csv", sep=",", encoding="utf-8", nrows=2)
df
```

假设有这样一个没有表头的 CSV 文件，内容如下：

```
1,"a",3.0
2,"b",6.2
```

```
3,"c",3.1
4,"a",3.0
5,"b",6.2
6,"c",3.1
```

如果直接用 Pandas 导入，那么第一行自动变成表头，这个往往不是我们需要的效果。这时需要加上 names 参数来补充表头，例如：

```
# 第一列的列名是 num，第二列的列名是 label，第三列的列名是 amount
df = pd.read_csv("file_name.csv", sep=",", encoding="utf-8", names=["num","label","amount"])
```

导入 CSV 文件之前先看一下有没有表头，如果没有就使用 names 参数指定列名。

usecols 参数用于选择导入的列，例如：

```
# 只提取 CSV 文件的第一列和第三列。数字 0 对应第一列，数字 2 对应第三列
pd.read_csv('file_name.csv', usecols = [0,2])
```

读取数据时往往会出现错误。例如有一个 CSV 文件的内容如下：

```
"f1","f2","f3"
1,"a",3.0
2,"b",6.2,,,,,,
3,"c",3.1
```

因为第三行有太多的逗号，所以直接读取会出现错误提示。

```
df = pd.read_csv("d:/table.txt", sep=",", encoding="utf-8")
```

遇到这种情况可以设置参数 error_bad_lines=False 和 warn_bad_lines=True，例如：

```
df = pd.read_csv("d:/table.txt",sep=",",
        encoding="utf-8",error_bad_lines=False,warn_bad_lines=True)
print(df)
```

导入 CSV 文件之后往往需要批量转换数据类型。关于数据类型转换可以参考第 7 章的内容。

5.4 导出数据到 Excel 文件和 CSV 文件

本节将 Pandas 导出数据的功能分为三个部分：

- 将使用普通索引的 DataFrame 导出成 Excel 文件。
- 将使用层次化索引的 DataFrame 导出成 Excel 文件。

● 导出 DataFrame 数据到 CSV 文件。

下面逐一介绍这三部分。

1. 导出 DataFrame 到 Excel 文件

Pandas 的 to_excel 方法可以导出数据到 Excel 文件，形式如下：

```
df.to_excel(filepath, sheet_name='xxx')
```

介绍 to_excel 的常用参数之前，先引入用于演示的 DataFrame。

```
data = {'商品': ['洗衣机', '电风扇', '洗衣机', '电风扇', '空调', '空调'],
        '品牌': ['A', 'A', 'C', 'A', 'B', 'C'],
        '销售额': [11000, 21000, np.nan, 41000, 25000, 56000],
        '数量': [100, 200, 50, 60, 30, 40]}
df = pd.DataFrame(data)
```

to_excel 的常用参数有：

- sheet_name
- na_rep
- index
- columns
- encoding

下面结合例子讲解这几个参数。

首先介绍 sheet_name 参数。Pandas 导出的 Excel 文件的第一个 sheet 的名称默认是“Sheet1”，设置 sheet_name 参数时可以修改这个名称。

```
df.to_excel("output_withna.xlsx", sheet_name='产品
销售')
```

output_withna.xlsx 里的内容如图 5.2 所示，可以看到缺失值被替换成空的单元格。

	A	B	C	D	E
1		商品	品牌	销售额	数量
2	0	洗衣机	A	11000	100
3	1	电风扇	A	21000	200
4	2	洗衣机	C		50
5	3	电风扇	A	41000	60
6	4	空调	B	25000	30
7	5	空调	C	56000	40
8					

图 5.2 缺失值默认为空字符串

如果 DataFrame 里有缺失值，to_excel 方法会把这些缺失值默认转换成空字符串。如果需要把缺失值换成其他值，可以使用 na_rep 参数，例如：

```
# 将缺失值替换为 0
df.to_excel("output_withna.xlsx", na_rep=0, sheet_name='销售额')
```

output_withna.xlsx 的缺失值被替换成数字 0，如图 5.3 所示。

图 5.2 和图 5.3 中的 A 列都是原 DataFrame 的行索引，想要去除这一列，可以设置参数 index=False 来隐藏行号，例如：

```
df.to_excel("output_withna2.xlsx", sheet_name='产品销售', index=False)
```

output_withna2.xlsx 的内容如图 5.4 所示。

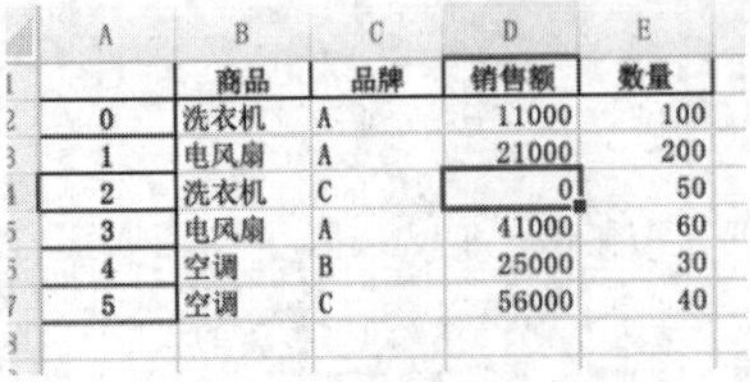

	A	B	C	D	E
1		商品	品牌	销售额	数量
2	0	洗衣机	A	11000	100
3	1	电风扇	A	21000	200
4	2	洗衣机	C	0	50
5	3	电风扇	A	41000	60
6	4	空调	B	25000	30
7	5	空调	C	56000	40
8					

图 5.3　将缺失值替换为 0

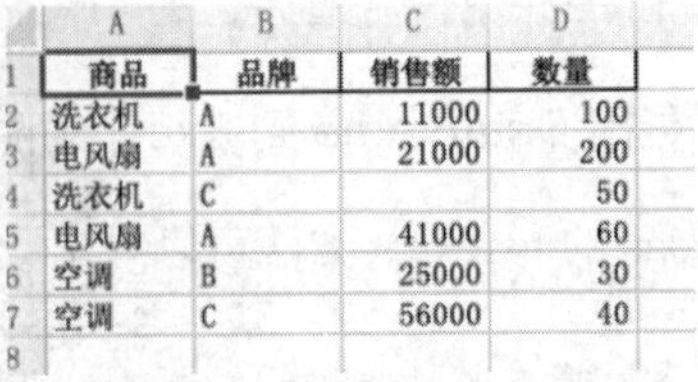

	A	B	C	D
1	商品	品牌	销售额	数量
2	洗衣机	A	11000	100
3	电风扇	A	21000	200
4	洗衣机	C		50
5	电风扇	A	41000	60
6	空调	B	25000	30
7	空调	C	56000	40
8				

图 5.4　导出 Excel 时去掉行索引

如果只导出其中的某些列，可以使用 columns 参数。

```
df.to_excel("output.xlsx", columns=['销售额', '品牌'], sheet_name='产品销售', index=False)
```

columns 参数在 MacOS 上有 bug，可以先用 drop 方法删除某些列，然后再导出。

```
df = df.drop(columns=['销售额', '品牌'])
df.to_excel("output.xlsx")
```

encoding 参数用于设置编码格式，默认值是 utf-8。示例代码如下：

```
df.to_excel("output_withna5.xlsx", encoding='gbk')
```

可以导出数据到多个 sheet 中，例如：

```
data = {'商品': ['洗衣机', '电风扇', '洗衣机', '电风扇', '空调', '空调'],
        '品牌': ['A', 'A', 'C', 'A', 'B', 'C'],
        '销售额': [11000, 21000, np.nan, 41000, 25000, 56000],
        '数量': [100, 200, 50, 60, 30, 40]}
df1 = pd.DataFrame(data)
df2 = pd.DataFrame({'业务员': ['张三', '李四'], '销售额': [15000, 20000]})
# 这里 to_excel 方法的第一个参数是 writer，也就是用于文件读写的对象
with pd.ExcelWriter('output.xlsx') as writer:
    df1.to_excel(writer, sheet_name='Sheet_name_1')
    df2.to_excel(writer, sheet_name='Sheet_name_2')
```

2. 导出层次化索引的数据

to_excel 方法也可以导出层次化索引的数据，例如：

```
salesData = pd.DataFrame([
    [10, "A"], [11, "B"], [13, "C"], [10, "D"],  [12, "E"], [12, "F"]
    ], columns=["销量", "型号"], index=[
    ["一月", "一月", "二月", "二月", "三月", "三月"],
    ["冰箱", "电视", "冰箱", "电视", "冰箱", "电视"],
])
salesData.to_excel("output-multiple-index.xlsx")
```

导出的 Excel 文件的内容如图 5.5 所示。

		销量	型号
一月	冰箱	10	A
	电视	11	B
二月	冰箱	13	C
	电视	10	D
三月	冰箱	12	E
	电视	12	F

图 5.5　导出层次化索引数据

3. 导出 DataFrame 到 CSV 文件

如果需要把 DataFrame 导出成 CSV 文件以方便后续的处理，可以用 to_csv 方法。例如前面的 DataFrame 可以这样导出：

```
df.to_csv("D:/test.csv", index=False)
```

其中 index 参数与 to_excel 方法中类似，都是表示隐藏行号。to_csv 方法与 to_excel 方法的常用参数是类似的，不再赘述。

5.5　读取 txt 文件

当用于数据分析的数据存在 txt 文件中时，可以使用 read_table 方法直接导入 txt 文件的内容，它的参数和用法与 read_csv 方法类似。假如有一个文本文件 table.txt，它的内容如下：第一行是 header，字段之间用空格隔开。

```
a b c
1 2 3
4 5 6
7 8 9
```

这里只需要把 txt 文件的路径传入 read_table 方法，read_table 方法就会自动处理文本，并转换成 DataFrame。

```
df = pd.read_table("d:/table.txt")
print(df)
```

输出结果如下：

```
   a  b  c
0  1  2  3
1  4  5  6
2  7  8  9
```

假如有一个文件 table2.txt，内容如下：

```
a, b, c
1, 2, 3
4, 5, 6
7, 8, 9
```

如果字段之间用逗号隔开，要设置 sep 参数，例如：

```
df = pd.read_table("d:/table2.txt", sep=",")
print(df)
```

输出结果如下：

```
   a  b  c
0  1  2  3
1  4  5  6
2  7  8  9
```

5.6 读取 JSON 数据

JSON 是一种轻量级的数据交换格式，容易阅读，也容易被机器扫描，在互联网应用中很常见。有时候从后台系统里导出来的数据就是 JSON 格式。

1. JSON 语法简介

平时读取的 JSON 文件实际存储的是一个 JSON 对象或者一个 JSON 数组。JSON 对象是由多个键值对组成的，有点类似 Python 字典；JSON 数组由多个 JSON 对象组成，有点类似 Python 列表。

下面是 JSON 对象和 JSON 数组的例子。

JSON 对象的例子如下：

```
{"name": "charles", "age": 18, "money": 3.12}
```

这个例子共有三个键值对，一个是 name，一个是 age，一个是 money，分别代表姓名、年龄和金钱。键名放在半角双引号内，键与值用冒号隔开。值是字符串类型，与 Python 的字符串一样，放在引号内。当值是整数或小数的时候，直接书写即可。

JSON 数组的例子如下：

```
[
  {
    "name": "charles",
    "age": 18,
    "money": 3.12
  },
  {
    "name": "grace",
    "age": 19,
    "money": 4.12
  }
]
```

JSON 数组用中括号包含若干个 JSON 对象，JSON 对象之间用逗号分隔。

2. 读取 JSON 数据

下面介绍读取 JSON 数据的具体方法。例如，有一个名为 test.json 的 JSON 文件，内容如下：

```
[
  {
    "name": "jim",
    "age": 16,
    "timestamp": 1013395466000
  },
  {
    "name": "grace",
    "age": 26,
    "timestamp": 1013395466000
  }
]
```

用 Pandas 的 read_json 方法读取这个 JSON 文件，参数是这个 JSON 文件的路径。

```
json = pd.read_json("d:\test.json")
json
```

转换出来的结果如下：

```
    name    age  timestamp
0   jim     16   2002-02-11 02:44:26
1   grace   26   2002-02-11 02:44:26
```

这里有一个比较特殊的地方就是 timestamp 会被自动转换为时间类型。例如数字 1013395466000 代表的时间是 2002 年 2 月 11 日 2:44:26 到 1970 年 1 月 1 日之间的时间差，等于 1013395466000 毫秒。

如果 JSON 文件的内容变成这样：

```
[
  {
    "name": "jim",
    "age": 16,
    "timestamp": "2011-03-02"
  },
  {
    "name": "grace",
    "age": 26,
    "timestamp": "2012-03-02"
  }
]
```

timestamp 也会被转换为时间类型。

为什么timestamp的两种形式都被自动转换成时间类型呢？这是read_json方法的一个约定规则。如果字段的名称符合以下情形，将会被自动转换为时间类型：

（1）名称是 date 或 modified。

（2）名称以 timestamp 开头。

（3）名称以_at 或_time 结尾。

扫一扫，看视频

5.7 读取关系数据库

常见的关系数据库管理系统有 MySQL、Microsoft SQL Server、Oracle。本节以 MySQL 数据库为例，讲解如何用 Pandas 读取关系数据库。

本节首先介绍关系数据库中的基本概念，然后讲解如何安装 MySQL 数据库和 Python 扩展 sqlalchemy。有了这些预备知识，就可以动手实践用 Pandas 读取关系数据库。SELECT 语句的使用是本章需要重点掌握的内容。

5.7.1 类比 Excel 并理解关系数据库中的概念

下面先讲解关系数据库中几个重要的概念。

一个数据库中可以有多个表，数据库中的每个表都有一个名字，而且名字是唯一的。如果数据库管理系统中有一个与销售数据有关的数据库，那么就可能有几个与销售相关的数据表，例如顾客信息表、商品列表、订单列表。一个数据库管理系统里可以包含多个数据库，数据库系统结构如图 5.6 所示。

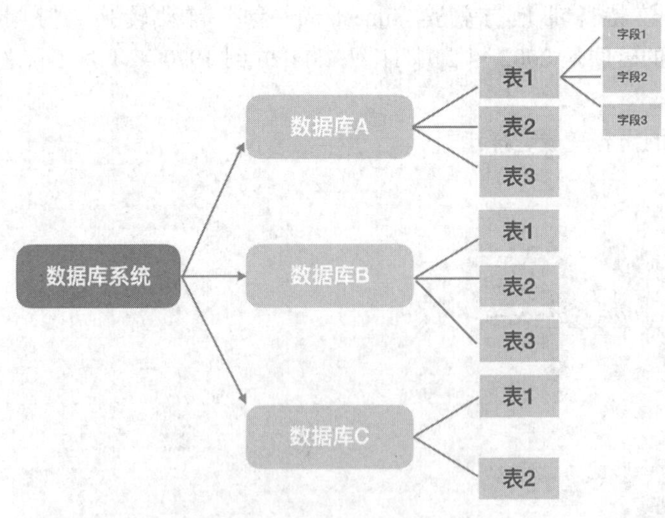

图 5.6　数据库系统结构

数据库的表跟 Excel 的表格很像。一个表里有多个列，同一列的数据属于同一个数据类型。这点与 Excel 有很大的差异，因为 Excel 里同一列单元格中的数据类型可以不同。常见的数据类型有整数、浮点数、字符串、时间日期。

列的名称一般称为字段名，字段名一般是英文。字段代表某个事物的各种属性，如一个人的身高和姓名。

数据表中的一行称为记录。记录对应着某个具体的事物，例如一个名为张三的人、车牌号码是 A123456 的汽车。

有一份顾客的信息表，如图 5.7 所示，这个表有这样几列：顾客编号、姓名、年龄、注册时间。顾客编号和姓名是字符串类型，年龄是整数类型，注册时间是时间类型，四条记录分别对应着四个人。

一般表会有一个主键，主键能唯一地标识表中的每一行。图 5.7 中顾客编号是一个主键，唯一地标识一个顾客。

数据库使用 NULL 代表空值，当把这些空值导入 Python 程序时，就会被自动标记为默认值。

数据库的内容一般不能直接通过 Python 这类编程语言读取，而是需要利用 SQL 来读取。SQL 是一种专门用来与数据库通信的语言。Python 只是负责把 SQL 查询传递到数据库软件，并把查询结果转换成 Python 可以识别的数据结构，以供后续分析使用。对于数据分析人员，其实只需要掌握 SQL 中的 SELECT 语句就可以了。本书在后面也只会介绍 SELECT 语句，至于 INSERT 语句、UPDATE 语句、DELETE 语句，读者可以查看其他关系数据库教程来学习。

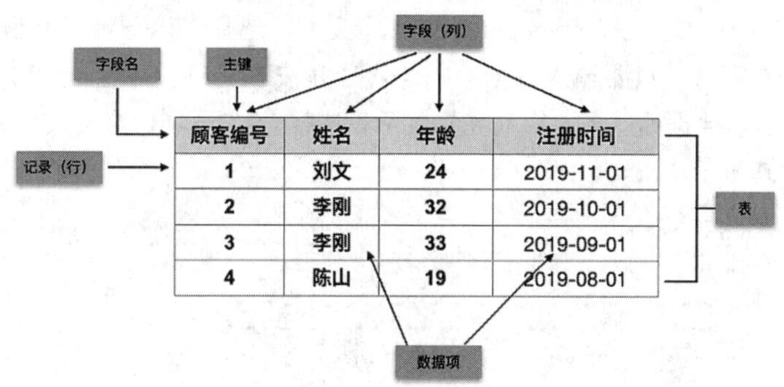

顾客编号	姓名	年龄	注册时间
1	刘文	24	2019-11-01
2	李刚	32	2019-10-01
3	李刚	33	2019-09-01
4	陈山	19	2019-08-01

图 5.7　顾客信息表

5.7.2　安装 MySQL

本小节介绍一下 MySQL 在 Windows 10 操作系统下的安装方法，并假定把运行环境安装在 F 盘根目录下。

（1）从网址 https://www.upupw.net/Apache/下载 MySQL 集成环境，这里选择“Apache 版 UPUPW PHP5.6 系列环境包 1910”。这个版本有 32 位和 64 位两个子版本。如果读者的计算机是 32 位的 Windows 系统，请选择 32 位版本，否则选择 64 位版本。判断计算机是 32 位还是 64 位可以参考第 1 章 1.2 节的内容。

（2）把下载下来的 7z 压缩文件解压到 F 盘，解压之后修改文件夹名称为 UPUPW。

（3）找到 UPUPW/MariaDB 路径中的配置文件 my，如图 5.8 所示。利用记事本把 my 文件中的“X:/”替换成“F:/”。

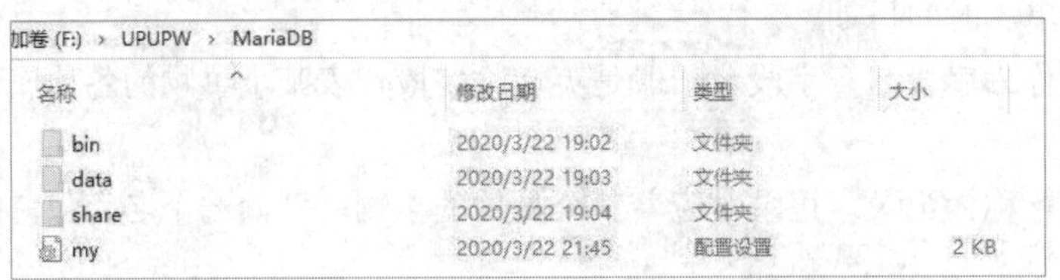

图 5.8　MariaDB 文件夹

（4）同时按下 WIN+R 键，在打开的“运行”对话框中输入“cmd”并按 Enter 键，便会启动 Windows 命令行工具。在命令行工具里输入以下命令：

```
f:
cd upupw
cd MariaDB
cd bin
mysqld.exe
```

在弹出的提示框中，选择“允许访问”选项，确认运行权限，接着关闭 Windows 命令行工具。这一步的作用是让 mysqld 程序拥有运行权限。

（5）右击 F:\UPUPW 文件夹下 upupw 应用程序文件，选择“以管理员身份运行”选项。这里会显示一个黑色背景的菜单，只要输入方括号中的代号并按 Enter 键，就会执行方括号后的操作。这里先选择“s3”选项启动数据库服务，启动完毕之后，选择“7”选项，重设数据库密码。F:\UPUPW 文件夹的内容如图 5.9 所示。

卷 (F:) › UPUPW

名称	修改日期	类型	大小
Apache2	2020/3/22 19:04	文件夹	
Backup	2020/3/22 19:05	文件夹	
ErrorFiles	2020/3/22 19:04	文件夹	
FileZillaftp	2020/3/22 19:04	文件夹	
Guard	2020/3/22 19:05	文件夹	
htdocs	2020/3/22 19:05	文件夹	
MariaDB	2020/3/22 19:02	文件夹	
memcached	2020/3/22 19:04	文件夹	
PHP5	2020/3/22 19:05	文件夹	
phpmyadmin	2020/3/22 19:04	文件夹	
Redis	2020/3/22 19:04	文件夹	
sendmail	2020/3/22 19:05	文件夹	
temp	2020/3/22 19:02	文件夹	
upcore	2020/3/22 19:04	文件夹	
vhosts	2020/3/22 19:05	文件夹	
xdebug	2020/3/22 19:02	文件夹	
upupw	2019/10/24 15:21	应用程序	386 KB
UPUPW_AP5.6功能	2019/10/18 15:38	文本文档	4 KB
UPUPW_AP5.6教程	2019/10/18 15:38	文本文档	4 KB
UPUPW使用协议	2019/10/18 15:38	文本文档	2 KB
密码及安全说明	2019/10/18 15:38	文本文档	3 KB
目录结构说明	2019/10/18 15:38	文本文档	4 KB
运行库说明	2019/10/18 15:38	文本文档	2 KB

图 5.9　UPUPW 集成环境目录

（6）按任意键返回主菜单，选择 14 选项管理数据库。数据库用户一栏，填写 root，root 密码一栏填写第 5 步里已经设定好的密码。接着选择 m2 选项创建数据库，数据库名称填写 test，这样就建立了一个名为 test 的数据库。操作完毕返回上一级菜单。

（7）选择 m8 选项，执行导入单个数据库操作。把数据库文件 dump.sql 放到 UPUPW\Backup\Import 文件夹中。根据提示输入包含 SQL 后缀的文件名称：dump.sql。至此，示例用户数据库创建完毕。

5.7.3 安装 sqlalchemy 和 mysql-connector-python

使用 Pandas 读取 MySQL 数据时需要使用 Python 的第三方库 sqlalchemy 和 mysql-connector-python。但是 Anaconda 默认没有这两个模块，所以需要自行在 Anaconda 中手动安装。

安装步骤如下：

（1）在 Anaconda Navigator 中选择 Environments 选项，再选择用户使用的 Python 运行环境，如图 5.10 所示。

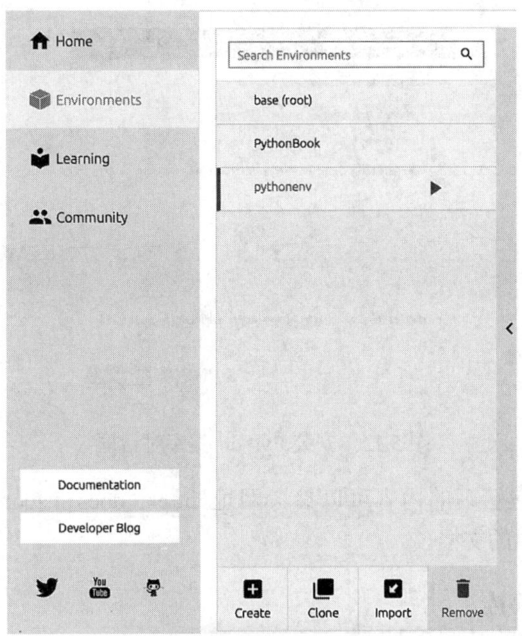

图 5.10　Python 运行环境管理

（2）在右边栏中搜索要安装的第三方库，如 sqlalchemy，如图 5.11 所示。

（3）搜索之后，找到相应的安装包，选中左边的复选框，然后单击 Apply 按钮。

（4）在弹出的对话框中单击 Apply 按钮，如图 5.12 所示。

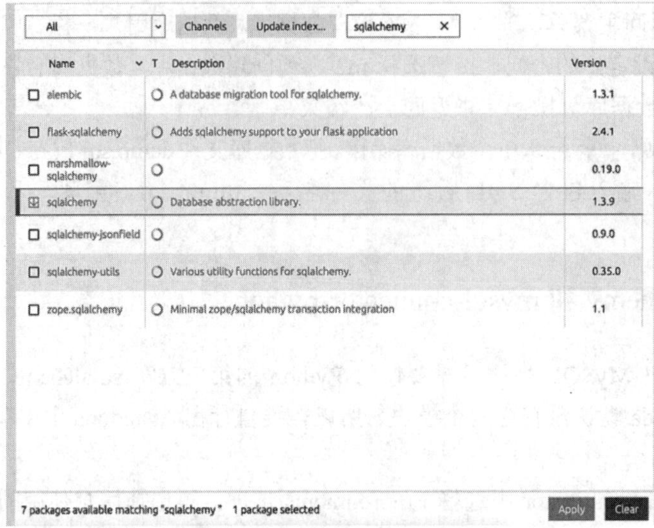

图 5.11　管理 Python 运行环境中的类库

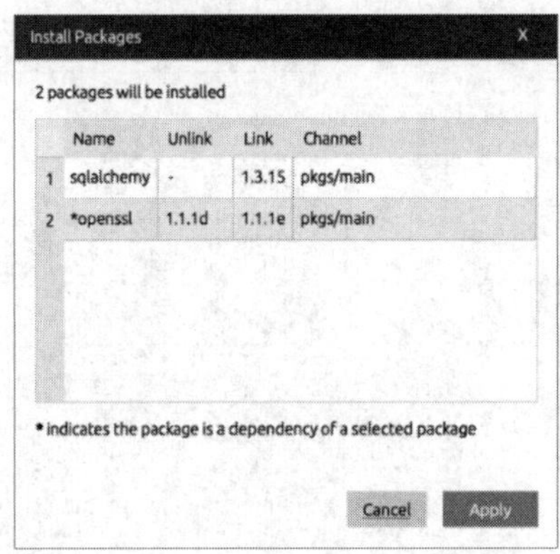

图 5.12　安装 Python 类库对话框

更多有关 Anaconda 包管理的内容可以参考网址 https://docs.anaconda.com/anaconda/navigator/tutorials/manage-packages/中的文档。

5.7.4　Pandas 读取数据库

下面讲解如何用 Pandas 读取 MySQL 关系数据库中的数据。

Pandas 用于读取数据库中数据的方法主要有 read_sql_table 和 read_sql_query。read_sql_table 可以直接读取某个表的数据；read_sql_query 是按着某个条件读取数据库的内容。

Pandas 读取数据库可以分为两步：第一步连接数据库；第二步调用 SQL 语句查询数据库的数据。

read_sql_query 的第一个参数就是一个 SELECT 语句，SELECT 语句在后面会详细讲解。下面是使用 read_sql_query 方法读取数据库的示例代码。

```
import pandas as pd
from sqlalchemy import create_engine

dbcon = create_engine('mysql+mysqlconnector://root:123456@localhost:3306/testdb')
df = pd.read_sql_query( ' SELECT col1, col2 FROM tablename ', dbcon)
```

调用 read_sql_query 之前需要先使用 create_engine 创建一个数据库连接，例子中把这个连接存到 dbcon 变量中。create_engine 函数调用的参数是一个数据库连接配置字符串，读者在使用的时候请根据实际情况改成对应的值。“mysql+mysqlconnector://”是这个字符串中固定的部分，这个字符串之后的部分是需要修改的，具体每个部分的含义总结见表 5.2。

表 5.2　数据库连接参数

参　数	示　例
数据库用户名	root
数据库密码	123456
数据库服务器的网络名称或网络地址	localhost
数据库端口	3306
数据库名称	testdb

例如，数据库用户名是 user，数据库密码是 123456aa，数据库服务器的网络地址是 192.168.1.101，端口是 3306，数据库名称是 shop，那么数据库连接配置字符串就变成：

```
mysql+mysqlconnector://user:123456aa@192.168.1.101:3306/shop
```

接着来讲解 read_sql_table 方法。read_sql_table 的第一个参数是数据库表名称，第二个参数是数据库连接对象。下面是 read_sql_table 的示例代码。

```
import pandas as pd
from sqlalchemy import create_engine

dbcon = create_engine('mysql+mysqlconnector://root:123456@localhost:3306/testdb')
# tablename 对应用户要读取的数据表名称
df = pd.read_sql_table( 'tablename', dbcon)
```

虽然可以直接用 read_sql_table 把数据库的整个表读取下来，但是利用 Python 处理海量数据在某些情况下可能会出现性能问题，甚至导致程序崩溃。

5.7.5　SELECT 语句

SELECT 语句的作用就是从一个或多个表中检索出需要的数据。一个 SQL 语句里会包含一个或多个关键字。所谓关键字就是一些用于执行 SQL 操作的英文单词，这些关键字不能直接作为表名或列名。本章涉及的 SQL 关键字主要有 SELECT、FROM、WHERE、JOIN、LEFT、INNER、RIGHT。

用于演示 SELECT 语句的 test 数据库有四个表：Customers、Products、Orders、OrderItems。Customers 表的字段说明见表 5.3；Products 表的字段说明见表 5.4；Orders 表的字段说明见表 5.5；OrderItems 表的字段说明见表 5.6。

表 5.3　Customers 表的字段说明

列　名	说　明
id	唯一的客户 ID
name	客户名称
mobile	客户手机号码
city	客户所在城市

表 5.4　Products 表的字段说明

列　名	说　明
id	唯一的产品 ID
name	产品名称
price	产品价格
description	产品描述

表 5.5　Orders 表的字段说明

列　名	说　明
order_num	唯一的订单号
order_date	订单日期
customer_id	订单的客户 ID

表 5.6　OrderItems 表的字段说明

列　名	说　明
order_num	唯一的订单号
product_id	产品 ID
quantity	产品数量
item_price	产品价格

下面开始讲解常用的 SQL 语句模式。

1. 读取单个列

使用 SELECT 语句读取数据，至少要给出表名和列名。其中“SELECT”和“FROM”是 SQL 保留的关键字。用 SELECT 语句读取单个列，格式如下：

```
SELECT 列名 FROM 表名
```

下面的 SELECT 语句从 Customers 表中检索名为 name 的列，这个语句将会返回 Customers 表中符号条件的所有数据，读取出来的数据会保存在一个 DataFrame 对象中。

```
SELECT name FROM Customers
```

把这个 SQL 语句放到 read_sql_query 中。

```
df = pd.read_sql_query( ' SELECT name FROM Customers ', dbcon)
df
```

输出结果如下：

```
   name
0  张三
1  李四
2  陈山
```

后面的 SQL 示例代码也可以套用这段代码来查看运行结果。

2. 读取多列

用 SELECT 语句读取多列的格式如下：

```
SELECT 列名 1, 列名 2, 列名 3 FROM 表名
```

读取多列的 SELECT 语句跟读取单列的 SELECT 语句很像，只是增加了读取的列，列名之间用逗号隔开。下面的例子里读取了 Customers 表的 name、mobile、city 三个字段。

```
SELECT name, mobile, city FROM Customers
```

输出结果如下：

```
   name  mobile       city
0  张三  18029335555  北京
1  李四  13466668888  上海
2  陈山  15633335555  广州
```

如果想选择所有列，可以使用“*”代表所有列，例如：

```
SELECT * FROM Customers
```

3. 按条件选取数据

SELECT 语句中可以加上 WHERE 语句用于过滤数据，例如：

```
SELECT name, mobile, city FROM Customers WHERE name = "张三"
```

输出结果如下：

```
     name   mobile        city
0    张三   18029335555   北京
```

SQL 中的字符串比较跟 Python 中的字符串类似，字符串需要用双引号或单引号限定。WHERE 子句中常用的比较操作符见表 5.7。

表 5.7　WHERE 子句中常用的比较操作符

操　作　符	说　　明	实　　例
=	等于	price = 10
<>, !=	不等于	price != 10
>	大于	price > 10
<	小于	price < 10
>=	大于或等于	price >= 10
<=	小于或等于	price <= 10

SQL 的比较操作符与 Python 的比较操作符有差异，请读者注意区别。

WHERE 子句支持按范围查询，设置范围的格式如下：

```
BETWEEN 最低值 AND 最高值
```

例如，下面的 SQL 语句中查询价格范围在 500～1000 元的商品。

```
SELECT name, price FROM Products WHERE price BETWEEN 500 AND 1000
```

可以用 WHERE 子句检查哪些行包含空值。SQL 里用 NULL 代表空值。例如下面代码查找 description 字段是 NULL 的行。

```
SELECT name, price, description FROM Products WHERE description IS NULL
```

输出结果如下：

```
     name    price    description
0    洗碗机   2500.0   None
```

IS NOT NULL 代表查找非空值。

```
SELECT name, price FROM Products WHERE description IS NOT NULL
```

SQL 中的 NULL 与数值 0、空字符串、空格有本质区别，NULL 代表数值缺失。

在 WHERE 子句里可以使用多个条件。多个条件的组合跟 Python 语言类似，可以使用 AND 和 OR 连接，用括号改变判断条件的运算优先级。

使用 AND 的例子如下：

```
SELECT * FROM Products WHERE name = "冰箱" AND price > 100
```

使用 OR 的例子如下：

```
SELECT * FROM Customers WHERE id = 1 OR name = "李四"
```

使用括号控制运算优先级：

```
SELECT * FROM Products WHERE (name = "冰箱" AND price > 1000) OR (price < 1000)
```

最后介绍一下 SQL 的 IN 操作符。先来看一个查询需求，这个需求是用 SQL 语句找出用户 ID 等于 1、2、3 的用户资料。利用前面介绍的知识可以用 OR 运算符实现。

```
SELECT * FROM Customers WHERE id = 1 OR id = 2 OR id = 3
```

但是这个 SQL 语句写起来很麻烦，可以使用 IN 操作符简化 SQL 语句。

```
SELECT * FROM Customers WHERE id IN (1, 2, 3)
```

IN 后面的部分跟 Python 里的元组类似，用逗号隔开各个值。

4. 连接多个表

要读取多个表的数据，首先要找出两个表的公共列，这个公共列称为连接字段。例如 Orders 表与 Customers 表之间的公共列就是 cutomer_id（在 Customers 表中是 id 列）。

SQL 中常用表的连接方式主要有以下三种：

- INNER JOIN（内连接）
- LEFT JOIN（左连接）
- RIGHT JOIN（右连接）

先介绍什么是内连接。下面的 SQL 语句用内连接方式连接了 Orders 表和 Customers 表：

```
SELECT * FROM Orders INNER JOIN Customers ON Orders.customer_id = Customers.id
```

输出结果如下：

```
   order_num          order_date    customer_id  id  name     mobile        city
0          1   2020-03-26 15:49:32            1   1  张三  18029335555    北京
1          2   2020-03-18 15:39:32            1   1  张三  18029335555    北京
2          3   2020-03-19 12:29:32            2   2  李四  13466668888    上海
```

Orders 表与 Customers 表的连接如图 5.13 所示。

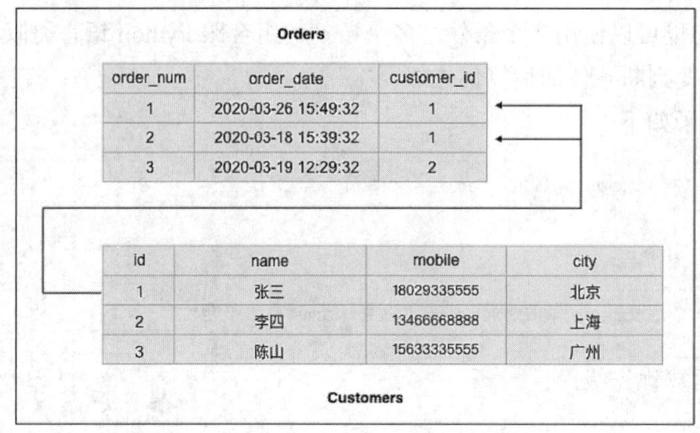

Orders

order_num	order_date	customer_id
1	2020-03-26 15:49:32	1
2	2020-03-18 15:39:32	1
3	2020-03-19 12:29:32	2

id	name	mobile	city
1	张三	18029335555	北京
2	李四	13466668888	上海
3	陈山	15633335555	广州

Customers

图 5.13　Orders 表与 Customers 表的连接

从例子可以看到内连接只返回两个表中连接字段相等的行，所以内连接又称为等值连接。ON 关键字之后是连接条件。INNER JOIN 符合连接条件的选择效果如图 5.14 所示。

在示例数据库里，如果想知道所有客户下订单的情况，包括哪些客户还没有下过订单，用内连接实现不了这样的查询。因为没有下订单的客户的 ID 不会出现在 Orders 表里，所以 SQL 里又引入了左连接和右连接来解决这样的问题。

左连接返回左表所有的行，对于右表没有匹配的行，返回 NULL 值。LEFT JOIN 符合连接条件的选择效果如图 5.15 所示。

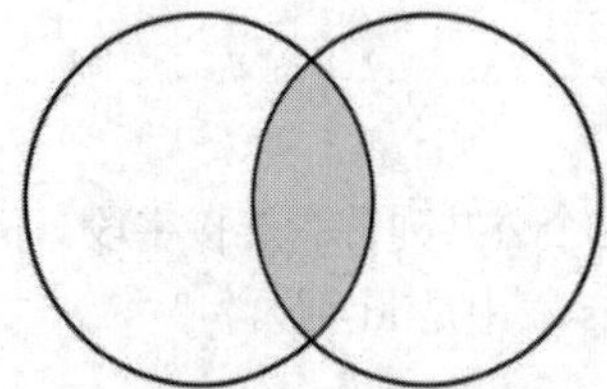

图 5.14　INNER JOIN 示意图

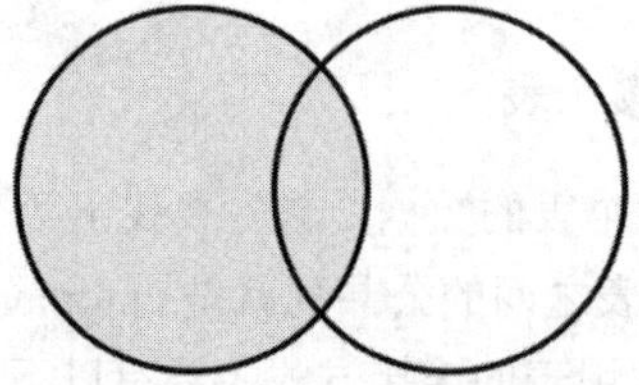

图 5.15　LEFT JOIN 示意图

要知道所有客户下订单的情况，可以这样定义：

```
SELECT * FROM Customers LEFT JOIN Orders  on Orders.customer_id = Customers.id
```

输出结果如图 5.16 所示。

	id	name	mobile	city	order_num	order_date	customer_id
0	1	张三	18029335555	北京	1.0	2020-03-26 15:49:32	1.0
1	1	张三	18029335555	北京	2.0	2020-03-18 15:39:32	1.0
2	2	李四	13466668888	上海	3.0	2020-03-19 12:29:32	2.0
3	3	陈山	15633335555	广州	NaN	NaT	NaN

图 5.16　左连接结果示例

从图 5.16 可以看到，陈山这个客户没有下过订单，order_num、order_date、customer_id 这三个字段的值都是 NULL。张三这个客户下了两个订单，所以占了两行。

右连接与左连接是类似的，只是方向不同。右连接返回右表所有的行，对于左表没有匹配的行，返回 NULL 值。RIGHT JOIN 符合连接条件的选择效果如图 5.17 所示。

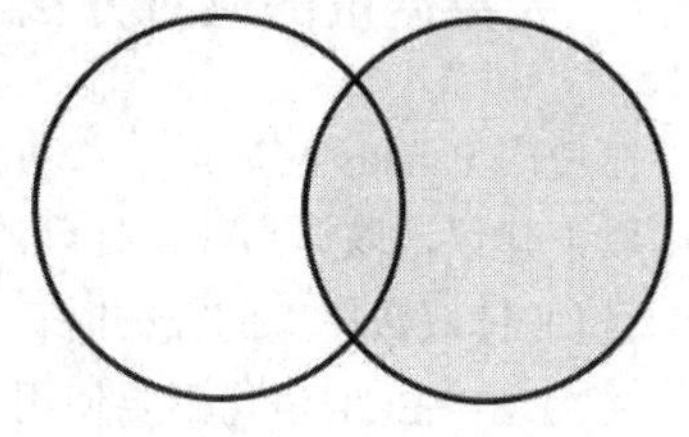

图 5.17 RIGHT JOIN 示意图

上面介绍了两个表在 SQL 里是如何连接的，其实三个表的连接跟两个表是类似的。例如，下面的 SQL 连接了 Customers、Orders、OrderItems 这三个表。

```
SELECT * FROM Orders
INNER JOIN Customers on Orders.customer_id = Customers.id
INNER JOIN OrderItems on Orders.order_num = OrderItems.order_num
```

输出结果如下：

```
   order_num          order_date  customer_id  id  name       mobile city  order_num  product_id  quantity  item_price
0  1    2020-03-26 15:49:32   1    1  张三  18029335555 北京  1        1   1     1900.0
1  1    2020-03-26 15:49:32   1    1  张三  18029335555 北京  1        2   1     1450.0
```

5. 只选取若干行

可以使用 LIMIT 语句控制读取的行数，例如：

```
SELECT name, mobile, city FROM Customers LIMIT 10
```

LIMIT 之后的数字代表读取的行数。

5.7.6 导出数据库的数据到 Excel 文件

本节综合前面的知识点，实现从 MySQL 数据库导出数据，并把数据存到 Excel 文件的功能。下面的示例把某个数据库里的四个表全部导出成 Excel 文件用于分析，每个表只导出 10 条数据。

代码 5-1 导出数据库的数据到 Excel 文件

```
import pandas as pd
from sqlalchemy import create_engine

dbcon = create_engine('mysql+mysqlconnector://root:123456@localhost:3306/test2')
tablesNames = ['Customers', 'Orders', 'OrderItems', 'Products']
# 用表名作为 Excel 文件名
for name in tablesNames:
    pd.read_sql_query( ' SELECT * FROM ' + name + ' LIMIT 10', dbcon).to_excel(name +
".xlsx", index=False)
```

5.7.7 大数据量的应对方法

在使用 Pandas 的数据导入功能时，偶尔会遇到数据量非常大，导致运算性能下降的情况。可以采用以下建议，以提高数据处理的效率。

（1）读取数据库的数据时，SQL 中添加 LIMIT 子句限制导入的行数。

（2）SELECT 语句不要使用“*”导入所有列，只导入需要分析的列。

（3）读取 Excel 文件和 CSV 文件时，使用 nrows 参数限制导入的行数和列。例如：

```
df = pd.read_excel("file_name.xlsx", usecols=[0, 3, 4], nrows=1000)
df = pd.read_csv("file_name.csv", usecols = [0,2], nrows=100)
```

（4）导入大量数据之后，进行适当的筛选，以减少 DataFrame 的内存占用。

（5）用 astype 方法把某列转换为类型数据，具体操作参考第 7 章。

（6）用 to_numeric 方法转换数字类型，可以减少内存占用。下面具体说明。

```
df = pd.DataFrame({'col1': range(1, 10000, 10)})
df.info()
```

输出结果如下：

```
<class 'pandas.core.frame.DataFrame'>
RangeIndex: 1000 entries, 0 to 999
Data columns (total 1 columns):
 #   Column   Non-Null   Count       Dtype
 ---  ------  --------------   -----
 0   col1     1000       non-null   int64
dtypes: int64(1)
memory usage: 7.9 KB
```

然后利用 to_numeric 方法转换类型为 unsigned。

```
df['col1'] = pd.to_numeric(df['col1'], downcast='unsigned')
df.info()
```

输出结果如下：

```
<class 'pandas.core.frame.DataFrame'>
RangeIndex: 1000 entries, 0 to 999
Data columns (total 1 columns):
 #   Column   Non-Null  Count      Dtype
 ---  ------  -------------- -----
 0   col1     1000       non-null  uint16
dtypes: uint16(1)
memory usage: 2.1 KB
```

从结果可以看到内存占用从 7.9 KB 下降到 2.1KB。

（7）使用分块的方式完成运算。

下面举两个例子说明，第一个例子的数据先用代码生成。

```
names = ["A", "B", "C", "D"]
for j in range(1, 100):
    df = pd.DataFrame({"name": [ names[random.randint(0, 3)] for i in range(1, 100) ] })
    df.to_csv("chunk/" + str(j) + ".csv", index=False)
```

这段代码在某个目录下生成了 100 个 CSV 文件，每个 CSV 文件都有一列名为 name 的数据。这列数据由英文字母组成，这些字母包括 A、B、C、D。

接着用 Pandas 从多个 CSV 文件中读取数据，并统计每个 name 包含 A、B、C、D 的次数。

```
counts = pd.Series(dtype=int)
for j in range(1, 100):
    filepath = "data/chunk/" + str(j) + ".csv"
    df = pd.read_csv(filepath, header=0)
    # 这里利用了 Series 的 add 方法叠加统计数字
    counts = counts.add(df['name'].value_counts(), fill_value=0)

counts.astype(int)
```

输出结果如下：

```
A    2495
B    2365
C    2435
D    2506
dtype: int64
```

第二个例子是使用 Pandas 内置方法的参数实现分段加载。例如 read_csv 方法有一个 chunksize 参数，可以这样用：

```
# 当使用 chunksize 参数时，read_csv 方法返回一个可以用于循环读取的变量
reader = pd.read_csv('/chunk/1.csv', chunksize=4)
for chunk in reader:
    print(chunk)
```

输出结果如下：

```
  name
0   B
1   C
2   A
3   D
# 中间输出省略
  name
```

```
96    A
97    B
98    D
```

5.8 小结

本章介绍了以下知识点。

（1）数据库系统中的重要概念。

- 数据库管理系统：用于存储和管理大量结构化数据的一个软件。
- 数据库：以一定方式存储在一起的数据的集合。
- 数据库表：一个二维的数据集合。一个数据库包含若干个表。
- 字段：数据表中的某一列。同一列的数据属于同一种数据类型。
- 记录：数据表中的某一行。
- 主键：主键能唯一地标识表中的每一行。
- SQL：专门用于查询操作关系数据库中数据的一种语言。

（2）Pandas 中的数据导入和导出的常用方法见表 5.8。

表 5.8 数据导入和导出的常用方法

方　法	描　述
read_excel	读取 Excel 文件
read_csv	读取 CSV 文件
read_json	读取 JSON 文件
read_table	读取 txt 文件
read_sql_table	读取关系数据库中某个表的所有数据
read_sql_query	通过 SQL 读取关系数据库中的数据
to_excel	导出 DataFrame 数据到 Excel 文件
to_csv	导出 DataFrame 数据到 CSV 文件

（3）read_excel 的参数与 read_csv 的参数有部分用法是一样的，见表 5.9。

表 5.9 read_excel 和 read_csv 的常用参数

参　数	作　用
names	指定列名
index_col	指定哪一列作为索引
usecols	指定导入哪些列
nrows	设定导入行数

read_excel 的常用参数还有 sheet_name、header。read_csv 的常用参数还有 sep 和 encdoing。

（4）SQL 里的常用表连接方式主要有以下三种：

- INNER JOIN（内连接）
- LEFT JOIN（左连接）
- RIGHT JOIN（右连接）

（5）读取关系数据库中常用的 SELECT 语句模式，见表 5.10。

表 5.10　常用的 SELECT 语句模式

说　明	语　句
从单表读取某个列	SELECT x FROM y
从单表读取多个列	SELECT x,y,z FROM m
读取所有列	SELECT * FROM m
只选取若干条数据	SELECT x,y,z FROM m LIMIT 10
用一个条件选取数据	SELECT x,y,z FROM m WHERE x = 1
按范围选取数据	SELECT x,y,z FROM m WHERE x BETWEEN 1 AND 5
按值选取	SELECT * FROM x WHERE y IN (1, 2, 3)
用多个条件选取数据	SELECT x,y,z FROM m WHERE x = 1 AND y > 2
按值连接两个表	SELECT * FROM x INNER JOIN y ON x.field = y.field SELECT * FROM x LEFT JOIN y ON x.field = y.field SELECT * FROM x RIGHT JOIN y ON x.field = y.field
连接三个表	SELECT * FROM x INNER JOIN y on x.col1 = y.col2 INNER JOIN z on x.col3 = z.col4

（6）Pandas 处理大量数据的各种技巧。

第 6 章

数据预处理

在数据分析中，原始数据往往包含缺失值、异常值、重复值。这些低质量的数据会严重影响分析结果，所以必须先进行数据预处理再开始数据分析。

本节首先介绍了如何用 Pandas 熟悉原始数据，为预处理做好准备，接着讲解数据预处理中的三个主要操作：

- 缺失值处理。
- 异常值处理。
- 重复值处理。

最后介绍了如何修改 DataFrame 的显示样式，使得阅读数据更加方便。

6.1 了解数据的基本信息

在对数据预处理之前，要先熟悉数据。熟悉数据的过程一般包含以下几步：

（1）有多少行多少列。

（2）每列的数据类型。

（3）对于数据类型是数值的列，查看数值的分布情况。

（4）预览部分数据。

（5）每一列都有哪些值。

本节将介绍如何获取这些信息。用于示例的 students 变量如下：

```
students = pd.DataFrame({
        "name" : ["lucy","lily", "grace", "jimmy"],  #姓名
        "age" : [17,18,19, 20],                       #年龄
        "score" : [80,95,100, None]
    }, index = [1,2,3], columns=["score", "name", "age"])
```

students 变量记录三个人的年龄、姓名和一次考试成绩，其中 name 代表姓名，age 代表年龄，score 代表考试成绩。

1．shape 属性

要想知道一个 DataFrame 有多少行和多少列，可以查看 shape 属性。shape 属性是一个元组，这个元组的第一个数字代表行数，第二个数字代表列数，例如：

```
students.shape
```

输出结果如下：

```
(4, 3)
```

2．dtypes 属性

DataFrame 的 dtypes 属性记录了每列的数据类型。

```
students.dtypes
```

输出结果如下：

```
score      float64
name       object
age        int64
dtype:     object
```

输出结果中的第二列就是数据类型信息，同时可以看到 DataFrame 里有哪些列。name 后面的 object 代表 name 字段的类型是字符串。

3. describe 方法

describe 方法用于计算数值型变量的描述性统计量。例如：

```
students.describe()
```

统计结果如下：

```
         score        age
count    3.000000     4.000000
mean     91.666667    18.500000
std      10.408330    1.290994
min      80.000000    17.000000
25%      87.500000    17.750000
50%      95.000000    18.500000
75%      97.500000    19.250000
max      100.000000   20.000000
```

其中，count 代表数量；mean 代表平均值；std 代表标准方差；min 代表最小值；max 代表最大值；25%、50%、75%代表四分位数。

4. head 方法和 tail 方法

head 方法可以预览 DataFrame 的前几行，head 方法的第一个参数代表行数。

```
students.head(2)
```

输出结果如下：

```
    score    name    age
1   80       lucy    17
2   95       lily    18
```

当读取的数据行数非常多时，可以使用 head 方法查看数据的前几行，从而知道某个列都有哪些值。

tail 方法可以读取 DataFrame 的最后几行，调用方式与 head 方法类似。

```
students.tail(2)
```

5. value_counts 方法

数据分析中有时候需要知道某个列有哪些值，如代表产品分类的列里都有哪些值。当数据量非常大时，DataFrame 的数据只有部分能展示出来，可以用 value_counts 方法获取这个信息，例如：

```
df = pd.DataFrame({
        "A" : [17, 18, 19, 17, 18, 19, 17, 20],
```

```
})
df['A'].value_counts()
```

输出结果如下：

```
17    3
19    2
18    2
20    1
Name: A, dtype: int64
```

从输出结果可以看出数字 17 在 A 列出现了 3 次。

6. info 方法

调用 info 方法可以获取 DataFrame 的信息，包括索引的类型、列的类型、非空值和内存使用情况。例如：

```
students.info()
```

输出结果如下：

```
<class 'pandas.core.frame.DataFrame'>
Int64Index: 4 entries, 1 to 4
Data columns (total 3 columns):
 #   Column  Non-Null Count  Dtype
---  ------  --------------  -----
 0   score   3 non-null      float64
 1   name    4 non-null      object
 2   age     4 non-null      int64
dtypes: float64(1), int64(1), object(1)
memory usage: 128.0+ bytes
```

“Non-Null Count”列统计了每一个字段非空值的数量，其中 score 有一个空值，所以“Non-Null Count”等于 3。Dtype 列出了每列的数据类型，最后一行列出了 DataFrame 占用内存的大小。

7. nunique 方法

nunique 方法可以计算一个列中不重复值的个数。例如：

```
df = pd.DataFrame({'A': [1, 2, 3], 'B': [1, 1, 1]})
df.nunique()
```

输出结果如下：

```
A    3
B    1
dtype: int64
```

从输出结果可以看出，A 列不重复值的个数是 3，B 列不重复值的个数是 1。

扫一扫，看视频

6.2 缺失值处理

本节介绍如何用 Pandas 发现缺失值和处理缺失值，涉及的知识点如下：

- 综合运用 isnull 方法和 any 方法找出缺失值。
- 用 fillna 方法填充缺失值，用 dropna 方法删除缺失值。

6.2.1 发现缺失值

在 Pandas 里用 isnull 方法可以找出 DataFrame 中的缺失值。isnull 方法返回一个新的 DataFrame 对象，对于缺失值返回 True，对于非缺失值返回 False。例如：

```
# 带缺失值的演示数据
df = pd.DataFrame([
    [1, 2, 3, 4],
    [4, 5, 6, np.nan],
    [7, 8, np.nan, 9],
    [10, 11, np.nan, np.nan]
], columns=['A', 'B', 'C', 'D'])
print(" df.isnull() = ")
print(df.isnull())
```

输出结果如下：

```
df.isnull() =
      A      B      C      D
0  False  False  False  False
1  False  False  False  True
2  False  False  True   False
3  False  False  True   True
```

对 isnull 方法返回的结果调用 any 方法可以检查出行或列中缺失值的情况。

当 axis=1 时，any 方法会遍历 DataFrame 的每一行，如果某一行有一个值是 NAN，那么返回 True，否则返回 False。

```
print(" axis=1 ")
nan_any_rows = df.isnull().any(axis=1)
nan_all_rows = df.isnull().all(axis=1)
print(" nan_any_rows ")
print(nan_any_rows)
print(" nan_all_rows ")
```

```
print(nan_all_rows)
```

输出结果如下：

```
axis=1
 nan_any_rows
0    False
1     True
2     True
3     True
dtype: bool
 nan_all_rows
0    False
1    False
2    False
3    False
dtype: bool
```

再进一步，可以显示有缺失值的行。

```
df[nan_any_rows]
```

输出结果如下：

```
    A   B   C    D
1   4   5   6.0  NaN
2   7   8   NaN  9.0
3   10  11  NaN  NaN
```

请读者思考一下 df[nan_all_rows]的结果是什么？为什么是这个结果？

当 axis=0 时，any 方法会遍历 DataFrame 的每一列，如果某一列有一个值是 NAN，返回 True，否则返回 False。

```
print(" axis=0 ")
nan_any_columns = df.isnull().any(axis=0)
nan_all_columns = df.isnull().all(axis=0)
print(" nan_any_columns ")
print(nan_any_columns)
print(" nan_all_columns ")
print(nan_all_columns)
```

输出结果如下：

```
axis=0
 nan_any_columns
A    False
B    False
```

```
C    True
D    True
dtype: bool
 nan_all_columns
A    False
B    False
C    False
D    True
dtype: bool
```

再进一步，可以显示有缺失值的列。

```
columns = list(nan_any_columns[nan_any_columns].index)
df[columns]
```

输出结果如下：

```
     C      D
0    3.0    4.0
1    6.0    NaN
2    NaN    9.0
3    NaN    NaN
```

6.2.2 处理缺失值

了解了如何发现缺失值之后，下面讲解如何处理缺失值。处理缺失值主要有两种方法：

- 删除缺失值。
- 填充缺失值。

Pandas 里的 fillna 方法可以填充缺失值，dropna 方法可以删除缺失值。

fillna 的第一个参数即是填充值，例如：

```
df = pd.DataFrame({'value':[1, 2, np.nan, 4, 100], 'name': ['A', 'B', 'C', 'D', 'E']})
df.fillna(333)
```

fillna 方法也可以指定列名进行填充。

```
df = pd.DataFrame({'value1':[1, 2, np.nan, 4, 100], 'value2':[1, 2, 3, np.nan, 100],
'name': ['A', 'B', 'C', 'D', 'E']})
df.fillna({'value1': 111, 'value2': 222})
```

这里调用 fillna 方法并不会修改原来的 DataFrame，而是会把填充之后的 DataFrame 作为方法的返回值。

需要直接修改原来的 DataFrame，可以使用 inplace 参数。

```
df.fillna({'value1': 111, 'value2': 222}, inplace=True)
```

如果缺失数据的记录占比过大，就不适合直接删除，因为会严重影响后续分析结果的准确性。

dropna 方法的例子如下：

```
df = pd.DataFrame(np.random.randn(100, 3), columns=['A', 'B', 'C'])
df['A'] = np.round(df['A']*100)
df['C'] = df.apply(lambda row: 'F' if row['C'] > 0.5 else 'M', axis=1)
df.iloc[1, 1] = np.nan
df.iloc[8, 2] = np.nan
df2 = df.dropna()
df2
```

dropna 有几个常用的参数：axis、how、subset、inplace，下面结合实例讲解这些参数的用法。

how 参数可以与 axis 参数合起来使用，实现特定功能，例如：

```
# 如果某一列所有值都缺失，就删除
df.dropna(how='all', axis='columns')
# 如果某一行所有值都缺失，就删除
df.dropna(how='all', axis='index')
# 如果某一列某个值缺失，就删除
df.dropna(how='any', axis='columns')
# 如果某一行某个值缺失，就删除
df.dropna(how='any', axis='index')
```

subset 参数可以选择在某几列中查找缺失值，如果其中一列有缺失值，则删除。

```
df.dropna(subset=['name', 'born'])
```

需要直接修改原来的 DataFrame，可以使用 inplace 参数。

```
df.dropna(inplace=True)
```

6.3 异常值处理

本节介绍发现异常值和处理异常值的若干方法，其中有些内容需要用到后面章节的知识。读者可以先浏览一遍，等学习完后面的章节再细看本节内容。

6.3.1 发现异常值

检测异常值的方法一般有三种：

（1）利用箱形图和散点图发现异常值。箱形图和散点图的绘制方法将会在第 9 章中介绍。如果箱形图和散点图上的某些点与其他点相距较远，或者附近没有其他点，往往就是异常值。

（2）根据经验确定正常值的范围，超出该范围的视作异常值，可以利用 Pandas 的条件过滤功能把超出某个数值范围的值过滤掉。例如：

```
df = pd.DataFrame({'value':[1, 2, 3, 4, 100], 'name': ['A', 'B', 'C', 'D', 'E']})
df1 = df[ (df['value'] < 50) & (df['value'] > 0) ]
df2 = df[ np.abs(df['value']) < 4 ]
print(df1)
print(df2)
```

输出结果如下：

```
     value   name
0    1       A
1    2       B
2    3       C
3    4       D
     value   name
0    1       A
1    2       B
2    3       C
```

Pandas 筛选数据的功能将在第 7 章详细介绍。

（3）基于统计值判定异常值，例如某个数据是服从正态分布的，如果其中某个值超过 3 倍标准差，可以将其视为异常值。某个数据不服从正态分布，其中某个值与平均值之差大于 N 倍标准准差，也可视为异常值。

下面的例子定义了一个 detect_outlier 函数，用于检测异常值。

```
dataset= [
    5, 15,  6,  6, 100,  7,  6,  3, 10, 11, 12, 10, 17,  3, 15, 12,
    7,  4,  4,  4, 12, 18,  4, 11,  7, 18, 10, 17,  6,  7,  4,  8,
    3,  1,  8,  6,  5, 11,  4, 17
]
def detect_outlier(data):
    outlier=[]
    mean = np.mean(data)
    std =np.std(data)

    for y in data:
        z_score= (y - mean)/std
        if np.abs(z_score) > 3:
            outlier.append(y)
    return outlier
outlier = detect_outlier(dataset)
print(outlier)
```

输出结果如下：

```
[100]
```

下面的例子演示了如何排除服从正态分布的数据中的异常值。

```
df = pd.DataFrame({'Data':np.random.normal(size=200)})
# np.abs(df.Data-df.Data.mean()) 计算数值与平均值之差的绝对值
# 3*df.Data.std() 对应数据标准差的 3 倍
df[np.abs(df.Data-df.Data.mean()) <= (3*df.Data.std())]
```

6.3.2 处理异常值

异常值有以下几种处理方法：

（1）直接删除异常值。在 Pandas 里通过条件筛选可以过滤掉异常值，过滤结果是一个新的不包含异常值的 DataFrame。

（2）填充异常值。填充异常值会用到 Pandas 里面的 replace 方法，replace 方法的具体使用可以参考 7.5 节的内容。

（3）研究异常值出现的原因。有些异常值是由特定操作产生的，反映了真实情况，例如某个商品的双十一销量在数值上会高于平常的日均销量。

另外，异常值对某些数据分析方法（例如决策树）的结果并无影响，这时可以直接保留异常值。

6.4 重复值处理

扫一扫，看视频

本节介绍数据预处理另外一个重要的部分：重复值处理。本节的主要知识点有：

- duplicated 方法检测重复值。
- drop_duplicates 删除重复值。
- unique 方法可以获得去重后的值。

6.4.1 检测重复值

介绍如何检测重复值之前，先引入 Pandas 里面的 duplicated 方法。duplicated 方法会标记某一个 Series 是否会有重复值。下面的 Series 没有重复元素。

```
df = pd.DataFrame({'col1': [1, 2, 3, 4, 5]})
df['col1'].duplicated()
```

输出结果如下：

```
0    False
1    False
2    False
3    False
4    False
Name: col1, dtype: bool
```

下面的 Series 有重复的元素，重复的元素是 2。

```
df2 = pd.DataFrame({'col1': [1, 2, 2, 4, 5]})
df2['col1'].duplicated()
```

输出结果如下：

```
0    False
1    False
2    True
3    False
4    False
Name: col1, dtype: bool
```

可以看出第二个 2 对应的值是 True。

duplicated 方法可以与 any 方法结合，例如：

```
df2['col1'].duplicated().any()
```

输出结果如下：

```
True
```

如果其中一个值是 True，any 方法返回 True，否则返回 False，所以如果某一列有重复值就会返回 True。

6.4.2 删除包含重复值的行

Pandas 的 drop_duplicates 方法可以用于删除包含重复值的行。

```
df = pd.DataFrame({
        "name" : ["lucy", "lucy", "lily", "grace"],
        "age" : [17, 17,18,19],
        "score" : [80, 80,95,100]
}, index = [1,2,3,4])
newdf = df.drop_duplicates()
print(newdf)
```

输出结果如下：

```
   name     age     score
1  lucy     17      80
3  lily     18      95
4  grace    19      100
```

6.4.3 返回去重后的值

unique 方法可以计算出某列中所有不重复的值，这个方法可以很方便地知道某列有多少值，例如：

```
df = pd.DataFrame({
        "category" : ["A", "B", "C", "D", "E", "F", "G", "H", "I"],
        "values" : [11, 18, 19, 11, 20, 18, 19, 11, 13],
})
df['values'].unique()
```

输出结果如下：

```
array([11, 18, 19, 20, 13])
```

6.5 调整 DataFrame 的样式

扫一扫，看视频

当表格中数据很多时，需要用不同的样式标记符合某些条件的数据。在 Excel 里会使用条件格式来完成这个需求，在 Pandas 中可以用 df.style 属性来完成这个需求。

Pandas 修改样式主要使用 applymap 和 apply 这两个函数，这两个函数的用法见表 6.1。

表 6.1 样式修改函数的用法

调　用	说　明
df.style.applymap(func, subset=[])	逐个元素修改样式
df.style.apply(func, axis=0)	逐列修改样式
df.style.apply(func, axis=1)	逐行修改样式
df.style.apply(func, axis=None)	整个表修改样式

下面结合实例来讲解这两个函数。先生成一个用于演示的 DataFrame，这个 DataFrame 共有 5 列，都是数字类型。

```
df = pd.DataFrame({'A': np.arange(1, 10, 1)})
df = pd.concat([df, pd.DataFrame(np.random.randint(1, 100, size=(10, 4)), columns=list('BCDE'))],
             axis=1)
df.iloc[3, 3] = np.nan
df.iloc[0, 2] = np.nan
df.style
```

输出结果如图 6.1 所示。

从图 6.1 中可以看到 df.style 与 df 的输出结果是相似的。

6.5.1 调整数字颜色

要实现按条件修改数字的颜色，可以在自定义函数的 return 语句里返回“color: red”这样的字符串。例如，要把下面 DataFrame 中大于 90 的数字的颜色改成红色，可以这样定义一个函数：

```
# 数值大于 90，返回 color:red，否则返回 color:black
def show_bigvalue (val):
    color = 'red' if val > 90 else 'black'
    return 'color: %s' % color
df.style.applymap(show_bigvalue)
```

输出结果如图 6.2 所示。

	A	B	C	D	E
0	1.000000	87	nan	46.000000	48
1	2.000000	57	54.000000	9.000000	70
2	3.000000	96	63.000000	6.000000	68
3	4.000000	50	57.000000	nan	40
4	5.000000	50	92.000000	55.000000	93
5	6.000000	51	98.000000	2.000000	67
6	7.000000	12	51.000000	72.000000	34
7	8.000000	36	19.000000	3.000000	42
8	9.000000	74	33.000000	63.000000	10
9	nan	22	35.000000	34.000000	97

图 6.1　演示数据

	A	B	C	D	E
0	1.000000	62	nan	85.000000	71
1	2.000000	2	71.000000	46.000000	26
2	3.000000	5	17.000000	42.000000	20
3	4.000000	21	23.000000	nan	71
4	5.000000	93	26.000000	1.000000	30
5	6.000000	30	65.000000	31.000000	89
6	7.000000	42	16.000000	93.000000	75
7	8.000000	98	59.000000	38.000000	4
8	9.000000	44	75.000000	80.000000	77
9	nan	62	67.000000	19.000000	16

图 6.2　标识大于 90 的数值

同理可以把缺失值用红色标识出来。

```
def showna(val):
    color = 'red' if pd.isna(val) else 'black'
    return 'color: %s' % color
showna_df = df.style.applymap(showna)
```

这里的颜色可以是 17 种标准色，也可以是十六进制的颜色值。这 17 种标准色包括 aqua、black、blue、fuchsia、gray、green、lime、maroon、navy、olive、orange、purple、red、silver、teal、white、yellow。十六进制的颜色值可以参考网址 https://www.w3school.com.cn/cssref/css_colorsfull.asp。

6.5.2　调整数字的背景颜色

除了修改文字的颜色，也可以实现高亮的效果，例如下面的函数高亮显示每列的最大值：

```
def highlight_max(s):
    is_max = s == s.max()
    # background-color 就是背景颜色的意思，背景颜色设置成黄色，可以实现高亮效果
    return ['background-color: yellow' if v else '' for v in is_max]
df.style.apply(highlight_max)
```

如果只需要对某几列符合条件的数据做高亮处理，可以使用 subset 参数，例如：

```
# 只会扫描 B、C、D 三列数据
df.style.apply(highlight_max, subset=['B', 'C', 'D'])
```

这些数字颜色和背景颜色的修改结果可以导出成 Excel 文件。

```
df.to_excel("color.xlsx")
```

6.5.3 调整数字的显示形式

可以利用 Python 格式字符串调整数字的显示形式，让阅读体验更好，示例代码如下：

```
df.style.format({'B': "{:0<4.0f}", 'D': '{:+.2f}'})
```

效果如图 6.3 所示。

format 方法中格式字符串的用法与 Python 中格式字符串的用法类似。Python 字符串格式化的知识可以参考第 2 章 2.5.6 节的内容。

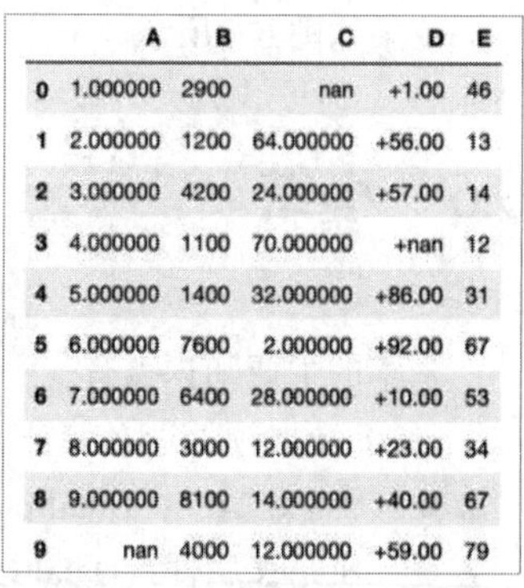

	A	B	C	D	E
0	1.000000	2900	nan	+1.00	46
1	2.000000	1200	64.000000	+56.00	13
2	3.000000	4200	24.000000	+57.00	14
3	4.000000	1100	70.000000	+nan	12
4	5.000000	1400	32.000000	+86.00	31
5	6.000000	7600	2.000000	+92.00	67
6	7.000000	6400	28.000000	+10.00	53
7	8.000000	3000	12.000000	+23.00	34
8	9.000000	8100	14.000000	+40.00	67
9	nan	4000	12.000000	+59.00	79

图 6.3 调整数字显示格式

6.5.4 增加颜色数据条

在 Excel 里使用数据条显示数据，可以把数据很直观地展现出来，如图 6.4 所示。

在 Pandas 中利用 bar 方法也可以实现颜色数据条的功能，例如：

```
# #d65f5f 是十六进制的颜色
df.style.bar(subset=['A', 'B'], color='#d65f5f')
```

效果如图 6.5 所示。

颜色数据条的效果无法在 Pandas 导出的 Excel 文件中显示。

	A	B	C	D	E	F
1	型号	长	宽	面积		
2	A	57	7	399		
3	B	12	5	60		
4	C	13	2	26		
5	D	14	3	42		
6						
7						
8						
9						

图 6.4 Excel 颜色数据条

	A	B	C	D	E
0	1.000000	29	nan	1.000000	46
1	2.000000	12	64.000000	56.000000	13
2	3.000000	42	24.000000	57.000000	14
3	4.000000	11	70.000000	nan	12
4	5.000000	14	32.000000	86.000000	31
5	6.000000	76	2.000000	92.000000	67
6	7.000000	64	28.000000	10.000000	53
7	8.000000	3	12.000000	23.000000	34
8	9.000000	81	14.000000	40.000000	67
9	nan	40	12.000000	59.000000	79

图 6.5 DataFrame 数据条功能

6.5.5 隐藏列

可以用 hide_columns 方法暂时隐藏某些列。例如：

```
df.style.hide_columns(['C','D'])
```

效果如图 6.6 所示。

	A	B	E
0	1.000000	29	46
1	2.000000	12	13
2	3.000000	42	14
3	4.000000	11	12
4	5.000000	14	31
5	6.000000	76	67
6	7.000000	64	53
7	8.000000	3	34
8	9.000000	81	67
9	nan	40	79

图 6.6 隐藏

6.6 小结

本章的主要知识点有：

（1）数据预处理之前需要先熟悉数据，常用的属性和方法如下：

- shape 属性：DataFrame 的行数和列数。
- dtypes 属性：DataFrame 每列的数据类型。
- describe：描述性统计信息，例如最小值、最大值、中位数等。
- head 方法和 tail 方法：查看数据的前几行和末尾几行。
- value_counts 方法：统计某一列每个元素出现的次数。
- info 方法：获取 DataFrame 的详细信息，包括索引的类型、列的类型、非空值和内存使用情况。
- nunique 方法：统计某一列不重复元素的个数。

（2）处理缺失值的相关函数。

- isnull：检查缺失值。
- fillna：填充缺失值。
- dropna：删除缺失值。

（3）发现异常值有三种方法。

- 借助箱型图和散点图发现异常值。
- 根据业务经验查找异常值。
- 根据统计量判定异常值。

（4）处理异常值主要有两种方法。

- 删除含有异常值的行。
- 替换异常值。

（5）重复值处理的方法。

- duplicated：检测重复值。
- drop_duplicates：删除重复值。

（6）调用 style 属性的 apply 和 applymap 方法可以按规则修改 DataFrame 的显示样式，如数字的颜色、数字的背景等。

第7章

数据表的筛选与转换

经过数据预处理之后，就要开始对数据进行筛选转换，变成方便分析的形式。本章将介绍以下几种常用的数据转换操作：

- 列的操作。删除列、添加列、修改列名。
- 数据类型转换。
- 替换数值。
- 数据排序。
- 计算排名。
- 按数值区间划分数据。
- 按条件筛选数据。
- 调整索引。

最后介绍两类常用的数据类型及其常用操作：时间序列和类型数据。

7.1 删除多余的列

原始数据的列数很多，但并不是每一列都对数据分析有用，需要把这些多余的列删除以方便后续分析。DataFrame 中可以用 drop 方法删除列，其中 columns 参数表示设定要删除的列。例如：

```
# 总共 3 列，对应 3 年的数据
statistics = {
    '2018': {'GDP': "1%", '人口': 3},
    '2019': {'GDP': "3%", '人口': 2},
    '2020': {'GDP': "2%", '人口': 1},
}
statDf  = pd.DataFrame(statistics)
# 删除一列
deleteOne = statDf.drop(columns=["2020"])
# 删除多列
deleteMutiple = statDf.drop(columns=["2019", "2020"])
print(deleteOne)
print(deleteMutiple)
```

输出结果如下：

```
deleteOne:
      2018  2019
GDP    1%    3%
人口    3     2
deleteMutiple:
      2018
GDP    1%
人口    3
```

删除多余的行也是使用 drop 方法，传入行索引的列表名作为参数。

```
statDf.drop(["GDP"])
```

输出结果如下：

```
     2018   2019    2020
人口  3       2       1
```

如果 DataFrame 是使用整数索引，那么传入的行索引是整数列表。0 代表第一行，1 代表第二行，以此类推。例如：

```
df = pd.DataFrame(np.arange(12).reshape(3, 4), columns=['A', 'B', 'C', 'D'])
print(df)
print("删除之后：")
```

```
print(df.drop([0, 1]))
```

输出结果如下：

```
   A  B   C   D
0  0  1   2   3
1  4  5   6   7
2  8  9  10  11
删除之后：
    A   B   C   D
2   8   9  10  11
```

7.2 添加新的列

数据分析中常常要根据已有的列计算出新的列。DataFrame 添加新的列主要有两种方式。

- 直接赋值。
- 利用 apply 方法。

先介绍如何通过赋值添加新的列，例如下面的示例直接增加了一列。

```
students = pd.DataFrame({
       "name" : ["lucy","lily", "grace"],
       "age" : [17,18,19],
       "score" : [80,95,100]
}, index = [1,2,3])
students['course'] = ['英语', '数学', '语文']
students
```

增加列之后，输出结果如下：

```
    name     age  score    course
1   lucy     17   80       英语
2   lily     18   95       数学
3   grace    19   100      语文
```

新的列的行数要等于原有列的行数。

apply()函数可以对 DataFrame 的某一列进行运算，例如：

```
def multiplication (x):
   return x['score'] * 2
students['C'] = students.apply(multiplication, axis=1)
students
```

输出结果如下：

```
   name    age    score   C
1  lucy    17     80      160
2  lily    18     95      190
3  grace   19     100     200
```

apply 方法的第一个参数也可以是一个 lambda 表达式，例如：

```
students['C'] = students.apply(lambda x : x['score'] * 2, axis=1)
```

如果某一列的时间全部加一天怎么实现？这时候可以使用 DateOffset 对象。示例代码如下：

```
from datetime import datetime
studentsWithTime = pd.DataFrame({
      "name" : ["lucy","lily", "grace"],
      "age" : [17,18,19],
      "score" : [80,95,100],
      "time" : [datetime(2019, 10, 11), datetime(2019, 9, 10), datetime(2019, 8, 13)]
}, index = [1,2,3])
studentsWithTime['time'] + pd.DateOffset(days=1)
```

输出结果如下：

```
1   2019-10-12
2   2019-09-11
3   2019-08-14
Name: time, dtype: datetime64[ns]
```

类似地，某一列的时间全部减一天，可以这样实现：

```
studentsWithTime['time'] - pd.DateOffset(days=1)
```

7.3 修改列名

为了方便理解，有时候会修改原始数据中的列名。Pandas 里面可以使用 rename 方法修改列名，通过传入一个字典类型的参数来实现。key 是原来的列名，value 是新的列名。

```
df = pd.DataFrame({"A": [2018, 2019, 2020], "B": [40, 50, 60]})
df.rename(columns={"A": "year", "B": "income"})
```

输出结果如下：

```
   year    income
```

```
0   2018     40
1   2019     50
2   2020     60
```

另外，修改 DataFrame 的 columns 属性也可以达到修改列名的目的。这种方法一般适用于原始数据的列名是纯数字的情形，例如：

```
df.columns = ['name', 'age', 'course']
```

7.4 数据类型转换

如果有些列没有转换为合适的数据类型，那么数据的运算结果将不符合我们的预期，例如字符串类型数据的相加与数值型数据的相加完全不一样。所以在进行数据分析之前，必须把每列数据转换成需要的数据类型。本节介绍了 Pandas 常用的数据类型和几种常用的数据类型间的转换操作。数据类型转换主要涉及以下几种方法。

- astype。
- to_datetime。
- to_numeric。

7.4.1 常规数据类型转换

转换数据类型之前先要查看每一列的数据类型。Pandas 里可以用 dtypes 属性查看每一列的数据类型，例如：

```
df = pd.DataFrame({
        "name" : ["lucy", "lily", "grace"],
        "age" : ['17', '18', '19'],
        "score" : [80, 95, 100]
    }, index = [1, 2, 3], columns=["score", "name", "age"])
df.dtypes
```

输出结果如下：

```
score   int64
name    object
age     object
dtype:  object
```

astype 方法可以用于类型转换，astype 的参数是一个 Pandas 预定义的数据类型。Pandas 数据类型总结见表 7.1。

表 7.1　Pandas 数据类型

说　明	使用场合
object	文本
int64	整数
float64	浮点数
bool	布尔值
datetime64	日期时间
timedelta[ns]	时间差
category	有限长度的文本值列表

astype 方法仅返回修改数据后的副本而不是直接修改。

用 astype 方法把 age 这一列由字符串类型转换成整数类型。

```
df = df.astype({'age': 'int64'})
df.dtypes
```

输出结果如下：

```
score    int64
name     object
age      int64
dtype:   object
```

7.4.2　字符串转换为时间

原始数据的某些列是用字符串来表示一个时间。为了方便后续数据处理，要把这些字符串转换为时间类型，例如：

```
s1 = pd.Series(['2019/02/18', '2019/02/19', '2020-02-25', '2020-02-26'])
```

用 to_datetime 方法转换。

```
pd.to_datetime(s1)
```

转换结果为：

```
0   2019-02-18
1   2019-02-19
2   2020-02-25
3   2020-02-26
Name: course_time, dtype: datetime64[ns]
```

如果 DataFrame 中的字段名称是 year、month、day，to_datetime 方法可以把这些字段转换为时间类型，转换结果一般保存到新的列中。示例代码如下：

```
df = pd.DataFrame({'year': [2019, 2020], 'month': [2, 3], 'day': [4, 5]})
df["时间"] = pd.to_datetime(df)
print(df)
```

输出结果如下：

```
   year  month  day  时间
0  2019  2      4    2019-02-04
1  2020  3      5    2020-03-05
```

上面的转换代码也可以这样写：

```
df["时间"] = pd.to_datetime(df[['month', 'day', 'year']])
```

to_datetime 方法可以把 UNIX 的时间戳转换成 Timestamp 类型，但是这个转换结果一般是按零时区来计算，往往需要我们进一步换算成中国常用的东八区的时间。

```
# 默认结果是零时区
print(pd.to_datetime(1584862690, unit='s'))
# 转换成东八区时间
print(pd.to_datetime(1584862690 + 3600*8, unit='s'))
```

输出结果如下：

```
2020-03-22 07:38:10
2020-03-22 15:38:10
```

to_datetime 可以自动扫描表示时间的字符串，并转换成时间类型。对于 Python 中的 None，转换为 NaT，例如：

```
pd.to_datetime(pd.Series(['Jul 31, 2019', '2018-01-10', '2020.2.1', None]))
```

输出结果如下：

```
0   2019-07-31
1   2018-01-10
2   2020-02-01
3          NaT
dtype: datetime64[ns]
```

to_datetime 可以在转换时使用 format 参数指定格式。

```
# %Y 对应年份，%m 对应月份，%d 对应日
pd.to_datetime('2019 年 11 月 12', format='%Y 年%m 月%d')
```

to_datetime 方法中常用的时间格式化符号总结见表 7.2。

表 7.2　常用的时间格式化符号

格式化符号	说　明
%y	两位数的年份表示（00～99）
%Y	四位数的年份表示（0000～9999）
%m	月份（01～12）
%d	月内中的一天（0～31）
%H	24 小时制小时数（0～23）
%I	12 小时制小时数（01～12）
%M	分钟数（00～59）
%S	秒（00～59）

更多的时间格式化符号可以参考网址 https://docs.python.org/3/library/datetime.html#strftime-and-strptime-behavior。

7.4.3　字符串转换为数值

to_numeric 方法可以把其他类型的数据转换为数值类型。

```
s = pd.Series(['1.0', '2', -3])
pd.to_numeric(s)
```

转换结果如下：

```
0    1.0
1    2.0
2   -3.0
dtype: float64
```

调用 to_numeric 方法时，设定 downcast 参数为 signed，可以把数据转换为整数，例如：

```
s = pd.Series(['1.0', '2', -3])
pd.to_numeric(s, downcast='signed')
```

转换结果如下：

```
0    1
1    2
2   -3
dtype: int8
```

如果 Series 里有一些不能转换为数字的字符串，那么可以用 errors 参数把该数值转为 NaN，例如：

```
s = pd.Series(['字符串', '1.0', '2', -3])
pd.to_numeric(s, errors='coerce')
```

转换结果如下：

```
0     NaN
1     1.0
2     2.0
3    -3.0
dtype: float64
```

DataFrame 可以把单独某一列进行类型转换，例如：

```
pd.to_numeric(df['A'], errors='coerce')
```

7.5 替换数值

Pandas 的 replace 方法可以实现对某个值的替换，replace 方法也可以用于异常值的替换。先引入一个用于示例的 DataFrame：

```
df = pd.DataFrame({'A': [0, 1, 2, 3, 4],
                   'B': [5, 6, 7, 0, 9],
                   'C': ['a', 'b', 'c', 'd', 'e']})
```

replace 方法的调用总共分四种情况，下面逐一讲解。

1. 一对一替换

一对一替换的调用格式如下：

```
# 把 A 替换成 B
df.replace(A, B)
```

例如要把数字都 0 换成 5，可以这样实现：

```
df.replace(0, 5)
```

输出结果如下：

```
   A  B  C
0  5  5  a
1  1  6  b
2  2  7  c
3  3  5  d
4  4  9  e
```

2. 多对一替换

多对一替换的调用格式如下：

```
# 把 A 和 B 替换成 C
df.replace([A, B], C)
```

例如，要把 0 和 1 都换成 5，可以这样实现：

```
df.replace([0, 1], 5)
```

输出结果如下：

```
   A  B  C
0  5  5  a
1  5  6  b
2  2  7  c
3  3  5  d
4  4  9  e
```

3. 多对多替换

要实现多对多替换，需要往 replace 方法传入一个字典参数，字典的键是要被替换的值，字典的值是替换的值，调用格式如下：

```
df. replace({A:C, B:D})
```

例如，把数字 0 换成 10，把数字 1 换成 222，可以这样实现：

```
df.replace({0: 10, 1: 222})
```

输出结果如下：

```
   A    B   C
0  10   5   a
1  222  6   b
2  2    7   c
3  3    10  d
4  4    9   e
```

也可以对某一列来设定替换规则，调用格式如下：

```
df.replace({'A': {B: C, D: E}})
```

例如，对于 A 列，把数字 0 换成 100，把数字 4 换成 400，可以这样实现：

```
df.replace({'A': {0: 100, 4: 400}})
```

输出结果如下：

```
   A    B  C
0  100  5  a
```

```
1   1    6   b
2   2    7   c
3   3    0   d
4   400  9   e
```

4. 自定义替换函数

如果替换比较复杂，建议使用自定义的替换函数。例如，要把 A 列的偶数换成 1，奇数换成-1。

```
def even_replace(val):
    if val % 2 == 0:
        return 1
    else:
        return -1

df['A'] = df['A'].apply(even_replace)
df
```

输出结果如下：

```
    A   B   C
0   1   5   a
1   -1  6   b
2   1   7   c
3   -1  0   d
4   1   9   e
```

7.6 数据排序

本节分为两个部分：Series 的排序和 DataFrame 的排序。排序还可以分为按值排序和按索引排序。主要用到两个方法：sort_values 和 sort_index，下面逐一讲解。

1. Series 排序

sort_values 是按值排序的方法，例如：

```
s = pd.Series([0, 2, 1, np.nan, 1, 3, 4])
s.sort_values()
```

排序结果如下：

```
0    0.0
2    1.0
4    1.0
1    2.0
```

```
5    3.0
6    4.0
3    NaN
dtype: float64
```

可以看到排序结果中的缺失值会自动排到最后。

从大到小排序，可以使用 ascending 参数，例如：

```
s.sort_values(ascending=False)
```

2. DataFrame 排序

DataFrame 也是用 sort_values 方法来排序，by 参数指定排序的列，例如：

```
df = pd.DataFrame({'b': [4, 8, -3, 2, None], 'a': [0, 1, 0, 1, 0]})
df.sort_values(by='b')
```

输出结果如下：

```
     b    a
2   -3.0  0
3   2.0   1
0   4.0   0
1   8.0   1
4   NaN   0
```

要按照多列排序，可以这样实现：

```
df.sort_values(by=['a', 'b'])
```

输出结果如下：

```
     b    a
2   -3.0  0
0   4.0   0
4   NaN   0
3   2.0   1
1   8.0   1
```

从大到小排序，可以使用 ascending 参数，例如：

```
df.sort_values(by='b', ascending=False)
```

sort_values 方法默认把缺失值放在最后，如果想把缺失值放到最前，可以这样实现：

```
df.sort_values(by='b', ascending=False, na_position='first')
```

输出结果如下：

```
     b     a
4    NaN   0
1    8.0   1
0    4.0   0
3    2.0   1
2    -3.0  0
```

3. 按索引排序

Pandas 里可以用 sort_index 方法按索引排序。下面的例子先用 sample 方法随机从 df 中选取两行数据，然后调用 sort_index 方法让两行数据按照原来的索引排序。

```
df = pd.DataFrame({'b': [4, 8, -3, 2, ], 'a': [0, 1, 0, 1]})
df.sample(2).sort_index()
```

输出结果如下：

```
    b   a
1   8   1
3   2   1
```

最后介绍一个数据分析中常用的操作作为本节结束语。本例使用 sort_values 方法和 head 方法实现了以下操作。

- 找出前 5 条 age 最大的行。
- 找出前 5 条 age 最小的行。

代码如下：

```
ages = pd.DataFrame({
    "age" : [17, 18, 19, 20, 33, 40, 55, 46]
})
ages.sort_values(by="age", ascending=False).head(5)
ages.sort_values(by="age").head(5)
```

7.7 计算排名

扫一扫，看视频

rank 方法可以计算某个值在序列中的数字排名，数值相同的分到同一组。rank 方法中有一个重要的 method 参数用于设定排序计数的方式，method 参数的默认值是 average。rank 方法的 method 参数的所有选项总结见下表 7.3，读者可以根据自己的实际需求选择排序计数方法。

表 7.3　method 参数选项

参　数	描　述
average	使用整个分组的平均排名
min	使用整个分组的最小排名
max	使用整个分组的最大排名
first	按照值在原始数据中的出现顺序分配排名
dense	类似于 min，但是组间排名总是增加 1

下面先来看看 average 方法的例子。

```
obj = pd.Series([0, 1, 1, 2, 2, 3, 4])
obj.rank()
```

rank()函数的输出结果如下：

```
0    1.0
1    2.5
2    2.5
3    4.5
4    4.5
5    6.0
6    7.0
dtype: float64
```

下面解释一下示例中的输出。第一列的数字是按顺序排序之后得到的索引，从 0 开始一直递增。第二列是原始数据对应的索引和除以对应数据的计数和，序号从 1 开始计数。完整的计算过程见表 7.4。例如，数字 1 有两个序号 2 和 3，那么第三列对应的数字为(2+3)/2=2.5。数字 3 的序号是 6，那么第三列对应的数字 6/1=6.0。

表 7.4　average 方法计算示例

数　字	序　号	average 方法的计算结果
0	1	1/1
1	2	(2+3)/2
1	3	(2+3)/2
2	4	(4+5)/2
2	5	(4+5)/2
3	6	6/1
4	7	7/1

下面用 max 和 min 这两个参数值实现 rank 方法：

```
print("max:")
obj.rank(method="max")
```

```
print("min:")
obj.rank(method="min")
```

输出结果如下：

```
max:
0    1.0
1    3.0
2    3.0
3    5.0
4    5.0
5    6.0
6    7.0
dtype: float64
min:
0    1.0
1    2.0
2    2.0
3    4.0
4    4.0
5    6.0
6    7.0
dtype: float64
```

完整的计算过程见表 7.5。

表 7.5　max 方法和 minx 方法计算示例

数　字	序　号	max 方法的计算结果	min 方法的计算结果
0	1	组内只有一个元素，序号是 1	组内只有一个元素，序号是 1
1	2	组内最大序号是 3	组内最小序号是 2
1	3	组内最大序号是 3	组内最小序号是 2
2	4	组内最大序号是 5	组内最小序号是 4
2	5	组内最大序号是 5	组内最小序号是 4
3	6	组内只有一个元素，序号是 6	组内只有一个元素，序号是 6
4	7	组内只有一个元素，序号是 7	组内只有一个元素，序号是 7

下面是参数值为 first 的示例。

```
obj.rank(method='first')
0    1.0
1    2.0
2    3.0
3    4.0
4    5.0
5    6.0
```

```
6    7.0
dtype: float64
```

method='fisrt'的排序计数实质上就是序号。值相同的项，先出现的序号小。

下面是参数值为 dense 的示例。

```
obj.rank(method="dense")
```

输出结果如下：

```
0    1.0
1    2.0
2    2.0
3    3.0
4    3.0
5    4.0
6    5.0
dtype: float64
```

完整的计算过程见表 7.6。

表 7.6 dense 方法计算示例

数　字	序　号	dense 方法的计算结果
0	1	组内只有一个元素，组的排名计数是 1
1	2	组内有两个元素，组的排名计数增加 1，排名计数是 2
1	3	
2	4	组内有两个元素，组的排名计数增加 1，排名计数是 3
2	5	
3	6	组内只有一个元素，组的排名计数是 4
4	7	组内只有一个元素，组的排名计数是 5

rank()函数默认按升序排列计算排名，若要倒序排序，则需把 ascending 参数设为 False。

```
obj.rank(ascending=False, method='max')
```

rank 方法中的 na_option 参数，可以调整缺失值的排序方式，na_option='bottom'表示缺失值的排名计数最大，na_option='top'则与之相反。rank 方法中的 pct 参数可以把排序计数的结果转成百分位排名。下面的例子演示了如何使用 na_option 参数。

```
df = pd.DataFrame(data={'Products': ['电视', '冰箱', '洗衣机', '洗碗机', '电风扇'],
                        'Price': [4000, 2000, 2100, 2800, np.nan]})
df['default_rank'] = df['Price'].rank()
```

```
df['max_rank'] = df['Price'].rank(method='max')
df['NA_bottom'] = df['Price'].rank(na_option='bottom')
df['pct_rank'] = df['Price'].rank(pct=True)
df
```

输出结果如下：

```
   Products  Price    default_rank     max_rank     NA_bottom     pct_rank
0  电视      4000.0   4.0              4.0          4.0           1.00
1  冰箱      2000.0   1.0              1.0          1.0           0.25
2  洗衣机    2100.0   2.0              2.0          2.0           0.50
3  洗碗机    2800.0   3.0              3.0          3.0           0.75
4  电风扇    NaN      NaN              NaN          5.0           NaN
```

7.8 按数值区间划分数据

按数值区间划分数据是就把一组数据分配到预先设定的若干个区间中，下面结合实例讲解如何运用 Pandas 实现区间划分。

有这样一组学生在数学考试中的分数数据，如下所示：

```
scores = pd.Series([
    88, 81, 97, 67, 91, 64, 66, 71, 70, 74, 84, 74, 78, 87, 87, 85,
    69, 97, 70, 92, 75, 70, 64, 79, 94, 89, 76, 81, 74, 86
])
```

现在要解决以下四个问题：

（1）要按分数平分成 4 个区间。

（2）这 4 个区间用字母“ABCD”来标记，高分数段标记为 A，次高分数段标记为 B，以此类推。

（3）知道每个区间有多少个元素。

（4）把分数分成三个区间段(0，60]、(60，90]、(90，100]。

解决第一个问题要用到 Pandas 里的 cut 方法。cut 方法的 bins 参数代表区间个数。

```
pd.cut(scores, bins=4)
```

输出结果如下：

```
0       (80.5, 88.75]
1       (80.5, 88.75]
2       (88.75, 97.0]
3     (63.967, 72.25]
...
```

```
24      (88.75, 97.0]
25      (88.75, 97.0]
26      (72.25, 80.5]
27      (80.5, 88.75]
28      (72.25, 80.5]
29      (80.5, 88.75]
dtype: category
 Categories (4, interval[float64]): [(63.967, 72.25] < (72.25, 80.5] < (80.5, 88.75]
< (88.75, 97.0]],
 array([63.967, 72.25 , 80.5, 88.75 , 97.0 ]))
```

可以看到这 30 个分数已经被归类到 4 个区间：

- (63.967, 72.25]
- (72.25, 80.5]
- (80.5, 88.75]
- (88.75, 97.0]

要解决第二个问题，需要用到 cut 方法的 labels 参数。

```
grade = pd.cut(scores, bins=4, labels=['D', 'C', 'B', 'A'])
```

输出结果如下：

```
0     B
1     B
2     A
3     D
...
24    A
25    A
26    C
27    B
28    C
29    B
dtype: category
Categories (4, object): [D < C < B < A]
```

把分组信息与原来的分数合并，这里用到的 concat 方法将会在第 8 章讲解。

```
df = pd.concat([scores, grade], axis=1, keys=["分数", "等级"])
```

输出结果如下：

```
     分数  等级
0    88    B
1    81    B
2    97    A
3    67    D
```

```
...
26  76   C
27  81   B
28  74   C
29  86   B
```

接着利用 groupby 方法获取并计算每组的元素个数：

```
grade.groupby(grade).count()
```

输出结果如下：

```
D    9
C    7
B    8
A    6
```

对于第四个问题，要按指定的区间划分，就要修改 bins 参数，以列表形式传入分割点。

```
grade_specified = pd.cut(scores, bins=[0, 60, 90, 100])
```

输出结果如下：

```
0      (60, 90]
1      (60, 90]
2     (90, 100]
...
27     (60, 90]
28     (60, 90]
29     (60, 90]
dtype: category
Categories (3, interval[int64]): [(0, 60] < (60, 90] < (90, 100]]
```

至此上述的四个问题都解决了。

7.9 按条件筛选数据

扫一扫，看视频

在第 4 章介绍了利用切片运算符和索引读取 Series 和 DataFrame 中的数据，本节将介绍如何按条件读取 Series 和 DataFrame 中的数据，其实按条件读取数据间接实现了行删除操作。

7.9.1 按条件读取 Series 数据

按条件读取 Series 的数据比较简单，在方括号里放入过滤条件即可，例如：

```
obj = pd.Series([1, 2, 3, 4], index=['a', 'b', 'c', 'd'])
obj[obj < 2]
```

读取结果如下：

```
a    1
dtype: int64
```

obj < 2 实际上返回了一个布尔数组：

```
a    True
b    False
c    False
d    False
```

然后按照这个数组找到结果为 True 的索引值，并读取对应的值，这个筛选操作如图 7.1 所示。

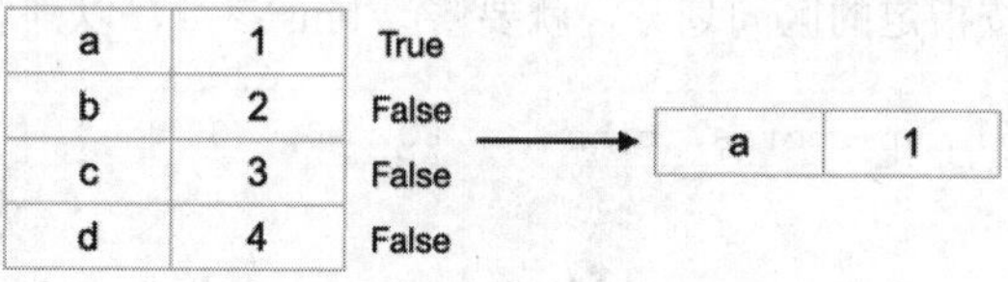

图 7.1 按条件筛选

请读者在 Jupyter 中运行以下代码并查看结果。

```
obj[obj == 2]
obj[obj > 2]
```

7.9.2 按条件读取 DataFrame 数据

按条件读取 DataFrame 的数据相对复杂一些，本节分以下几种情形讲述。

（1）找出符合单个条件的行。

（2）找出符合多个条件的行。

（3）按范围选取。

（4）按时间范围选取数据。

（5）选择含有空值或非空值的行。

本节用到的示例数据如下：

```
students = pd.DataFrame({
        "name" : ["lucy","lily", "grace"],
        "age" : [17,18,19],
        "score" : [80,95,100]
}, index = [1,2,3])
```

1. 找出符合单个条件的行

把单个判断条件放到方括号中，DataFrame 将会自动筛选出合适的行。例如，要选择年龄大于 18 的人：

```
# students['age'] > 18 是一个比较判断条件
students[ students['age'] > 18 ]
```

输出结果如下：

```
    name   age   score
3   grace  19    100
```

筛选条件中可以使用字符串比较，例如：

```
students[ students['name'] == 'lily' ]
```

输出结果如下：

```
    name  age  score
2   lily  18   95
```

2. 找出符合多个条件的行

可以在方括号内写入多个条件，这些条件的连接主要有两种方式："&"连接和"|"连接。Pandas 中使用字符"&"来连接两个不同的条件，"&"表示并且，例如：

```
# 年龄大于 17 并且分数大于 90
students[ (students['age'] > 17) & (students['score'] > 90) ]
```

输出结果如下：

```
   name   age   score
2  lily   18    95
3  grace  19    100
```

使用"|"来连接两个不同的条件，"|"表示或，例如：

```
# 年龄大于 17 或分数大于 95
students[ (students['age'] > 17) | (students['score'] > 95) ]
```

输出结果如下：

```
   name    age    score
2  lily    18     95
3  grace   19     100
```

3. 按范围选取

isin 方法可以按范围选取，例如：

```
students[ students['age'].isin([17, 19]) ]
```

输出结果如下：

```
   name     age  score
1  lucy     17   80
3  grace    19  100
```

isin 方法对于字符串也是适用的，例如：

```
students[students['name'].isin(['lucy', 'lily'])]
```

输出结果如下：

```
   name     age  score
1  lucy     17   80
2  lily     18   95
```

4. 按时间范围选取数据

在 students 变量中添加一列时间数据。

```
from datetime import datetime
studentsWithTime = pd.DataFrame({
        "name" : ["lucy","lily", "grace"],
        "age" : [17,18,19],
        "score" : [80,95,100],
        "time" : [datetime(2019, 10, 11), datetime(2019, 9, 10), datetime(2019, 8, 13)]
}, index = [1,2,3])
```

选取 time 等于 2019 年 10 月 11 日的那一行：

```
studentsWithTime[studentsWithTime['time'] == '2019-10-11']
```

选取 time 大于 2019 年 9 月 2 日的那几行：

```
studentsWithTime[studentsWithTime['time'] > '2019-09-02']
```

5. 选择含有空值或非空值的行

notnull 方法和 isnull 方法可以用来选择不含有空值或含有空值的行。下面举例说明如何使用这两个方法。首先把前面的 students 变量修改一下，变成带有空值的数据。

```
students2 = pd.DataFrame({
```

```
        "name" : ["lucy","lily", None],
        "age" : [17,18,19],
        "score" : [80,95,100]
}, index = [1,2,3])
```

调用 isnull 方法：

```
students2[students2['name'].isnull()]
```

输出结果如下：

```
    name   age    score
3   None   19     100
```

调用 notnull 方法：

```
students2[students2['name'].notnull()]
```

输出结果如下：

```
    name    age    score
1   lucy    17     80
2   lily    18     95
```

7.10 调整索引

扫一扫，看视频

导入数据或对数据分组之后往往要对索引进行调整。Pandas 中调整索引的操作主要有以下几类：

- 设置索引。
- 行列索引互换。
- 重置索引。

下面逐一介绍这几类操作。

7.10.1 将某一列作为行索引

有时候需要更改行索引，使得读取数据更加简单。例如，下面的 DataFrame 是一份销售统计数据，现在希望把月份变成行索引，可以使用 set_index 方法更新行索引。

```
df = pd.DataFrame({
    'month': [1, 4, 7, 10],
    'year': [2012, 2014, 2013, 2014],
    'sale': [55, 40, 84, 31]})
df_index = df.set_index('month')
print(df)
```

```
print("转换之后")
print(df_index)
```

输出结果如下：

```
   month    year    sale
0  1        2012    55
1  4        2014    40
2  7        2013    84
3  10       2014    31
转换之后：
month    year    sale
1        2012    55
4        2014    40
7        2013    84
10       2014    31
```

修改行索引之后，可以直接用 loc 属性访问数据，例如：

```
df_index.loc[4]
```

输出结果如下：

```
year    2014
sale      40
Name: 4, dtype: int64
```

7.10.2　直接修改 index 属性

调整索引的另外一种操作就是直接修改索引属性。在 Pandas 里可以把一个 Python 列表赋值给 DataFrame 的 index 方法实现索引属性的修改，例如：

```
students = pd.DataFrame({
       "0" : ["lucy","lily", "grace"],
       "1" : [17,18,19],
       "2" : [80,95,100]
}, index = [1,2,3])
students.index = [4, 5, 6]
students
```

输出结果如下：

```
    0       1    2
4   lucy    17   80
5   lily    18   95
6   grace   19   100
```

7.10.3 设置多层次索引

直接修改 index 属性只能修改单层索引，对于多层索引的修改需要用到 set_index 方法。set_index 可以把多列设置为索引，如对上面的一个销售统计数据可以进行如下操作：

```
df.set_index(['year', 'month'], inplace=True)
print(df)
```

输出结果如下：

```
year   month    sale
2012   1        55
2014   4        40
2013   7        84
2014   10       31
```

可以看到 year 变成了一级索引，month 变成了二级索引，用 loc 属性可以读取数据。

```
print(df.loc[2012])
print(df.loc[2012, 1])
```

输出结果如下：

```
month          sale
1              55
sale           55
Name: (2012, 1), dtype: int64
```

7.10.4 行索引与列索引互换

行索引与列索引互换的意思就是把原来的行索引转换成列索引，原来的列索引转换成行索引。在 Pandas 里 unstack 方法可以把行索引变成列索引，stack 方法可以把列索引变成行索引，无论用哪个方法，数据区都不会发生变化。

```
salesData = pd.DataFrame([
    ["A", 10], ["B", 11],  ["C", 13], ["D", 10],  ["E", 12], ["F", 13]
], columns=["型号", "销量"], index=[
    ["一月", "一月", "二月", "二月", "三月", "三月"],
    ["冰箱", "电视", "冰箱", "电视", "冰箱", "电视"],
])
salesData
```

输出结果如图 7.2 所示。

level 参数指的是索引的层级。最内层的 level 是-1，第二层的 level 是 0，以此类推，由内向外增加，unstack 方法实际上就是把原来行索引的其中一层变成列索引。下面给出几个调用的例子和对应的图解。

```
salesData.unstack(level=-1)
```

输出结果如图 7.3 所示。

		型号	销量
一月	冰箱	A	10
	电视	B	11
二月	冰箱	C	13
	电视	D	10
三月	冰箱	E	12
	电视	F	13

图 7.2　电器销售统计表

		型号	销量
一月	冰箱		
	电视		
二月	冰箱		
	电视		
三月	冰箱		
	电视		

level=0 月份　level=-1 产品　level=-1

unstack(level=-1)

	型号		销量	
	冰箱	电视	冰箱	电视
一月				
二月				

图 7.3　unstack 方法示意图①

```
salesData.unstack(level=0)
```

输出结果如图 7.4 所示。

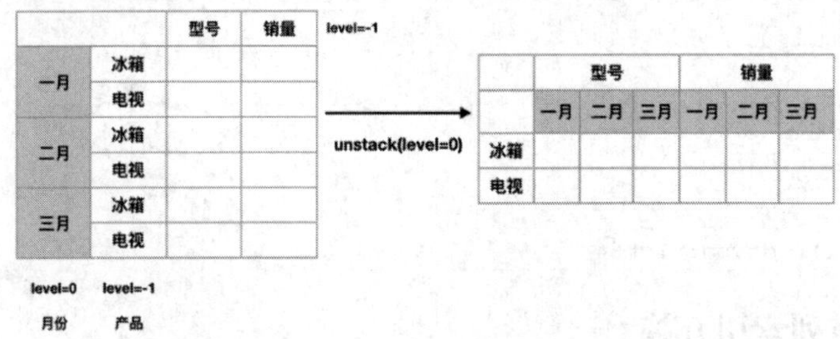

图 7.4　unstack 方法示意图②

stack 方法实际上就是把列索引变成行索引中的一层。

```
df = pd.DataFrame([[0, 1], [2, 3]],
    index=['cat', 'dog'],
    columns=['weight', 'height'])
df.stack()
```

输出结果如图 7.5 所示。

```
multicol = pd.MultiIndex.from_tuples([('weight', 'kg'),  ('weight', 'pounds')])
df = pd.DataFrame([[1, 2], [2, 4]], index=['cat', 'dog'], columns=multicol)
df
```

输出结果如图 7.6 所示。

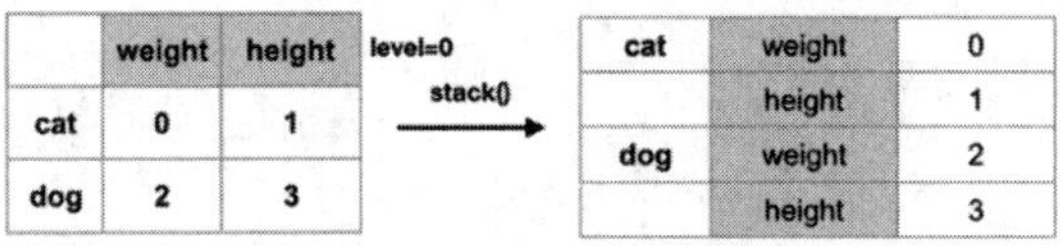

	weight	height
cat	0	1
dog	2	3

level=0
stack()

cat	weight	0
	height	1
dog	weight	2
	height	3

图 7.5　stack 方法示意图①

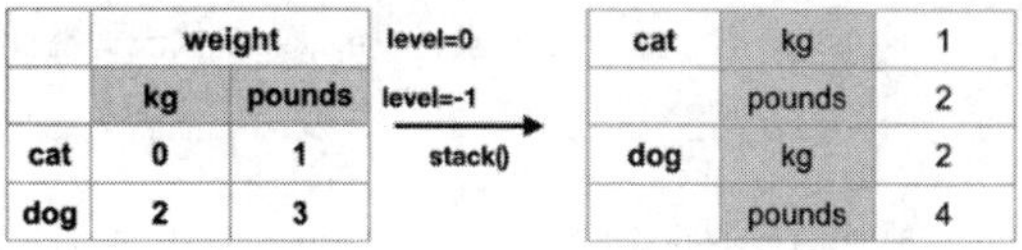

	weight	
	kg	pounds
cat	0	1
dog	2	3

level=0
level=-1
stack()

cat	kg	1
	pounds	2
dog	kg	2
	pounds	4

图 7.6　stack 方法示意图②

7.10.5　重置索引

这里所述的重置索引就是把行索引变成从 0 开始自增的整数序列。为什么要这样操作呢？因为调整之后访问数据的操作更加简单。例如，下面的代码按 type 分组之后统计每组的 sale 总和。

```
df = pd.DataFrame({
    'year': [2012, 2013, 2014, 2015, 2016],
    'type': ['A', 'B', 'A', 'C', 'B'],
    'sale': [5500, 4000, 8004, 3100, 2998]
})
df.groupby("type").sum()['sale']
```

输出结果如下：

```
type
A     13504
B     6998
C     3100
Name: sale, dtype: int64
```

可以对这个计算结果调用 reset_index 方法处理。

```
saleSum = df.groupby("type").sum()['sale']. reset_index()
saleSum
```

输出结果如下：

```
   type  sale
0  A     13504
1  B     6998
2  C     3100
```

Pandas 里还提供一个 reindex 方法用于调整索引的顺序，这个在输出统计结果的时候非常有用。示例代码如下：

```
df = pd.DataFrame({
    'year': [2012, 2013, 2014, 2015, 2016],
    'type': ['A', 'B', 'A', 'C', 'B'],
    'sale': [5500, 4000, 8004, 3100, 2998]
})
```

```
# axis=1 代表调整列索引，axis=0 代表调整行索引
df.reindex(['type', 'year', 'sale'], axis=1)
```

输出结果如下：

```
   type  year   sale
0  A     2012   5500
1  B     2013   4000
2  A     2014   8004
3  C     2015   3100
4  B     2016   2998
```

从结果可以看到列索引的顺序被修改了。读者试试用 reindex 方法调换以下 DataFrame 中索引 A 和 C 的顺序。

```
df = pd.DataFrame({
    'year': [2012, 2013, 2014, 2015, 2016],
    'type': ['A', 'B', 'A', 'C', 'B'],
    'sale': [5500, 4000, 8004, 3100, 2998]
}, index=['A', 'B', 'C', 'D', 'E'])
```

7.10.6 行列互换

这里的行列互换指的是行索引变成了列索引，列索引变成了行索引。Pandas 中行列互换可以使用 T 方法进行转置，例如：

```
students = pd.DataFrame({
        "name" : ["lucy","lily", "grace"],
        "age" : [17,18,19],
        "score" : [80,95,100]
}, index = [1,2,3])
students.T
```

输出结果如下：

```
      1     2     3
name  lucy  lily  grace
age   17    18    19
score 80    95    100
```

如果连续调用两次 T 方法，那么 DataFrame 会变成原来的样子。

```
students.T.T
```

7.11 时间序列

扫一扫，看视频

时间序列数据是一种常用的结构化数据形式，由多个在不同时间点观察到或测量到的数据组成。常见的例子有每天的降雨量、每月的产品销量等，本节将介绍Pandas中时间序列数据的各种常用操作。

7.11.1 生成时间序列

Python中生成时间序列有两种方法。

（1）用Python datatime对象列表来生成。

（2）用Pandas的date_range方法来生成。

下面先介绍第一种方法，例子如下：

```
from datetime import datetime

dates = [datetime(2019,1,1), datetime(2019,1,2), datetime(2019,1,3), datetime(2019,1,4)]
ts = pd.Series(np.random.randn(4), index=dates)
print(ts)
print(ts.index)
```

输出结果如下：

```
2019-01-01    0.354242
2019-01-02   -0.309680
2019-01-03    0.850864
2019-01-04   -0.178004
dtype: float64
DatetimeIndex(['2019-01-01',   '2019-01-02',   '2019-01-03',   '2019-01-04'],   dtype=
'datetime64[ns]', freq=None)
```

这里ts的索引是一个DatetimeIndex类型的对象，7.11.2小节会介绍这个类型的常用属性。

接着来介绍第二种方法。调用date_range方法最简单的方式是只设定起始时间和结束时间，默认时间序列按天递增，例如：

```
tsIndex= pd.date_range(start='1/1/2018', end='1/1/2019')
tsIndex
```

输出结果如下：

```
DatetimeIndex(['2018-01-01', '2018-01-02', '2018-01-03', '2018-01-04',
               '2018-01-05', '2018-01-06', '2018-01-07', '2018-01-08',
               '2018-01-09', '2018-01-10',
               ...
               '2018-12-23', '2018-12-24', '2018-12-25', '2018-12-26',
```

```
        '2018-12-27', '2018-12-28', '2018-12-29', '2018-12-30',
        '2018-12-31', '2019-01-01'],
       dtype='datetime64[ns]', length=366, freq='D')
```

data_range()函数的参数说明见表 7.7。

表 7.7　date_range()函数的参数说明

参　数	说　明
start	开始时间
end	结束时间
periods	生成时间序列的个数
freq	频率
tz	时区
name	时间序列的名称

date_range 方法可以通过 periods 参数控制时间序列的个数，只需设定起始时间或者结束时间，例子如下：

```
# 从 2020 年 1 月 1 日起，生成 8 个时间数据
pd.date_range(start='1/1/2020', periods=8)
# 以 2020 年 1 月 1 日为止，生成 8 个时间数据
pd.date_range(end='1/1/2020', periods=8)
```

输出结果如下：

```
DatetimeIndex(['2020-01-01', '2020-01-02', '2020-01-03', '2020-01-04',
             '2020-01-05', '2020-01-06', '2020-01-07', '2020-01-08'],
            dtype='datetime64[ns]', freq='D') DatetimeIndex(['2019-12-25', '2019-12-
26', '2019-12-27', '2019-12-28',
             '2019-12-29', '2019-12-30', '2019-12-31', '2020-01-01'],
            dtype='datetime64[ns]', freq='D')
```

默认的频率是按天增减，可以通过 freq 参数修改频率，例如可以按小时、按周来增加：

```
ts1 = pd.date_range(start='1/1/2020', periods=8, freq='H')
ts2 = pd.date_range(start='1/1/2020', periods=8, freq='M')
```

频率参数之前还可以加上数字，例如：

```
# 2D 代表 2 天
ts1 = pd.date_range(start='1/1/2020', periods=8, freq='2D')
```

频率还可以按星期几来变化，例如：

```
# 选取每个星期一
ts1 = pd.date_range(start='1/1/2020', periods=8, freq='W-MON')
```

常用的频率参数值见表 7.8。

表 7.8　常用的频率参数值

别　　名	说　　明
D	天
H	小时
min	分钟
S	秒
W-MON、W-TUE、W-WED、W-THU、W-FRI、W-SAT、W-SUN	星期几
M	每月最后一天
A-JAN、A-FEB、A-MAR、A-APR、A-MAY、A-JUN、A-JUL、A-AUG、A-SEP、A-OCT、A-NOV、A-DEC	某个月的最后一天
Q-JAN、Q-FEB、Q-MAR、Q-APR、Q-MAY、Q-JUN、Q-JUL、Q-AUG、Q-SEP、Q-OCT、Q-NOV、Q-DEC	每个季度最后一月的最后一天

date_range 方法还支持通过 tz 参数指定时区，例如：

```
# 'Asia/Shanghai'代表亚洲上海时间，也就是东八区的时间
pd.date_range(start='1/1/2020 08:30:00', periods=4, tz='Asia/Shanghai')
```

输出结果如下：

```
DatetimeIndex(['2020-01-01 08:30:00+08:00', '2020-01-02 08:30:00+08:00',
               '2020-01-03 08:30:00+08:00', '2020-01-04 08:30:00+08:00'],
              dtype='datetime64[ns, Asia/Shanghai]', freq='D')
```

在结果里可以看到“+08:00”字样，代表东八区。

Pandas 里常用的时区可以用以下代码查看。

```
import pytz
pytz.common_timezones
```

name 参数可以为时间序列指定名称，例如：

```
pd.date_range(start='1/1/2020 08:30:00', periods=4, tz='Asia/Shanghai', name="checkDate")
```

7.11.2　时间索引

时间索引可以按时间截取数据，如某一周的销售数据。时间索引的用法跟普通索引类似，同样可以采用类似 Python 列表那样的切片运算，例如：

```
tsIndex = pd.date_range(start='1/1/2017', end='1/1/2019')
ts = pd.Series(np.random.randn(len(tsIndex)), index=tsIndex)
print(ts['2018-01-05'])
print(ts['10/31/2018':'12/31/2018'])
```

输出结果如下：

```
1.2147206017784078
2018-10-31   -0.181838
2018-11-01   -0.598846
2018-11-02   -1.226797
2018-11-03    0.127649
2018-11-04    0.588765
                ...
2018-12-27    0.545692
2018-12-28    1.470179
2018-12-29    0.203260
2018-12-30   -0.792939
2018-12-31   -0.911309
Freq: D, Length: 62, dtype: float64
```

可以直接用年作为索引值来读取数据，例如：

```
tsIndex = pd.date_range(start='1/1/2017', end='1/1/2019', freq="200D")
df = pd.DataFrame(np.random.randn(len(tsIndex), 1), index = tsIndex)
print(df['2017'])
print("-------------")
print(df['2017':'2018'])
```

输出结果如下：

```
                   0
2017-01-01   0.250309
2017-07-20  -1.231017
-------------
                   0
2017-01-01   0.250309
2017-07-20  -1.231017
2018-02-05  -0.688823
2018-08-24  -1.016971
```

时间序列的选取也可以使用 datetime 类型作为起点和终点，例如：

```
# 选出了在 2017 年 5 月 1 日到 2018 年 7 月 1 日之间的数据
from datetime import datetime
print(df[datetime(2017,5,1):datetime(2018,7,1)])
print(df[datetime(2017,5,1, 10, 0, 0):datetime(2018,7,1, 12, 30, 0)])
```

输出结果如下：

```
                0
2017-07-20    -1.231017
2018-02-05    -0.688823
                0
2017-07-20    -1.231017
2018-02-05    -0.688823
```

可以根据实际情况决定使用时间字符串还是 datetime 对象来选取时间序列数据，一般来说，使用 datetime 对象更加准确，时间字符串更加简便。

最后，讲解一下 DatetimeIndex 的常用属性，见表 7.9。

表 7.9　DatetimeIndex的常用属性

属　性	说　明
year	年
month	月
day	日
hour	小时
minute	分钟
second	秒
dayofyear	一年中的第几天
dayofweek	一周中的第几天
weekofyear	一年中的第几周
is_month_start	是否是一个月的开头
is_month_end	是否是一个月的结尾

利用 DatetimeIndex 对象的属性可以获取 Datetime 数据类型的年、月、日等信息，并转成新的列，例如：

```
# 提取订单日期中的年份构成新的列
df['year'] = pd.DatetimeIndex(df['订单日期']).year
```

7.11.3　序列平移

平移（shifting）表示按照时间把数据向前或向后推移，Pandas 里的时间序列平移主要用到 shift 方法。

```
rng = pd.date_range('2019-01-01', '2019-01-10')
ts = pd.Series(range(5, 35, 3), index=rng)
ts2 = ts.shift(1)
print(ts)
```

```
print(ts2)
```

可以看到 ts2 刚好就是把 ts 的数据往后移动了一下。

```
2019-01-01     5
2019-01-02     8
2019-01-03    11
2019-01-04    14
2019-01-05    17
Freq: D, dtype: int64
2019-01-01     NaN
2019-01-02     5.0
2019-01-03     8.0
2019-01-04    11.0
2019-01-05    14.0
Freq: D, dtype: float64
```

利用 shift 方法可以计算某个时间段的增长百分比，例如可以把每天相对前一天的增长百分比计算出来。

```
(ts / ts2 - 1)*100
```

输出结果如下：

```
2019-01-01          NaN
2019-01-02    60.000000
2019-01-03    37.500000
2019-01-04    27.272727
2019-01-05    21.428571
Freq: D, dtype: float64
```

从输出结果可以看到 1 月 2 日相对于 1 月 1 日的增长率是 60.000000%。

shift 方法有一个 freq 参数，可以让时间索引以一个固定的频率平移，例如：

```
rng = pd.date_range('2019-01-01', '2019-03-01', freq='W')
ts = pd.Series(np.random.rand(len(rng)), index=rng)
print(ts)
newts = ts.shift(1, freq='M')
print(newts)
```

输出结果如下：

```
2019-01-06    0.123134
2019-01-13    0.189712
2019-01-20    0.526592
2019-01-27    0.045540
2019-02-03    0.182789
```

```
2019-02-10    0.388569
2019-02-17    0.944149
2019-02-24    0.933520
Freq: W-SUN, dtype: float64
2019-01-31    0.123134
2019-01-31    0.189712
2019-01-31    0.526592
2019-01-31    0.045540
2019-02-28    0.182789
2019-02-28    0.388569
2019-02-28    0.944149
2019-02-28    0.933520
Freq: W-SUN, dtype: float64
```

可以看到 1 月份的数据对应的时间索引全部变成了 2019 年 1 月 31 日，2 月份的数据对应的时间索引全部变成了 2019 年 2 月 28 日。

7.11.4 频率转换

时间序列一般有固定频率。数据分析中常常把时间序列从一种频率转换成另一种频率，例如按天的转换成按月的。将高频数据聚合到低频称为降采样（downsampling），将低频数据转换到高频则称为升采样（upsampling）。Pandas 里用于频率转换的方法有：

- asfreq
- resample

下面逐一介绍。

1. asfreq 方法

下面的示例生成一个从 2020 年 1 月 1 日至 2020 年 12 月 31 日的时间序列。

```
ts = pd.Series(range(366), index = pd.date_range(start='20200101', end='20201231', freq = 'D'))
ts.head(5)
```

输出结果如下：

```
2020-01-01    0
2020-01-02    1
2020-01-03    2
2020-01-04    3
2020-01-05    4
Freq: D, dtype: int64
```

现在用 asfreq 方法调整频率。

```
ts.asfreq(freq='Q')
```

输出结果如下：

```
2020-03-31     90
2020-06-30    181
2020-09-30    273
2020-12-31    365
Freq: Q-DEC, dtype: int64
```

可以看到 asfreq 方法是从原有序列中抽取了每个季度的最后一天的值，从这个例子可以看出 asfreq 方法起到的是一个数据过滤的作用。

调用 mean 方法可以计算平均值。

```
ts.asfreq(freq='Q').mean()  #  (90+181+273+365)/4=227.25
```

计算结果是每个季度最后一天的总和除以 4 的值。

2．resample 方法

以上面的数据为例调用 resample 方法。

```
bins = ts.resample('Q')
bins.groups
```

输出结果如下：

```
{Timestamp('2020-03-31 00:00:00', freq='Q-DEC'): 91,
 Timestamp('2020-06-30 00:00:00', freq='Q-DEC'): 182,
 Timestamp('2020-09-30 00:00:00', freq='Q-DEC'): 274,
 Timestamp('2020-12-31 00:00:00', freq='Q-DEC'): 366}
```

可以看到 resample 对原数据按时间段进行了分组。对分组的结果可以调用各种统计方法，例如调用 mean 方法：

```
ts.resample('Q').mean()
```

从结果里可以看到，resample()函数计算的是每个季度的平均值。

```
2020-03-31     45.0
2020-06-30    136.0
2020-09-30    227.5
2020-12-31    319.5
Freq: Q-DEC, dtype: float64
```

可以统计每个时间段的 ohlc，其中 o 即 open，指开盘价；h 即 high，指最高价；l 即 low，指最低价；c 即 close，指收盘价。

```
ts.resample('Q').ohlc()
```

输出结果如图 7.7 所示。

	open	high	low	close
2020-03-31	0	90	0	90
2020-06-30	91	181	91	181
2020-09-30	182	273	182	273
2020-12-31	274	365	274	365

图 7.7　计算 ohlc 的结果

分组之后可以执行的统计方法见表 7.10。

表 7.10　分组统计函数

统 计 函 数	说　明
sum	总和
mean	平均值
std	标准差
min	最小值
max	最大值
median	中位数
first	组内的第一个值
last	组内的最后一个值
ohlc	open，high，low，close

前面介绍的是降采样，下面是升采样的例子，升采样往往需要补充值。

```
rng = pd.date_range('2019-01-01', '2019-03-01', freq='W')
ts = pd.Series(np.random.randint(0, 500, len(rng)), index=rng)
# 12H 代表 12 小时
ts.resample('12H').asfreq()
```

输出结果如下：

```
2019-01-06 00:00:00    468.0
2019-01-06 12:00:00      NaN
2019-01-07 00:00:00      NaN
2019-01-07 12:00:00      NaN
2019-01-08 00:00:00      NaN
                       ...
2019-02-22 00:00:00      NaN
2019-02-22 12:00:00      NaN
2019-02-23 00:00:00      NaN
2019-02-23 12:00:00      NaN
2019-02-24 00:00:00     99.0
Freq: 12H, Length: 99, dtype: float64
```

resample 的第一个参数是一个频率字符串，常用的频率字符串见表 7.11。

7.11　常用的频率字符串

字 符 串	说　　明
'M'	月末
'MS'	月初
'Q'	季末
'QS'	季初
'D'	天
'H'	小时
'min'	分钟
'S'	秒
'A'	年末
'AS'	年初

调用 ffill 方法可以向前填充所有因为升采样产生的缺失值。

```
ts.resample('12H').ffill()
```

输出结果如下：

```
2019-01-06 00:00:00    468
2019-01-06 12:00:00    468
2019-01-07 00:00:00    468
2019-01-07 12:00:00    468
2019-01-08 00:00:00    468
                      ...
2019-02-22 00:00:00     91
2019-02-22 12:00:00     91
2019-02-23 00:00:00     91
2019-02-23 12:00:00     91
2019-02-24 00:00:00     99
Freq: 12H, Length: 99, dtype: int64
```

ffill 方法有一个 limit 参数，可以控制填充缺失值的个数。

```
# 只往前填充 2 个数据
ts.resample('12H').ffill(limit=2)
```

输出结果如下：

```
2019-01-06 00:00:00    468.0
2019-01-06 12:00:00    468.0
2019-01-07 00:00:00    468.0
2019-01-07 12:00:00      NaN
```

```
2019-01-08 00:00:00     NaN
                     ...
2019-02-22 00:00:00     NaN
2019-02-22 12:00:00     NaN
2019-02-23 00:00:00     NaN
2019-02-23 12:00:00     NaN
2019-02-24 00:00:00    99.0
Freq: 12H, Length: 99, dtype: float64
```

除了向前填充，还有向后填充。

```
# 只往后填充 2 个数据
ts.resample('12H').bfill(limit=2)
```

输出结果如下：

```
2019-01-06 00:00:00    468.0
2019-01-06 12:00:00     NaN
2019-01-07 00:00:00     NaN
2019-01-07 12:00:00     NaN
2019-01-08 00:00:00     NaN
                     ...
2019-02-22 00:00:00     NaN
2019-02-22 12:00:00     NaN
2019-02-23 00:00:00    99.0
2019-02-23 12:00:00    99.0
2019-02-24 00:00:00    99.0
Freq: 12H, Length: 99, dtype: float64
```

7.11.5 时间区间及其运算

Pandas 中使用 Period 对象来标识时间区间。创建 Period 对象的示例代码如下：

```
p1 = pd.Period('2020', freq='A-DEC')
```

p1 变量代表的是 2020 年 1 月 1 日到 2020 年 12 月 31 日之间的这段时间。“A-DEC”代表 12 月的最后一天，这里的 freq 参数与表 7.7 中介绍的频率参数是类似的。

Period 可以与整数进行加减运算。例如：

```
p1 + 4
```

输出结果如下：

```
Period('2024', 'A-DEC')
```

“Period('2024', 'A-DEC')”表示 2024 年 1 月 1 日到 2024 年 12 月 31 日之间的这段时间。

```
p1 - 4
```

输出结果如下：

```
Period('2016', 'A-DEC')
```

“Period('2016', 'A-DEC')” 表示 2016 年 1 月 1 日到 2016 年 12 月 31 日之间的这段时间。两个频率相同的 Period 对象可以相减，得出整数的结果。

```
pd.Period('2020', freq='A-DEC') - pd.Period('2014', freq='A-DEC')
```

输出结果如下：

```
<6 * YearEnds: month=12>
```

结果代表相差 6 年。

```
pd.Period('2020-03', freq='M') - pd.Period('2020-01', freq='M')
```

输出结果如下：

```
<2 * MonthEnds>
```

结果代表相差 2 个月。

类似于 DatetimeIndex，可以借助 period_range 方法生成一个 Period 序列，例如：

```
# 以月为单位递增
periodIndex = pd.period_range(start='2019-01-01', end='2020-01-01', freq='M')
periodIndex
```

输出结果如下：

```
PeriodIndex(['2019-01', '2019-02', '2019-03', '2019-04', '2019-05', '2019-06',
             '2019-07', '2019-08', '2019-09', '2019-10', '2019-11', '2019-12',
             '2020-01'],
            dtype='period[M]', freq='M')
```

这个序列可以作为 Series 和 DataFrame 的索引，例如：

```
s1 = pd.Series(np.random.randn(len(periodIndex)), index=periodIndex )
print(s1)
print(s1['2019-01'])
```

输出结果如下：

```
2019-01   -0.786010
2019-02    1.508730
2019-03   -2.333490
2019-04   -0.109339
2019-05    1.008092
```

```
2019-06    0.879837
2019-07   -0.775856
2019-08    0.611921
2019-09   -2.090841
2019-10    0.170931
2019-11    0.049842
2019-12    0.254496
2020-01   -0.655379
Freq: M, dtype: float64
s1['2019-01']
-0.7860097287800731
```

7.12 类型数据

扫一扫，看视频

Categoricals 是 Pandas 中的一种数据类型，用来表示一些定性的变量，如性别、血型。Categoricals 类型不能进行数据运算，但是可以排序。

使用类型数据有这样几个好处：

（1）节约计算机内存。

（2）可以按业务逻辑来排序。

（3）绘制图表的时候，可以按照类型的方式来绘制。

可以用 astype 方法把一些列转换为类型数据。例如：

```
df = pd.DataFrame({"A": ["a", "b", "c", "a"]})
df["B"] = df["A"].astype('category')
df.dtypes
```

输出结果如下：

```
A      object
B      category
dtype: object
```

有时候需要把类型数据转换为字符串以方便后续的数据处理操作，可以用 astype 方法进行转换。例如，cut 方法的结果中包含了类型数据，代码如下：

```
scores = pd.Series([
    88, 81, 97, 67, 91, 64, 66, 71, 70, 74, 84, 74, 78, 87, 87, 85,
    69, 97, 70, 92, 75, 70, 64, 79, 94, 89, 76, 81, 74, 86
])
grade = pd.cut(scores, bins=4, labels=['A', 'B', 'C', 'D'])
s2 = grade.astype(str)
```

输出结果如下：

```
0    C
1    C
2    D
...
27    C
28    B
29    C
dtype: object
```

CategoricalDtype 类型支持按一定规则排序，这样就不仅是按字母排序。例如，下面的数据如果直接按照“等级”那一列来排序则不是我们需要的排序结果，我们希望实现的排序效果是“钻石”排在“白银”之前。

```
df = pd.DataFrame({
    "名称": ['猫', '狗', '猪', '羊'],
    "value1": [10, 13, 14, 15],
    '等级': ['白银', '黄金', '钻石', '钻石']
})
df.sort_values(by='等级')
```

输出结果如图 7.8 所示。

为了解决这个问题，创建一个新的类型。

```
from pandas.api.types import CategoricalDtype
gradeType = CategoricalDtype(categories=['钻石', '白银', '黄金'], ordered=True)
gradeType
```

输出结果如下：

```
CategoricalDtype(categories=['钻石', '白银', '黄金'], ordered=True)
```

接着把这个新的类型引入到原来的 DataFrame。

```
df["等级 2"] = df["等级"].astype(gradeType)
df.sort_values(by='等级 2')
```

排序结果如图 7.9 所示。

rename_categories 可以重命名类型名称。

```
df["grade"] = df["等级 2"].cat.rename_categories(["level1", "level2", "level3"])
df
```

输出结果如图 7.10 所示。

	名称	value1	等级	等级2
0	猫	10	白银	白银
2	猪	14	钻石	钻石
3	羊	15	钻石	钻石
1	狗	13	黄金	黄金

图 7.8　排序结果①

	名称	value1	等级	等级2
2	猪	14	钻石	钻石
3	羊	15	钻石	钻石
0	猫	10	白银	白银
1	狗	13	黄金	黄金

图 7.9　排序结果②

	名称	value1	等级	等级2	grade
0	猫	10	白银	白银	level2
1	狗	13	黄金	黄金	level3
2	猪	14	钻石	钻石	level1
3	羊	15	钻石	钻石	level1

图 7.10　排序结果③

7.13　将 Series 数据和 DataFrame 数据转换为 Python 列表

在绘制图表的时候往往要把 Series 或 DataFrame 的数据转换为 Python 列表，这个转换一般用 tolist 方法完成。

例如，下面的 DataFrame 数据有两列，用 tolist 方法可以把它们都转换为 Python 列表。

```
df = pd.DataFrame({
    "字母" : ["a","b","c"],
    "数字" : [17,18,19]
})
print(df["字母"].tolist())
print(df["数字"].tolist())
```

输出结果如下：

```
['a', 'b', 'c']
[17, 18, 19]
```

这个方法在后面的数据分析案例中会经常用到。

7.14　小结

本章介绍了 Pandas 的各种数据筛选和转换操作，重要的知识点总结如下：

（1）用 drop 方法删除列。

（2）用 rename 方法重命名列。

（3）用于转换数据类型的方法如下：

- astype 实现常规数据转换。
- to_datetime 把字符串转换为时间类型。
- to_numeric 把其他类型转化为数值。

（4）按条件读取 Series 和 DataFrame 的数据，例如按数值范围或时间范围选取数据。

（5）可以使用“&”和“|”连接多个选择条件。

（6）基于现有的字段创建新的字段的方法如下：

- 直接赋值。
- apply 方法。

（7）用 replace 方法可以实现按规则替换数据。

（8）sort_values 按值排序，sort_index 按索引排序。sort_values 的常用形式有：

- df.sort_values(by='a')。
- df.sort_values(by='a', ascending=False)。
- df.sort_values(by=['a', 'b'])。

（9）rank 方法可以按规则计算排名。

（10）cut 方法用于区间切分。

（11）介绍了时间序列的基本用法，主要知识如下：

- date_range 方法。
- period_range 方法。
- 时间索引的使用。
- shift 方法实现时间平移。
- 与频率转换相关的两个方法：asfreq 和 resample。
- 用于表示时间区间的 Peroid 对象。

（12）类型数据的创建和应用。

（13）tolist 方法可以把数据转换为 Python 列表。

（14）DataFrame 的 T 方法可以实现行列互换。

（15）调整 DataFrame 索引的若干方法。

第 8 章

数据表的聚合与分组运算

对数据进行分组并对每个分组进行统计是数据分析中的常用操作之一。Pandas 对这类操作提供了很多方便高效的方法，使得这类操作相较于传统的 SQL 语句能够实现更多的计算功能。

在本章中将会学到：

- 按一列或多列对数据进行分组。
- 利用 Pandas 的内置函数和自定义函数计算每个分组的各种统计值。
- 用 merge 方法连接多个表。
- 用 concat 方法合并多个 DataFrame 或 Series。
- 制作数据透视表。

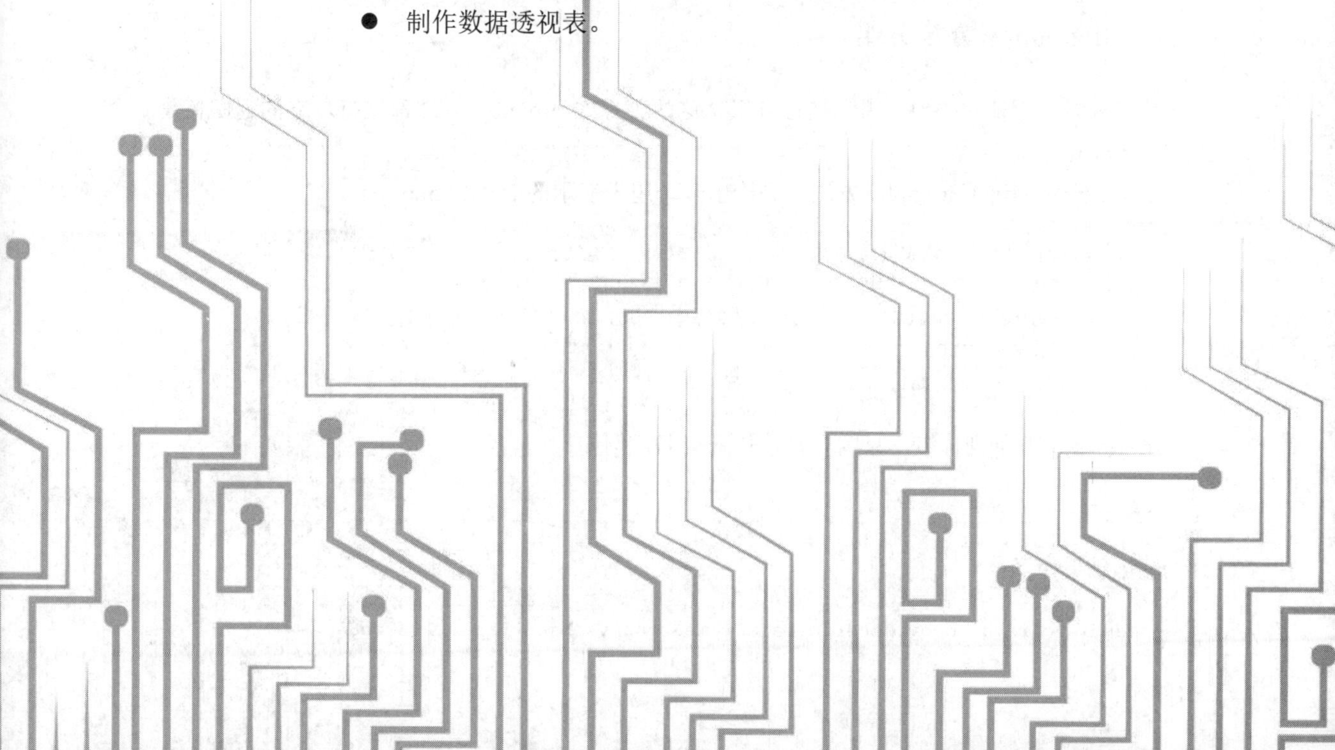

扫一扫，看视频

8.1 分组聚合

数据分析中常常要对数据进行分组统计处理，一般分为三步：

（1）按照某一列或者某个行索引把数据分为若干组。

（2）对每组的数据进行某种聚合运算。

（3）把聚合运算结果进行合并整理。

具体过程如图 8.1 所示。

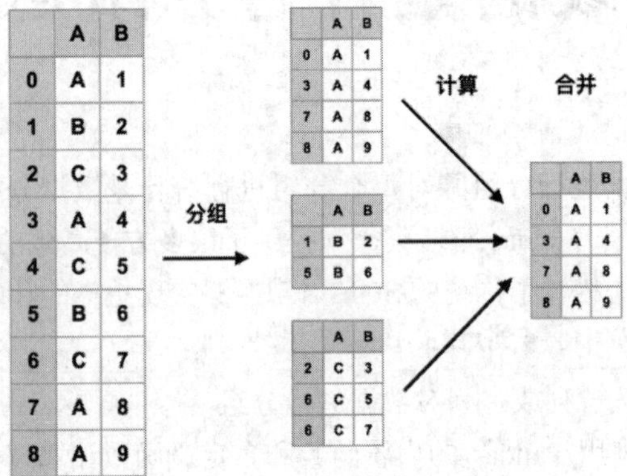

图 8.1　分组聚合操作步骤

本节将介绍如何用 Pandas 实现这三个步骤。

8.1.1 用 groupby 方法分组

数据分组有两种：按列分组和按行分组。这两种方式 groupby 方法都支持，它的返回值是一个 DataFrameGroupBy 对象。

下面结合实例讲解 groupby 方法，先给出一个用于演示的 DataFrame。

```
data = {'商品': ['洗衣机', '电风扇', '洗衣机', '电风扇', '空调', '空调'],
        '品牌': ['A', 'A', 'C', 'A', 'B', 'C'],
        '销售额': [11000, 21000, 13000, 41000, 25000, 56000],
        '数量': [100, 200, 50, 60, 30, 40]}
df = pd.DataFrame(data)
```

用 groupby 按单列分组，只需要直接传入列名，例如：

```
df.groupby("品牌")
```

输出结果如下：

```
<pandas.core.groupby.generic.DataFrameGroupBy object at 0x1060bc850>
```

可以看到这是一个 DataFrameGroupBy 对象，DataFrameGroupBy 有一个属性 groups，可以看到分组的情况。

```
df.groupby("品牌").groups
```

输出结果如下：

```
{'A': Int64Index([0, 1, 3], dtype='int64'),
 'B': Int64Index([4], dtype='int64'),
 'C': Int64Index([2, 5], dtype='int64')}bk
```

用 len 方法可以获取分组数，例如：

```
len(df.groupby("品牌").groups)
```

用 groupby 按多列分组，只需要直接传入一个列名的列表型数据，例如：

```
df.groupby(["商品", "品牌"]).sum()
```

输出结果如下：

```
              销售额     数量
商品    品牌
洗衣机   A       11000     100
        C       13000     50
电风扇   A       62000     260
 空调    B       25000     30
        C       56000     40
```

get_group 方法可以获取某一组的所有行，例如：

```
df.groupby(['商品']).get_group('洗衣机')
```

输出结果如下：

```
    商品      品牌    销售额    数量
0   洗衣机    A       11000    100
2   洗衣机    C       13000    50
```

如果要按某个标准分组，可以先按这个标准创建一个新的列，然后调用 groupby 方法按这个新的列进行分组。

示例代码如下：

```
# 销量大于 20000 的分为一组，其余的分到另外一组
df['高销量'] = df.apply(lambda x: x['销售额'] > 20000 , axis=1)
df.groupby('高销量').sum()
```

输出结果如下：

```
        销售额    数量
高销量
False   24000    150
True    143000   330
```

8.1.2 按多层次索引分组

除了按行和列来分组，groupby 方法也支持使用多层次索引来分组，例如：

```
values = [
   [10, "A"], [11, "B"],  [13, "C"], [10, "D"],  [12, "E"], [12, "F"],
]
salesData = pd.DataFrame(values, columns=["销量", "型号"], index=[
   ["一月", "一月", "二月", "二月", "三月", "三月"],
   ["冰箱", "电视", "冰箱", "电视", "冰箱", "电视"],
])
# 按月分组
monthGrouped = salesData.groupby(level=0)
# 计算每个月销售商品的数量
monthGrouped.sum()
```

输出结果如下：

```
      销量
一月   21
二月   23
三月   24
```

level 参数指的是索引的层级，最内层的 level 是-1，第二层的 level 是 0，以此类推，由内向外增加。所以上面的数据需要按商品来分组，代码如下：

```
typeGrouped = salesData.groupby(level=-1)
typeGrouped.sum()
```

输出结果如下：

```
      销量
冰箱   35
电视   33
```

8.1.3 遍历分组

数据分析中常常要遍历分组来计算一些结果，并汇集起来。虽然有时候将 Pandas 的新增列操作和聚合运算结合起来也可以完成类似功能，而且性能比较好，但是缺点是无法完成一些复杂的计算。

for 循环语句可以遍历 Pandas 的分组结果，也就是 DataFrameGroupBy 对象，例如：

```
grouped = df.groupby("品牌")
# for 语句的第一个参数是索引
for name, group in grouped:
    print(name)
    print(group)
```

输出结果如下：

```
A
   商品    品牌   销售额   数量
0  洗衣机  A      11000   100
1  电风扇  A      21000   200
3  电风扇  A      41000   60
B
   商品    品牌    销售额   数量
4  空调    B       25000    30
C
   商品    品牌    销售额   数量
2  洗衣机  C       13000    50
5  空调    C       56000    40
```

8.1.4 聚合函数

分组之后最常见的操作就是按组计算统计量。Pandas 提供了各种聚合函数，可以在分组上调用，sum()函数用于计算每组的数字列的总和，例如：

```
df.groupby("品牌").sum()
```

输出结果如下：

```
品牌  销售额  数量
A     73000  360
B     25000  30
C     69000  90
```

groupby 方法的常用聚合函数见表 8.1。

表 8.1　groupby 方法的常用聚合函数

聚合函数	说　明
count	各分组中项的数量
sum	各分组中值的总和
mean	各分组中值的平均值
median	各分组中的中位数

续表

聚合函数	说　明
std	各分组中的标准差
min、max	各分组中的最小值和最大值
first	各分组中的第一个值
last	各分组中的最后一个值
describe	对每个分组计算描述性统计信息
size	各个分组的元素个数

这些聚合函数计算过程中都会自动忽略缺失值。

aggregate 方法可以用于一次计算多个聚合结果，aggregate 的参数是聚合函数的列表。例如：

```
df.groupby("商品").aggregate(["count", "sum"])
```

运算结果如图 8.2 所示。

	品牌		销售额		数量	
	count	sum	count	sum	count	sum
商品						
洗衣机	2	AC	2	24000	2	150
电风扇	2	AA	2	62000	2	260
空调	2	BC	2	81000	2	70

图 8.2　aggregate 函数的运算结果

要对不同的列用不同的聚合函数，可以传入一个字典变量：

```
df.groupby("商品").aggregate({
    '销售额': 'sum', '数量': 'mean'
})
```

输出结果如下：

```
商品     销售额    数量
洗衣机   24000    75
电风扇   62000    130
空调     81000    35
```

下面介绍几个聚类计算的实例。

（1）计算每个品牌的商品数量。

```
df.groupby("品牌").count()["商品"]
```

输出结果如下：

```
品牌
A    3
B    1
C    2
Name: 商品, dtype: int64
```

（2）计算每个商品的销售总额。

```
df.groupby(['商品'])['销售额'].sum()
```

输出结果如下：

```
商品
洗衣机    24000
电风扇    62000
空调      81000
Name: 销售额, dtype: int64
```

（3）每个商品的销售总额。

```
df["销售额"].groupby(df["商品"]).sum()
```

输出结果如下：

```
商品
洗衣机    24000
电风扇    62000
空调      81000
Name: 销售额, dtype: int64
```

8.1.5 分组后的合并整理

分组之后的合并整理常用的方法有以下几个：

- reset_index
- unstack
- transform
- filter

其中统计结果可以用 reset_index 和 unstack 方法调整索引，这样更方便后续使用。transform 方法可以用一个自定义函数对聚合结果进行计算，filter 方法按聚合结果过滤数据。下面给出这四个方法的具体用法和例子。

例如按商品分组之后，对销售额求和，可以这样调用 reset_index 方法：

```
df.groupby(['商品'])['销售额'].sum().reset_index()
```

输出结果如下：

```
    商品     销售额
0   洗衣机   24000
1   电风扇   62000
2   空调     81000
```

按品牌和商品分组，然后对销售额求和：

```
df["销售额"].groupby([df["品牌"], df["商品"]]).sum()
```

输出结果如下：

```
品牌  商品
A     洗衣机    11000
      电风扇    62000
B     空调      25000
C     洗衣机    13000
      空调      56000
Name: 销售额, dtype: int64
```

在上述结果的基础上调用 unstack 方法，可将行索引的“商品”变成列索引。

```
df["销售额"].groupby([df["品牌"], df["商品"]]).sum().unstack()
```

输出结果如下：

```
商品  洗衣机     电风扇     空调
品牌
A     11000.0    62000.0    NaN
B     NaN        NaN        25000.0
C     13000.0    NaN        56000.0
```

transform 方法可以把聚合统计结果与每行数据进行结合。transform 的参数可以是一个聚合函数的名称，也可以是一个 lambda 表达式。例如计算每一个组内成员在分组中的销售额占比：

```
# 计算出每个分组的销售额总和
df["总销售额"] = df.groupby("品牌")['销售额'].transform('sum')
df["总销售额"]
```

输出结果如下：

```
0    52000
1    46000
2    69000
3    52000
4    46000
5    69000
Name: 销售额, dtype: int64
```

接着计算比例：

```
df['组内比例'] = df['销售额'] / df["总销售额"]
df
```

输出结果如图 8.3 所示。

	商品	品牌	销售额	数量	总销售额	组内比例
0	洗衣机	A	11000	100	52000	0.211538
1	电风扇	B	21000	200	46000	0.456522
2	洗衣机	C	13000	50	69000	0.188406
3	电风扇	A	41000	60	52000	0.788462
4	空调	B	25000	30	46000	0.543478
5	空调	C	56000	40	69000	0.811594

图 8.3　计算组内占比

读者试运行以下代码并思考为什么是这个结果。

```
df.groupby("品牌")['销售额'].transform(lambda x : x/np.sum(x))
```

filter 方法可以过滤分组聚合的结果，filter 的参数是一个返回布尔值的函数。这个函数的第一个参数是 group，对应一个分组对象，filter 方法会返回符合条件的那些组的数据。例如，要找出销售额小于 60000 的分组的行：

```
df.groupby("品牌").filter(lambda group: np.sum(group['销售额']) < 60000)
```

输出结果如下：

```
    商品      品牌      销售额     数量
0   洗衣机    A         11000     100
1   电风扇    A         21000     200
2   洗衣机    C         13000     50
3   电风扇    A         41000     60
5   空调      C         56000     40
```

8.2 表的连接

扫一扫，看视频

Pandas 连接两个表与第 5 章的 SELECT 语句读取多个表很类似，都依赖于表的公共列。Pandas 使用 merge 方法来连接两个表，所以我们在调用 merge 方法的时候需要指定哪两个列是用于连接的。

为了演示表之间的连接，先引入两个 DataFrame。

```
customers = pd.DataFrame({
    "id":  [1, 2, 3],
    "name": ["张三", "李四", "陈山"],
    "mobile": ["18029335555", "13466668888", "15633335555"],
    "city" : ["北京", "上海", "广州"]
})
orders = pd.DataFrame({
    "order_num": [1, 2, 3],
    "order_date": ["2020-03-26 15:49:32", "2020-03-18 15:39:32", "2020-03-19 12:29:32" ],
    "customer_id": [1, 1, 2]
})
```

表的连接主要有两种方式：基于列和基于索引。下面先介绍基于列的连接，再介绍基于索引的连接，这两种方式都用到 Pandas 的 merge 方法。

1. 基于列的连接

在上面列出的两个 DataFrame 中，customers 的 id 列与 orders 的 customer_id 列相对应，所以可

以这样调用 merge 方法：

```
pd.merge(customers, orders, left_on="id", right_on="customer_id")
```

可以看到 left_on 参数对应 customers 的 id 列，right_on 参数对应 orders 的 customer_id 列，customers 是左表，orders 是右表，运算结果如下：

```
   id  name   mobile        city   order_num    order_date            customer_id
0  1   张三   18029335555   北京      1         2020-03-26 15:49:32    1
1  1   张三   18029335555   北京      2         2020-03-18 15:39:32    1
2  2   李四   13466668888   上海      3         2020-03-19 12:29:32    2
```

如果要对接的两列列名是相同的，那么可以不加其他 left_on 参数和 right_on 参数，例如：

```
df1 = pd.DataFrame({'key': ['a', 'b', 'c', 'd'], 'value1': [1, 2, 3, 5]})
df2 = pd.DataFrame({'key': ['a', 'b', 'c', 'd'], 'value2': [5, 6, 7, 8]})
pd.merge(df1, df2)
```

输出结果如下：

```
  key  value1  value2
0  a     1       5
1  b     2       6
2  c     3       7
3  d     5       8
```

如果其中一个用于连接的列的值不是唯一的，那么重复的值会被保留，例如：

```
df1 = pd.DataFrame({'key': ['a', 'b', 'c', 'd'], 'value1': [1, 2, 3, 5]})
df2 = pd.DataFrame({'key': ['a', 'b', 'c', 'a'], 'value2': [5, 6, 7, 8]})
pd.merge(df1, df2)
```

输出结果如下：

```
   key value1  value2
0  a    1       5
1  a    1       8
2  b    2       6
3  c    3       7
```

df1 和 df2 公共列中有 a、b、c，其中 a 在 df2 里是重复的，所以在结果里也是重复出现的。

如果用于连接的两个列的值都不是唯一的，那么两个列的重复值也是保留下来的，例如：

```
df1 = pd.DataFrame({'key': ['a', 'b', 'c', 'b'], 'value1': [1, 2, 3, 5]})
df2 = pd.DataFrame({'key': ['a', 'b', 'c', 'a'], 'value2': [5, 6, 7, 8]})
pd.merge(df1, df2, on="key")
```

输出结果如下：

```
   key  value1  value2
0   a     1       5
1   a     1       8
2   b     2       6
3   b     5       6
4   c     3       7
```

下面对接的两个 DataFrame 都有列名是 value 的列，那么在连接的时候，Pandas 会自动为这些列添加后缀。

```
df1 = pd.DataFrame({'key': ['a', 'b', 'c', 'd'], 'value': [1, 2, 3, 5]})
df2 = pd.DataFrame({'key': ['a', 'b', 'c', 'd'], 'value': [5, 6, 7, 8]})
pd.merge(df1, df2, on="key")
```

输出结果如下：

```
  key  value_x  value_y
0  a     1        5
1  b     2        6
2  c     3        7
3  d     5        8
```

可以使用 suffixes 参数调整添加后缀的规则，suffixes 的默认值是("_x"， "_y")。

```
pd.merge(df1, df2, on="key", suffixes=('_left', '_right'))
```

输出结果如下：

```
   key  value_left  value_right
0  a         1           5
1  b         2           6
2  c         3           7
3  d         5           8
```

前面介绍的表连接其实只是其中的一种方式，DataFrame 还有其他的表连接方式。Pandas 里总共有四种连接方式：

- 内连接（inner）
- 左连接（left）
- 右连接（right）
- 外连接（outer）

左连接返回左表所有的行，对于右表没有匹配的行，返回 NaN。右连接返回右表所有的行，对于左表没有匹配的行，返回 NaN。外连接是取两个表的并集。merge 方法的 how 参数指定了连接方式，有四个可选值：inner、left、right、outer，分别对应以上四种连接方式。

下面给出这几种不同方式的调用结果，请读者对比理解。

```
df1 = pd.DataFrame({'key': ['a', 'b', 'c', 'd'], 'value1': [1, 2, 3, 5]})
df2 = pd.DataFrame({'key': ['a', 'b', 'c', 'e'], 'value2': [5, 6, 7, 8]})
print("left:")
print(pd.merge(df1, df2, how="left"))
print("right:")
print(pd.merge(df1, df2, how="right"))
print("inner:")
print(pd.merge(df1, df2, how="inner"))
print("outer:")
print(pd.merge(df1, df2, how="outer"))
```

输出结果如下：

```
left:
    key    value1  value2
0   a       1       5.0
1   b       2       6.0
2   c       3       7.0
3   d       5       NaN
right:
    key   value1   value2
0   a     1.0       5
1   b     2.0       6
2   c     3.0       7
3   e     NaN       8
inner:
    key   value1  value2
0   a     1       5
1   b     2       6
2   c     3       7
outer:
    key   value1  value2
0   a     1.0     5.0
1   b     2.0     6.0
2   c     3.0     7.0
3   d     5.0     NaN
4   e     NaN     8.0
```

2. 基于索引的连接

要基于索引连接两个表，需要使用 left_index 和 right_index 这两个参数，例如：

```
left_df = pd.DataFrame({'A': ['A0', 'A1', 'A2'],
                        'B': ['B0', 'B1', 'B2']}, index=['K0', 'K1', 'K2'])
right_df = pd.DataFrame({'C': ['C0', 'C2', 'C3'],
```

```
                  'D': ['D0', 'D2', 'D3']},index=['K0', 'K2', 'K3'])
pd.merge(left_df, right_df, left_index=True, right_index=True, how='inner')
```

输出结果如下：

```
     A    B    C    D
K0  A0   B0   C0   D0
K2  A2   B2   C2   D2
```

同样支持 how 参数设定连接方式，例如：

```
pd.merge(left_df, right_df, left_index=True, right_index=True, how='outer')
```

输出结果如下：

```
     A    B    C    D
K0  A0   B0   C0   D0
K1  A1   B1   NaN  NaN
K2  A2   B2   C2   D2
K3  NaN  NaN  C3   D3
```

8.3 表的合并

扫一扫，看视频

表的合并是指直接把两个表进行合并，不需要考虑表之间用于连接的列是什么。需要合并的表一般是同一种类型的不同数据部分，如一个 DataFrame 记录的是一月份的销售数据，有 4 个字段；另一个 DataFrame 记录的是二月份的销售数据，也有相同的 4 个字段，这时可以使用表的合并，得到一月份至二月份的销售数据。

读者要把表的连接与表的合并区分开来，表之间的连接更多发生于不同类型的数据之间，例如销售订单表与顾客订单表的连接，连接的时候往往依赖于一个或多个公共列。

本节将介绍如何使用 concat 方法实现表的合并。

8.3.1 合并 DataFrame

首先介绍合并 DataFrame 的方法，concat 方法合并 DataFrame 的方式如下：

```
pd.concat([df1, df2, df3, ...])
```

concat 方法的参数是一个以 DataFrame 为元素的数组。示例代码如下：

```
df1 = pd.DataFrame({'A': ['A0', 'A1', 'A2'],
                    'B': ['B0', 'B1', 'B2'],
                    'C': ['C0', 'C1', 'C2']},
                   index=[0, 1, 2])
```

```
df2 = pd.DataFrame({'A': ['A3', 'A4', 'A5'],
                    'B': ['B3', 'B4', 'B5'],
                    'C': ['C3', 'C4', 'C5']},
                   index=[3, 4, 5])
df3 = pd.DataFrame({'A': ['A6', 'A7', 'A8'],
                    'B': ['B6', 'B7', 'B8'],
                    'C': ['C6', 'C7', 'C8']},
                   index=[6, 7, 8])
result = pd.concat([df1, df2, df3])
```

合并结果如图 8.4 所示。

可以设定 keys 参数用于标记数据来自哪个 DataFrame，为合并的结果添加一个层次化的索引，例如：

```
result = pd.concat([df1, df2, df3], keys=['x', 'y', 'z'])
result
```

合并结果 result 如图 8.5 所示。

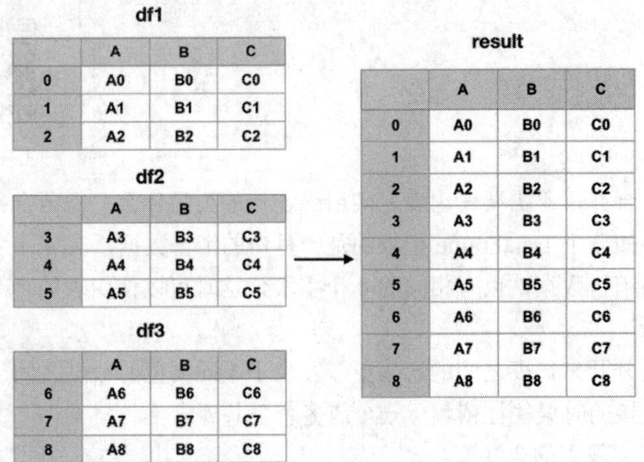

df1

	A	B	C
0	A0	B0	C0
1	A1	B1	C1
2	A2	B2	C2

df2

	A	B	C
3	A3	B3	C3
4	A4	B4	C4
5	A5	B5	C5

df3

	A	B	C
6	A6	B6	C6
7	A7	B7	C7
8	A8	B8	C8

result

	A	B	C
0	A0	B0	C0
1	A1	B1	C1
2	A2	B2	C2
3	A3	B3	C3
4	A4	B4	C4
5	A5	B5	C5
6	A6	B6	C6
7	A7	B7	C7
8	A8	B8	C8

图 8.4 concat 纵向合并

		A	B	C
x	0	A0	B0	C0
	1	A1	B1	C1
	2	A2	B2	C2
y	3	A3	B3	C3
	4	A4	B4	C4
	5	A5	B5	C5
z	6	A6	B6	C6
	7	A7	B7	C7
	8	A8	B8	C8

图 8.5 增加层次化索引

可以用 loc 属性读取合并结果中的某个分组，例如：

```
result.loc['x']
```

输出结果如下：

```
    A   B   C
0  A0  B0  C0
1  A1  B1  C1
2  A2  B2  C2
```

由于 concat 方法会完整地复制数据，所以如果是从多个文件读取数据，然后合并，请用列表推导式，例如：

```
# process_your_file()函数代表用于处理数据文件的一个函数
frames = [ process_your_file(f) for f in files ]
result = pd.concat(frames)
```

直接使用 for 循环，容易有性能问题，例如：

```
for f in files:
    result = pd.concat([result, process_your_file(f)])
```

concat 方法有一个参数 axis，axis=1 代表按行索引合并，axis=0 代表按列索引合并。

```
df4 = pd.DataFrame({'C': ['C2', 'C3', 'C4'],
                    'D': ['D2', 'D3', 'D4'],
                    'E': ['E2', 'E3', 'E4']},
                   index=[2, 3, 4])
pd.concat([df1, df4], axis=1)
```

合并结果如图 8.6 所示。

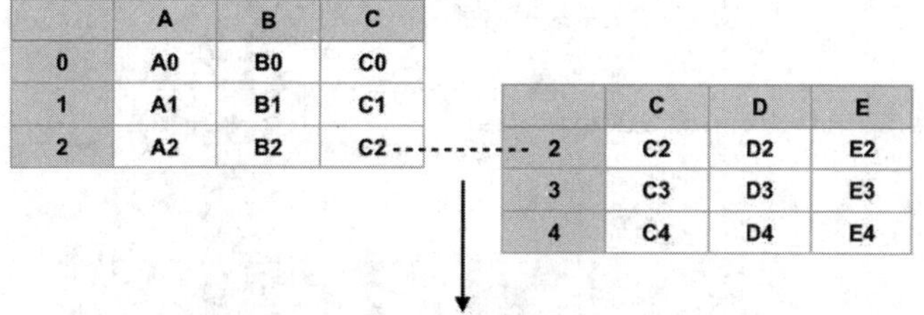

图 8.6 concat 横向合并

concat 方法也与 merge 方法类似，用一个 join 参数来设定合并的类型，例如：

```
pd.concat([df1, df4], axis=1, join='inner')
```

输出结果如下：

```
   A   B   C   C   D   E
2  A2  B2  C2  C2  D2  E2
```

合并结果如图 8.7 所示。

	A	B	C
0	A0	B0	C0
1	A1	B1	C1
2	A2	B2	C2

	C	D	E
2	C2	D2	E2
3	C3	D3	E3
4	C4	D4	E4

图 8.7　conat 的内连接方式

可以使用 reindex 方法调整索引后再合并。

```
pd.concat([df1, df4.reindex(df1.index)], axis=1)
```

输出结果如下：

```
    A   B   C   C   D   E
0   A0  B0  C0  NaN NaN NaN
1   A1  B1  C1  NaN NaN NaN
2   A2  B2  C2  C2  D2  E2
```

也可以使用 ignore_index=True 来直接忽略两个 DataFrame 重复的索引值，因为这些索引值本身没有实际意义。

```
pd.concat([df1, df4], ignore_index=True)
```

输出结果如下：

```
    A   B   C   D   E
0   A0  B0  C0  NaN NaN
1   A1  B1  C1  NaN NaN
2   A2  B2  C2  NaN NaN
3   NaN NaN C2  D2  E2
4   NaN NaN C3  D3  E3
5   NaN NaN C4  D4  E4
```

DataFrame 与 Series 之间也可以合并。用下面的代码对 df1 和 s1 进行横向合并：

```
df1 = pd.DataFrame({'A': ['A0', 'A1', 'A2'],
                    'B': ['B0', 'B1', 'B2'],
                    'C': ['C0', 'C1', 'C2']},
                   index=[0, 1, 2])
s1 = pd.Series(['X0', 'X1', 'X2'], name='X')
pd.concat([df1, s1], axis=1)
```

输出结果如下：

```
   A   B   C   X
0  A0  B0  C0  X0
1  A1  B1  C1  X1
2  A2  B2  C2  X2
```

Series 的名字是 X，在最终的合并结果中作为列名。

8.3.2 合并 Series

Series 之间也可以用 concat 方法合并，例如：

```
s1 = pd.Series([0, 1], index=['a', 'b'])
s2 = pd.Series([2, 3, 4], index=['c', 'd', 'e'])
s3 = pd.Series([5, 6], index=['f', 'g'])
pd.concat([s1, s2, s3])
```

输出结果如下：

```
a   0
b   1
c   2
d   3
e   4
f   5
g   6
dtype: int64
```

Series 的横向合并与 DataFame 类似，例如：

```
pd.concat([s1, s2, s3], axis=1)
```

输出结果如下：

```
    0    1    2
a   0.0  NaN  NaN
b   1.0  NaN  NaN
c   NaN  2.0  NaN
d   NaN  3.0  NaN
e   NaN  4.0  NaN
f   NaN  NaN  5.0
g   NaN  NaN  6.0
```

要区分合并后不同 Series 的数据，可以用 keys 参数，也可以使用字典形式来指定对应关系，例如：

```
pd.concat([s1, s2, s3], keys=['one', 'two', 'three'])
pd.concat({'level1': df1, 'level2': df2}, axis=1)
```

扫一扫，看视频

8.4 数据透视表

数据透视表用于分类汇总数据，Pandas 里制作数据透视表主要使用 pivot_table 方法。

制作数据透视表的时候，要确定这几个部分：行字段、列字段、数据区，数据透视表的结构如图 8.8 所示。

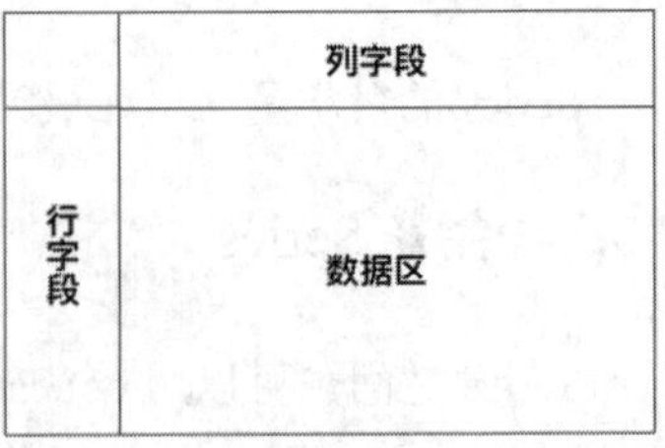

图 8.8　数据透视表的结构

pivot_table 方法的调用格式如下：

```
DataFrame.pivot_table(index, columns, values)
```

其中 index 参数对应行字段，columns 参数对应列字段，values 参数对应数据区。pivot_table 默认的汇总函数是 numpy.mean，也就是计算平均值。

下面结合实例讲解 pivot_table 的用法，用于示例的数据如下：

```
df = pd.DataFrame({'商品': ['洗衣机', '电风扇', '洗衣机', '电风扇', '空调', '空调'],
                   '品牌': ['A', 'B', 'C', 'A', 'B', 'C'],
                   '销售额': [11000, 21000, 13000, 41000, 25000, 56000],
                   '数量': [100, 200, 50, 60, 30, 40]})
```

商品作为行字段，品牌作为列字段，销售额放在数据区，设置代码如下：

```
df.pivot_table(index='商品', columns='品牌', values='销售额')
```

输出结果如图 8.9 所示。

商品作为行字段，品牌作为列字段，数量放在数据区，设置代码如下：

```
df.pivot_table(index='商品', columns='品牌', values='数量')
```

输出结果如图 8.10 所示。

品牌	A	B	C
商品			
洗衣机	11000.0	NaN	13000.0
电风扇	41000.0	21000.0	NaN
空调	NaN	25000.0	56000.0

图 8.9　商品销售数据透视表

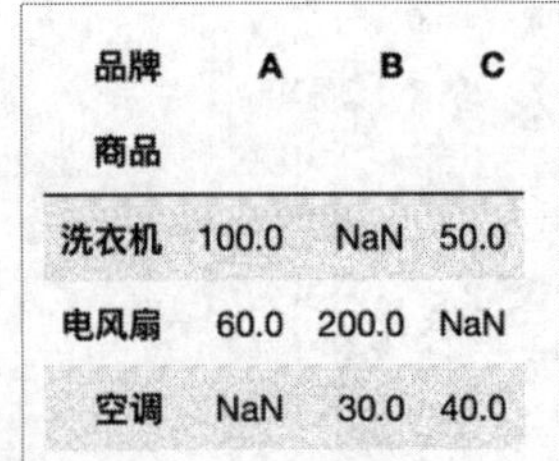

品牌	A	B	C
商品			
洗衣机	100.0	NaN	50.0
电风扇	60.0	200.0	NaN
空调	NaN	30.0	40.0

图 8.10　商品销售数据透视表

pivot_table 方法还支持对透视表进行统计，这个统计需要用到以下三个参数。

- aggfunc：聚合函数。
- margins：设定为 True。

- margins_name：统计量的名称。

调用的格式如下：

```
df.pivot_table(index='商品', columns='品牌', values='数量', aggfunc='count', margins=True, margins_name="汇总")
```

输出结果如图 8.11 所示。

图 8.11 里有缺失值，可以使用 fill_value 参数填充缺失值，例如：

```
df.pivot_table(index='商品', columns='品牌', values='数量', fill_value=0, aggfunc='count', margins=True, margins_name="汇总")
```

输出结果如图 8.12 所示。

品牌	A	B	C	汇总
商品				
洗衣机	1.0	NaN	1.0	2
电风扇	1.0	1.0	NaN	2
空调	NaN	1.0	1.0	2
汇总	2.0	2.0	2.0	6

图 8.11　数据透视表的汇总

品牌	A	B	C	汇总
商品				
洗衣机	1	0	1	2
电风扇	1	1	0	2
空调	0	1	1	2
汇总	2	2	2	6

图 8.12　数据透视表的汇总

8.5　小结

本章介绍了 Pandas 里的分组和聚合运算，主要讲解了以下知识点：

（1）利用 groupby 方法对数据分组。groupby 的常用调用形式如下：

- 按单列分组：df.groupby(by="列名")。
- 按多列分组：df.groupby(by=["列名 1", "列名 2"])。
- 按行索引分组：df.groupby(level=层数)。

（2）可以用 for 语句遍历数据分组。

（3）对分组可以调用各种聚合函数，也可以用 aggregate 方法一次调用多个聚合函数。

（4）分组之后可以使用 reset_index 和 unstack 方法调用索引，transform 方法可以把聚合统计结果与每行数据进行结合，filter 方法可以基于聚合结果对数据进行筛选。

（5）merge 方法可以连接多个数据表，既可以基于列来连接，也可以基于索引来连接。merge 方法的常用参数有以下几种。

- how，用于设定连接方式，有四种连接方式：left、right、inner、outer。
- on、left_on、right_on，设定用于连接的列。

- left_index、right_index，设定用于连接的行索引。

（6）数据表的合并有两种：横向合并和纵向合并。数据表的合并主要用 concat 方法，常用参数如下：

- axis，axis=1 代表按行索引合并；axis=0 代表按列索引合并。
- ignore_index，设置为 True 的时候会直接忽略两个 DataFrame 重复的索引值。
- keys，用于标记合并后的数据来自哪个 DataFrame。

（7）pivot_table 方法用于创建数据透视表，常用参数如下：

- values，设定数据透视表中的数据区。
- index，设定数据透视表中的行字段。
- columns，设定数据透视表中的列字段。
- aggfunc，设定汇总中使用的聚合函数。
- fill_value，用于填充汇总结果中的缺失值。
- margins、margins_name 这两个参数一起使用可以设置汇总行的显示和名称。

第 9 章

数据可视化

数据可视化是对数据的图形化表示，通过图像呈现数据的内在关系。数据可视化建立了图形标记和数据之间的系统映射，例如数值的分类和大小确定了图形的大小和颜色。为了清晰有效地传达信息，数据可视化综合运用了统计图表、信息图等。随着互联网和物联网的高速发展，每天都会产生数量庞大和关系复杂的数据，数据可视化成为从大量数据中挖掘出有用的信息的重要技术。

本章介绍的数据可视化主要是指利用 Python 类库绘制统计图表，这些图表是用来显示数据中一个或多个变量的模式或关系。本章首先介绍最简单的用 Excel 绘制统计图表的技巧，接着介绍了两套 Python 图表绘制类库，matplotlib 和 pyecharts，其中 matplotlib 使用更简单，pyecharts 功能更多。

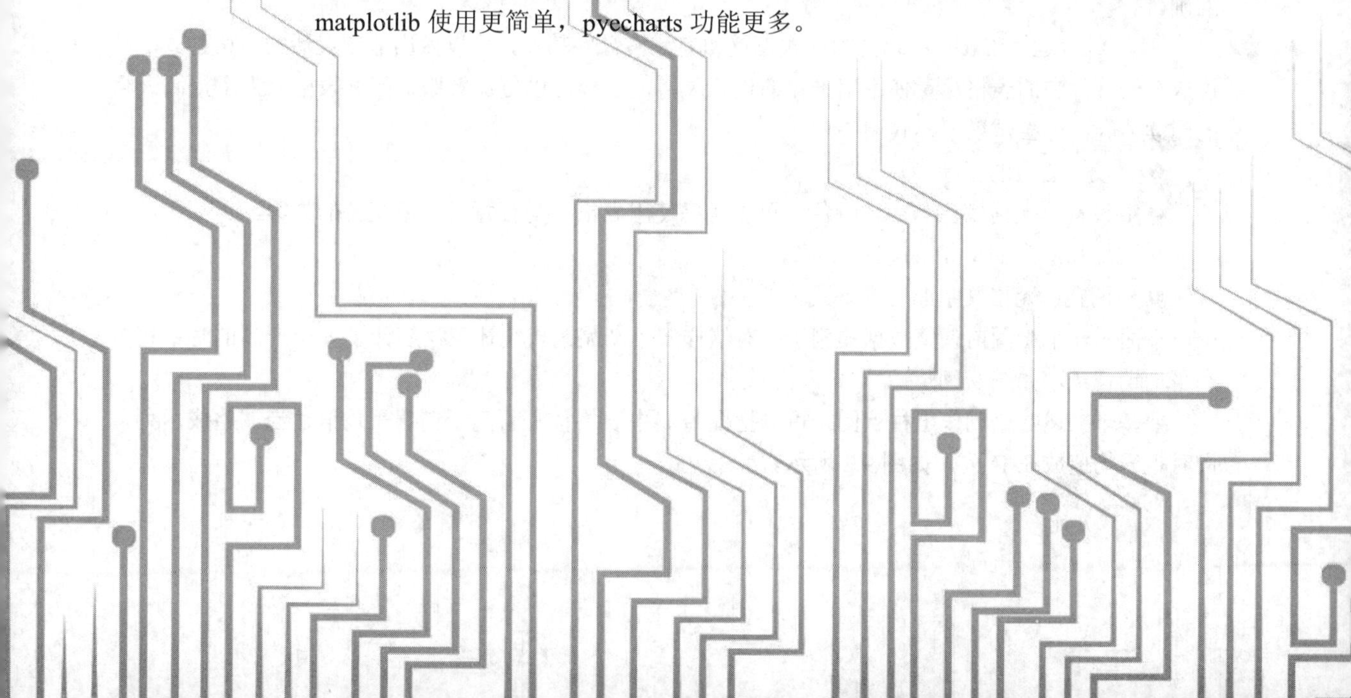

9.1 借助 Excel 画图

Excel 软件本身就有绘制图表的功能，所以我们可以把 Pandas 计算好的数据导出 Excel 格式，然后利用 Excel 的绘图功能绘制各种常用的图表。

用 Excel 绘制图表有以下优点：

（1）易于与 Microsoft PowerPoint、Microsoft Word 结合使用。

（2）利用可视化的界面，可以很方便地修改图表的样式和字体，非常直观，相比用 Python 绘制图表省去了不少编程的时间。

同时，用 Excel 绘制图表有以下缺点：

（1）有些常用的图表不支持。

（2）默认图表样式比较简陋，配色不好看。要在 Excel 里实现一些常见的图表效果，往往操作比较复杂。

（3）Excel 图表的交互性较差。

在实际数据分析工作中，对于比较简单的图表可以使用 Excel 来绘制，对于需要定时更新数据重复绘制的图表建议用 Python 来绘制。

下面讲解用 Excel 绘制图表的小技巧。

（1）绘制图表之前，按大小重新排序数据，这样柱状图之类的图表会按大小排列，显得更加整齐。

（2）绘制图表之前，适当地调整数据摆放方式，例如空行或错行。

（3）我们常常需要在图表中添加一条或多条参考线，如平均线、目标线。这时候一般是新建一列，放置对应的参考值，然后添加到图表中去。这种做法与手工添加参考线相比，操作结果更加准确。

（4）综合运用 Excel 单元格的样式设置和单元格合并功能，可以做出非常灵活的表格样式。建议放在幻灯片中的表格尽量使用扁平化的设计风格，这样可以更加舒服地阅读表格。为了提高表格的阅读体验，可尝试以下样式调整。

- 设置适当的行高。
- 设置单元格底色和字体颜色，可以考虑使用表格行与行背景颜色交替的方案。
- 增加适当的单元格边框。
- 调整单元格文字的对齐方式。

下面举一个绘图前调整数据的例子。有这样一个产品销售统计表，统计了 6 个产品的月销售量和平均销售量，如图 9.1 所示。

要基于上述数据制作出柱状图，可以把图 9.1 中表格按是否高于销售平均值适当调整成两列，同时把平均值放在 D 列，如图 9.2 所示。

	A	B	C
1	产品1	129	
2	产品2	113	
3	产品3	50	
4	产品4	66	
5	产品5	77	
6	产品6	89	
7	平均值	87	
8			
9			
10			

图 9.1　产品销售统计表

	A	B	C	D
1		销量高于平均值	销量低于平均值	平均
2	产品1	129		87
3	产品2	113		87
4	产品3		50	87
5	产品4		66	87
6	产品5		77	87
7	产品6	89		87
8				
9				

图 9.2　调整后的产品销售统计表

选择调整好之后的统计表中的 A1:C7 区域绘制堆积柱状图，如图 9.3 所示。

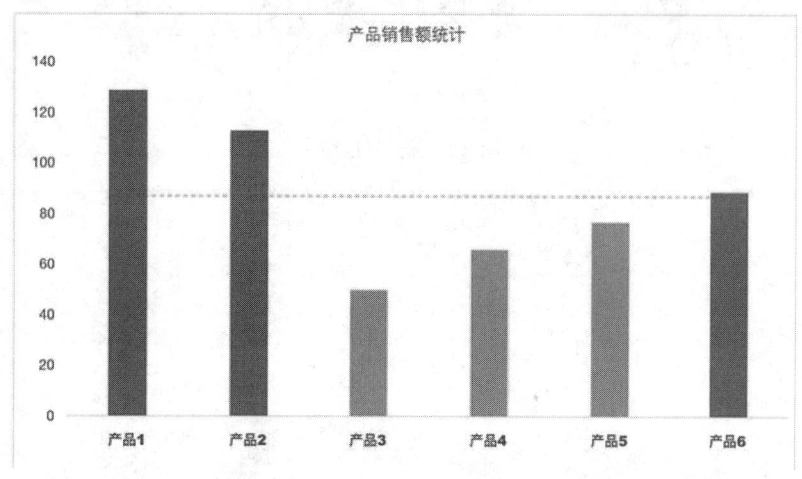

图 9.3　由绘图数据生成的堆积柱状图

最后选择 D 列数据复制粘贴到图表中，然后把新加的数据类型改成折线图，修改折线的颜色为红色，这样就可以准确地把参考线加到柱状图中。

接着举一个利用错行和空行绘图的例子。例如，某产品有两个不同的销售渠道的统计数据，如图 9.4 所示。

A	B	C	D	E
	总销量	渠道1	渠道2	
产品1	805	425	380	
产品2	654	525	129	
产品3	497	300	197	
产品4	1050	300	750	

图 9.4　销售统计数据

如果直接使用二维柱状图默认样式来表达这些数据，那么效果如图 9.5 所示。

如果从图 9.4 中表格不能直观地感受不同渠道销售量与总销售量之间的差别，可以对数据进行适当修改，增加空行和错行，如图 9.6 所示。

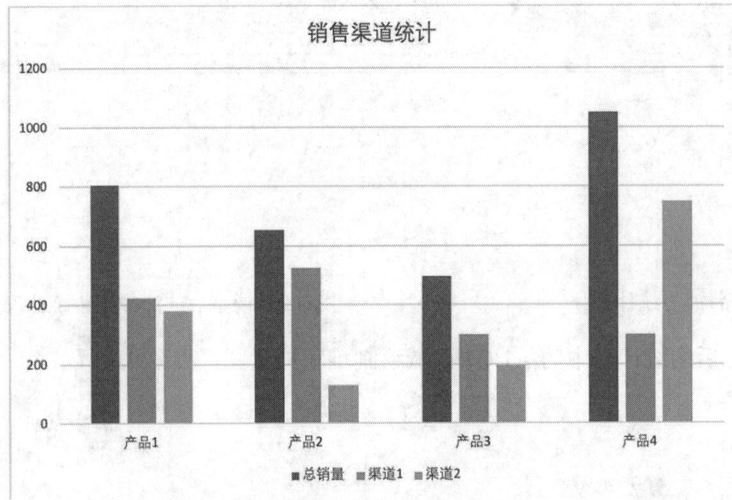

图 9.5　初始柱状图

	A	B	C	D
1		总销量	渠道1	渠道2
2	产品1	805		
3	产品1		425	380
4				
5	产品2	654		
6	产品2		525	129
7				
8	产品3	497		
9	产品3		300	197
10				
11	产品4	1050		
12	产品4		300	750
13				

图 9.6　空行和错行处理之后的数据

选定 A1:D12 区域，绘制堆积柱状图，如图 9.7 所示。

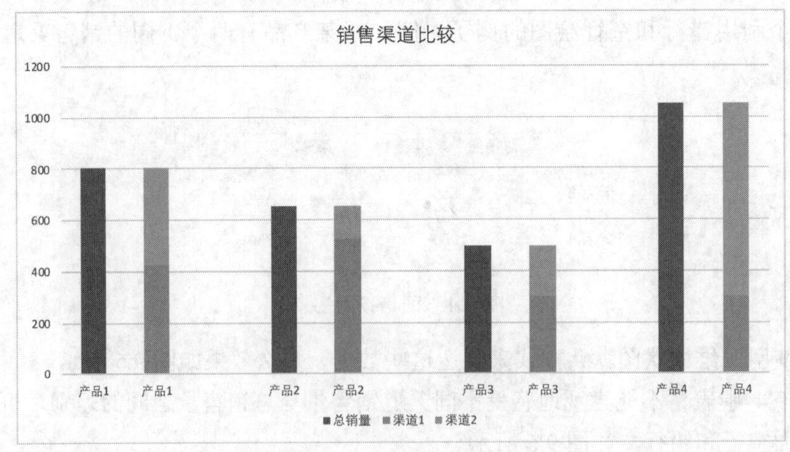

图 9.7　堆积柱状图

显然，修改之后的图表更加直观，更方便分析比较每个产品的渠道销售占比。

9.2 用 matplotlib 画图

扫一扫，看视频

Pandas 的内置函数库会调用 matplotlib 来完成绘图。matplotlib 是一个提供类似于数学软件 MATLAB 的绘图功能的类库。

本节首先介绍绘图的常规流程，然后分别介绍几种常用图表的制作方法。对于每种图表的讲解一般分为四部分：

- 图表的简单介绍。
- 图表的数据准备。
- 图表的实例。
- 图表使用的注意事项。

9.2.1 初始化

使用 Pandas 内置的函数库绘制之前需要进行一系列的设定，设置的步骤如下。

（1）引入一个函数库 matplotlib 和 pyplot 类，代码如下：

```
import matplotlib
# 导入matplotlib的pyplot，并以plt作为简写
import matplotlib.pyplot as plt
```

（2）用 plt.figure()创建一个新的图表。用 matplotlib 绘制的图像都存在一个 Figure 对象中。

```
plt.figure()
```

（3）设置字体。在图表中要正常显示中文字体，需要用以下代码设定中文字体，否则图表中的中文字符会变成方框。可以通过下面的命令查出 matplotlib 支持的字体：

```
matplotlib.font_manager.fontManager.ttflist
```

结果如下：

```
[<Font 'cmex10' (cmex10.ttf) normal normal 400 normal>,
 <Font 'STIXSizeThreeSym' (STIXSizThreeSymReg.ttf) normal normal regular normal>,
 <Font 'STIXGeneral' (STIXGeneral.ttf) normal normal regular normal>,
 <Font 'Source Han Sans SC' (思源黑体SC-Light.otf) normal normal light normal>,
 ]
```

例如，要使用思源黑体，可以使用以下代码进行设置。

```
# “Source Han Sans SC”来自上面输出的第四行
matplotlib.rcParams['font.family']="Source Han Sans SC"
```

本章统一使用以下字体设置。

```
matplotlib.rcParams['font.sans-serif'] = ['SimHei']
matplotlib.rcParams['font.family']='Microsoft YaHei'
```

（4）设定输出图表的格式为 SVG。matplotlib 默认生成的统计图表不太清晰，要解决这个问题，可以在 Jupyter 中运行以下命令行，把生成的图片设置为 SVG 格式。

```
%config InlineBackend.figure_format = 'svg'
```

（5）修改坐标轴负号无法正常显示的问题。

```
matplotlib.rcParams['axes.unicode_minus'] = False
```

（6）设置图表风格（可选）。matplotlib 内置了很多图表风格样式。在 Jupyter 中运行以下命令，可以查看可使用的风格。

```
matplotlib.style.available
```

结果如下：

```
['Solarize_Light2',
 '_classic_test_patch',
 'bmh',
 'classic',
 'dark_background',
 'fast',
 'fivethirtyeight',
 'ggplot',
 'grayscale',
 'seaborn',
 'seaborn-bright',
 'seaborn-colorblind',
 'seaborn-dark',
 'seaborn-dark-palette',
 'seaborn-darkgrid',
 'seaborn-deep',
 'seaborn-muted',
 'seaborn-notebook',
 'seaborn-paper',
 'seaborn-pastel',
 'seaborn-poster',
 'seaborn-talk',
```

```
 'seaborn-ticks',
 'seaborn-white',
 'seaborn-whitegrid',
 'tableau-colorblind10']
```

这个命令返回的结果是一个 Python 列表，每个列表元素代表一种图表风格。每种风格的具体示例可以参考网址 https://matplotlib.org/3.2.0/gallery/style_sheets/style_sheets_reference.html。

例如，要使用“tableau-colorblind10”这种风格，可以在绘图之前添加如下代码：

```
matplotlib.style.use('tableau-colorblind10')
```

9.2.2 plot 方法

设置好基础绘图选项之后，准备用于绘制的数据，这些数据存放在 Series 和 DataFrame 中，最后调用 Series 或 DataFrame 的 plot 方法绘制统计图表。每种统计图表对于 Series 和 DataFrame 的结构要求都不同，后面将详细介绍。plot 方法有一个 kind 参数可以设定绘制图表的种类，kind 参数值与对应的图表关系见表 9.1。

表 9.1 kind 参数值与对应的图表关系

kind 参数值	图表
line	折线图
bar	柱状图
barh	横向柱状图
hist	直方图
box	箱形图
area	面积图
pie	饼图
scatter	散点图

设置不同的参数值，就可以绘制不同类型的图表。调用 plot 方法之后，就会在 Jupyter 中显示绘制结果。要修改图表，只需要修改数据和 plot 方法的选项并重新运行代码，图表便会刷新。

9.2.3 折线图

折线图是一个由直角坐标系和一些线段组成的统计图表，常用于表示数值随着时间或有序类别变化的情况。其中 x 轴一般是连续的时间或事物的不同阶段，y 轴一般是定量变量，y 轴的数据有可能是负数，线段用于连接两个相邻的点。

折线图上可以有多组数据，用于分析多组数据之间的相互影响和关系。折线的斜率代表数据的变化程度，斜率越大，变化越大；斜率越小，变化越小。

Pandas 中用于折线图的数据一般是一个 Series，行索引对应折线图的 x 轴，Series 的数据对应折线图的 y 轴。如果是绘制多个数据系列的折线图，用于绘制的数据是一个 DataFrame，一列数据对应一个数据系列。

如图 9.8 所示为把 2019 年 1 月至 5 月的电视机销量数据绘制成折线图，其中 kind 参数是“line”，代表绘制的图表是折线图，title 参数用于设置图表标题。

```
ts = pd.Series([10,11,8,14, 13], index=pd.date_range('1/1/2019', periods=5))
ts.plot(kind="line", title="电视每月销售量")
```

输出结果如图 9.8 所示。

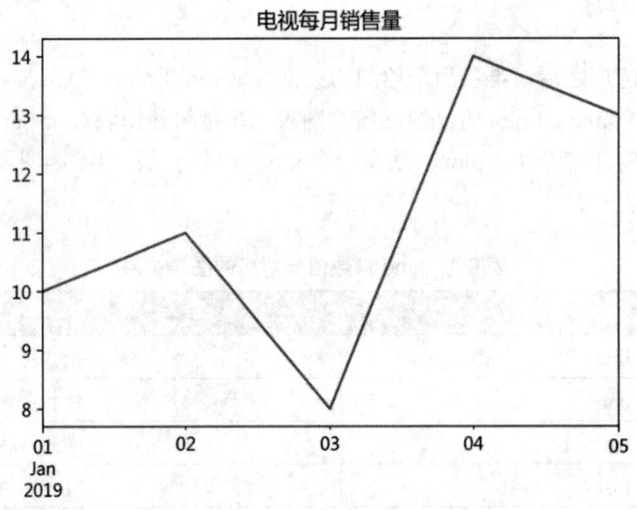

图 9.8　电视每月销售量

折线图的 x 轴可以使用中文时间，修改 DataFrame 的 index 即可实现。例如，下面有一份广州市某年每月的日均最高气温和日均最低气温的数据，索引是十二个月份的名称。

```
ts = pd.DataFrame({
    "日均最高气温" : [19, 20, 23, 27, 31, 33, 34, 34, 33, 30, 25, 20],
    "日均最低气温" : [10, 12, 16, 21, 25, 27, 27, 27, 25, 21, 18, 12],
}, index=["一月", "二月", "三月", "四月", "五月", "六月", "七月", "八月", "九月", "十月",
"十一月", "十二月"])
```

用 plot 方法绘制成折线图，十二个月份成为 x 轴的刻度。

```
ts.plot (kind="line", title="广州每月气温走势")
```

运行结果如图 9.9 所示。

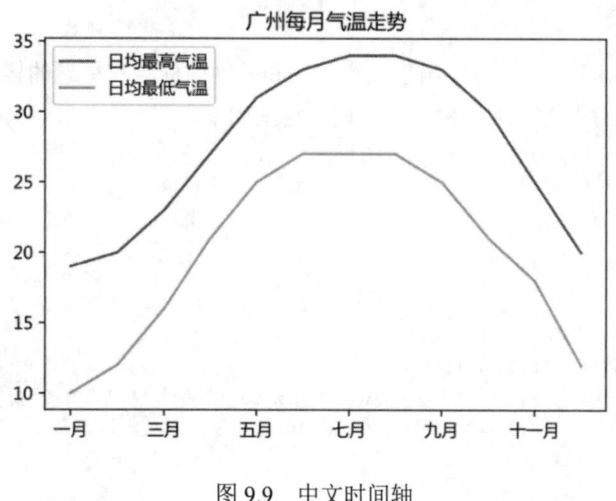

图 9.9　中文时间轴

使用折线图时，要注意以下几点：

（1）不要在折线图中放入过多的数据组以免影响阅读。如图 9.10 所示，折线图中有 6 组数据，多个折线交织在一起，难以分析。

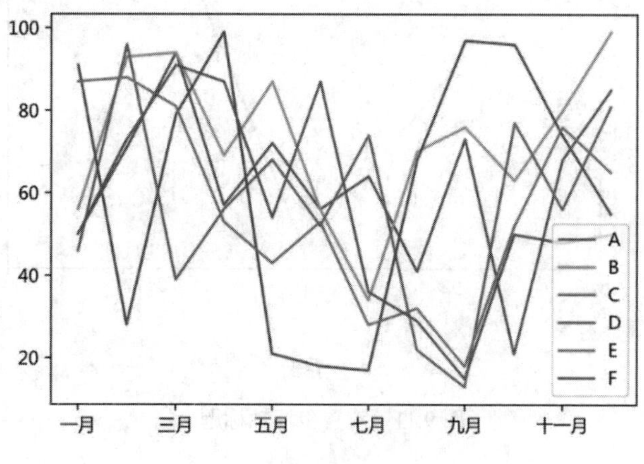

图 9.10　组数太多的折线图

（2）变量数值大多为 0 的情况下，不适宜使用折线图。

（3）如果 x 轴的节点过多，不适宜使用折线图。

9.2.4　图表常用参数设置

9.2.3 小节介绍完折线图之后，本小节接着以折线图为例，介绍 matplotlib 图表常用的参数设置，这些参数对于大部分有直角坐标系的图表都是适用的。

1．设置坐标轴标题

pyplot 的 xlabel 和 ylabel 方法可以用于设置 x 轴和 y 轴的标题和标题的样式，可以通过 labelpad 参数控制标题与坐标轴的距离。这两种方法的调用格式如下：

```
xlabel(xlabel, labelpad)
ylabel(ylabel, labelpad)
```

下面是设置坐标轴标题的例子。

```
plt.xlabel("月份", labelpad=10)
plt.ylabel("销售量", labelpad=10)
ts = pd.Series([10,11,8,14, 13], index=pd.date_range('1/1/2019', periods=5))
ts.plot(kind="line", title="电视每月销售量")
```

输出结果如图 9.11 所示。

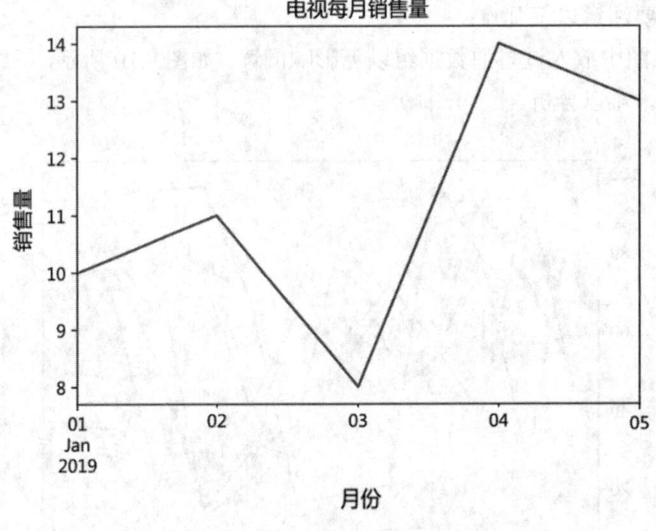

图 9.11　设置坐标轴标题

2．定义坐标轴刻度

xticks 和 yticks 方法可以用于自定义 x 轴和 y 轴的刻度。两个方法的参数都是一个列表，例如：

```
plt.yticks(range(8, 15))
plt.xticks(range(0, 5),["一月", "二月", "三月", "四月", "五月"])
ts = pd.Series([10,11,8,14, 13])
ts.plot(kind="line", title="电视每月销售量")
```

输出结果如图 9.12 所示。

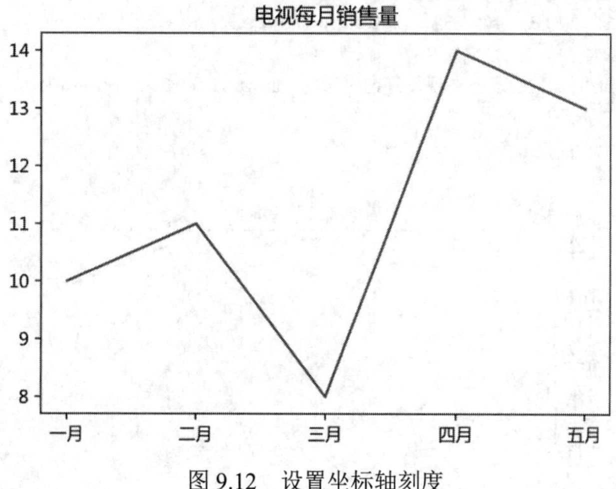

图 9.12 设置坐标轴刻度

3．设置坐标轴范围

坐标轴的范围是指 x 轴和 y 轴的最大值和最小值。plot 方法的参数 xlim 和 ylim 可以用于设置 x 轴和 y 轴的范围，参数类型是 Python 元组，其中列表第一个值是最小值，第二个值是最大值。示例如下：

```
ts = pd.Series([10,11,8,14, 13], index=pd.date_range('1/1/2019', periods=5))
ts.plot(kind="line", title="电视每月销售量", ylim=(0, 20))
```

输出结果如图 9.13 所示。

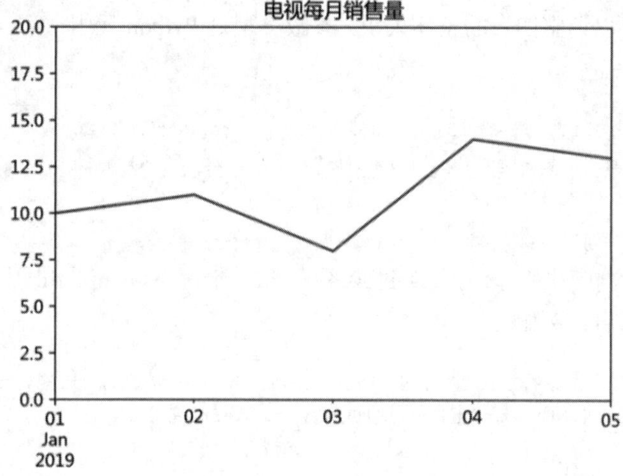

图 9.13 设置坐标轴范围

4．设置坐标轴的字体大小和方向

fontsize 参数用于设置坐标轴的字体大小，rot 参数用于设置 x 轴标签的方向，例如：

```
ts = pd.Series([10,11,8,14, 13], index=pd.date_range('1/1/2019', periods=5))
# 这里把字体设置明显大一些
ts.plot(kind="line", title="电视每月销售量", fontsize=20, rot=60)
```

输出结果如图 9.14 所示。

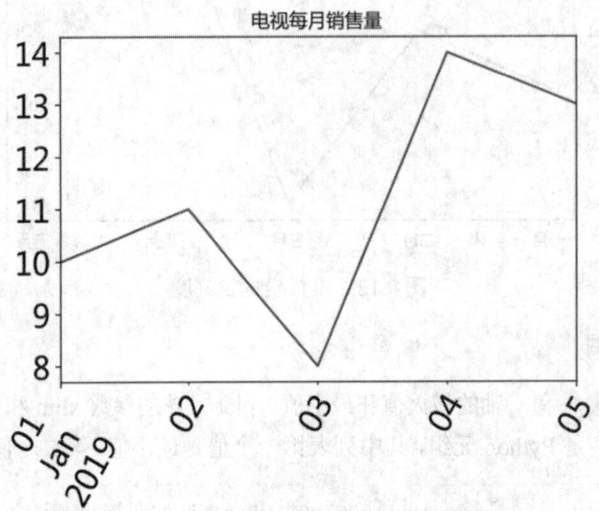

图 9.14　设置坐标轴的字体大小和方向

5．调整图表的大小

利用 figsize 参数可以调整图表的整体大小，参数类型是 Python 元组，第一个值代表宽度，第二个值代表长度，例如：

```
ts = pd.Series([10,11,8,14, 13], index=pd.date_range('1/1/2019', periods=5))
ts.plot(kind="line", title="电视每月销售量", figsize=(4,4))
```

6．添加网格线

网格线是坐标轴上刻度线的延伸，并穿过绘图区。默认情况下，matplotlib 中的网格线是关闭的。可以设置 grid 参数来开启，例如：

```
ts = pd.Series([10,11,8,14, 13], index=pd.date_range('1/1/2019', periods=5))
ts.plot(kind="line", title="电视每月销售量", grid=True)
```

输出结果如图 9.15 所示。

7．图例的设置

图例是对图表上不同符号和颜色指代内容的说明。例如，当图表中有多个不同颜色的折线时，图例可以清晰地指出哪条折线对应哪个数据系列，plot 方法的 legend 参数用于控制图例的显示。

```
ts = pd.Series([10,11,8,14, 13], index=pd.date_range('1/1/2019', periods=5), name="销量")
ts.plot(kind="line", title="电视每月销售量", legend=True)
```

输出结果如图 9.16 所示。

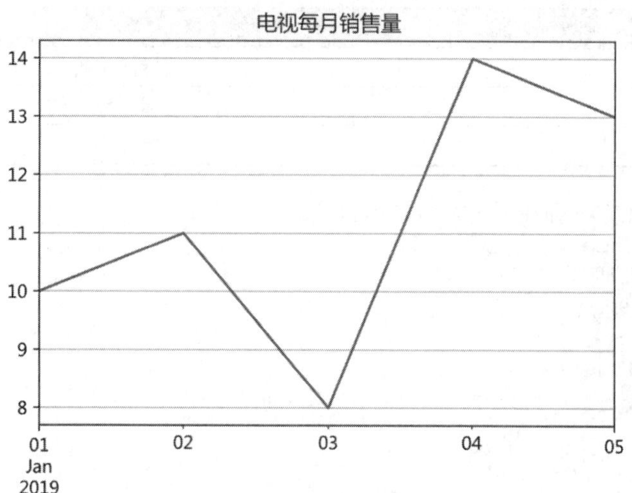

图 9.15　y 轴添加网格线

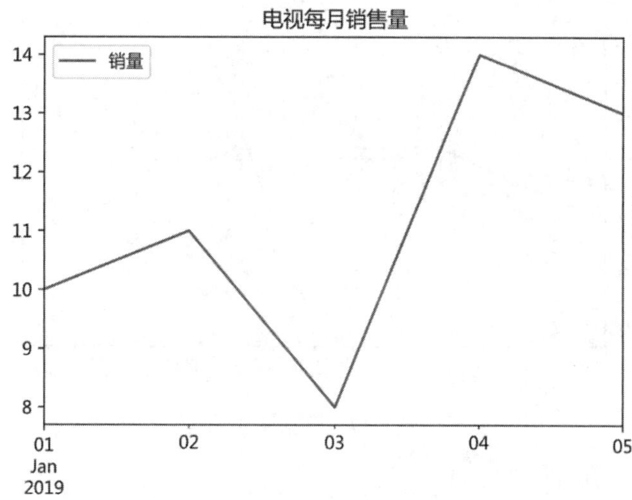

图 9.16　控制图例显示

8．数据标注

有时需要在图表特定的位置标注文字，用 matplotlib 的 text 方法可以实现这个功能。text 方法的调用格式如下：

```
plt.text(x, y , text)
```

text 方法的参数和说明见表 9.2。

表 9.2　text 方法的参数和说明

参　数	说　明
x	标注位置的 x 轴坐标
y	标注位置的 y 轴坐标
text	标注文字

下面的示例用 text 方法标注了二月份的销售额。

```
ts = pd.Series([10,11,8,14, 13])
plt.yticks([8, 9, 10, 11, 12])
plt.xticks(range(0, 5),["一月", "二月", "三月", "四月", "五月"])
plt.text(1, 11, "11")
tsplot = ts.plot(kind="line", title="电视每月销售量")
```

输出结果如图 9.17 所示。

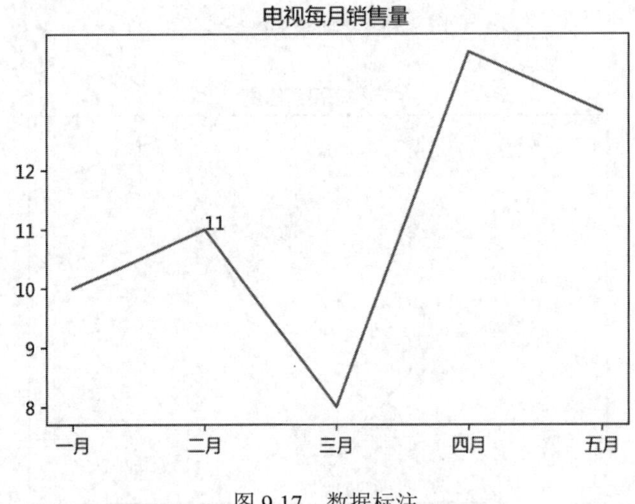

图 9.17　数据标注

9.2.5　柱状图

柱状图是一种很常用的统计图表，主要用于对分类数据的比较。柱状图的其中一条轴是分类变量，每一个分类对应一条柱子，另外一条轴是定量数据，数值的大小决定柱子的高度。

柱状图衍生了各种统计图表，如簇状柱状图，柱状图还可以与折线图结合起来使用。

pyecharts 中绘制柱状图有两个方法：bar 和 barh，其中 bar 方法用于绘制纵向的柱状图，barh 方法用于绘制横向的柱状图。

用于绘制柱状图的数据一般是一个 Series，行索引对应柱状图的若干个分类，例如：

```
s1 = pd.Series([1, 2, 3], index=["类别 1", "类别 2", "类别 3"])
类别 1    1
类别 2    2
类别 3    3
dtype: int64
```

下面是 bar 方法和 barh 方法的实例。示例数据是一个手机配件销售店铺 2017 年和 2018 年的销售数据，数据存放在一个名为 phone_sale.xlsx 的 Excel 文件中，文件的内容如图 9.18 所示。

先统计每个产品分类的销售额总和，然后用 bar 方法绘制柱状图进行比较。

```
saleDf = pd.read_excel("phone_sale.xlsx")
saleSum = saleDf.groupby("产品类别").sum()
saleSum.plot(kind='bar', rot=360, legend=False)
```

运行结果如图 9.19 所示。

	A	B	C
1	产品类别	销售额	订单日期
2	手机壳	378	2018-07-12 00:00:00
3	手机支架	322	2018-06-23 00:00:00
4	手机支架	488	2018-05-15 00:00:00
5	手机支架	482	2018-03-03 00:00:00
6	手机壳	312	2018-10-07 00:00:00
7	手机壳	142	2018-11-23 00:00:00
8	手机支架	258	2017-11-13 00:00:00
9	手机壳	123	2017-01-17 00:00:00
10	手机支架	349	2017-03-21 00:00:00
11	手机支架	137	2017-04-24 00:00:00
12	手机支架	193	2017-06-06 00:00:00
13	U盘	465	2017-03-11 00:00:00
14	手机壳	397	2018-03-29 00:00:00
15	手机壳	270	2018-08-24 00:00:00
16	手机壳	173	2018-04-03 00:00:00
17	手机壳	496	2017-03-22 00:00:00

图 9.18　phone_sale.xlsx 文件内容

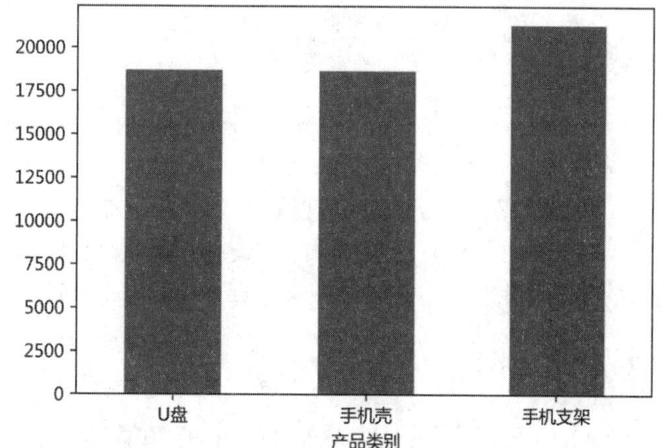

图 9.19　柱状图

按年份统计每个产品分类的销售额，然后用 barh 方法绘制堆叠柱状图进行比较，代码如下：

代码 9-1　绘制堆叠柱状图

```
# 从 Excel 表里导入数据，并把订单日期的年份提取到新的列
saleDf = pd.read_excel("phone_sale.xlsx")
saleDf['year'] = pd.DatetimeIndex(saleDf['订单日期']).year
saleDf
# 按年份计算每个类别的销售额
statDf = saleDf.groupby(["产品类别", "year"]).sum()
# 用 barh 方法绘制堆叠柱状图
barplot = statDf.unstack().plot(kind="barh", stacked=True)
# x 轴最大值是 25000
```

```
plt.xlim(0, 25000)
# 调整图例
barplot.legend(loc=4, title="", fontsize=8)
```

运行结果如图 9.20 所示。

基于销售额统计结果绘制的堆叠柱状图如图 9.21 所示。

		销售额
产品类别	year	
U盘	2017	8685
	2018	10021
手机壳	2017	6130
	2018	12541
手机支架	2017	10172
	2018	11145

图 9.20　各个类别的销售额

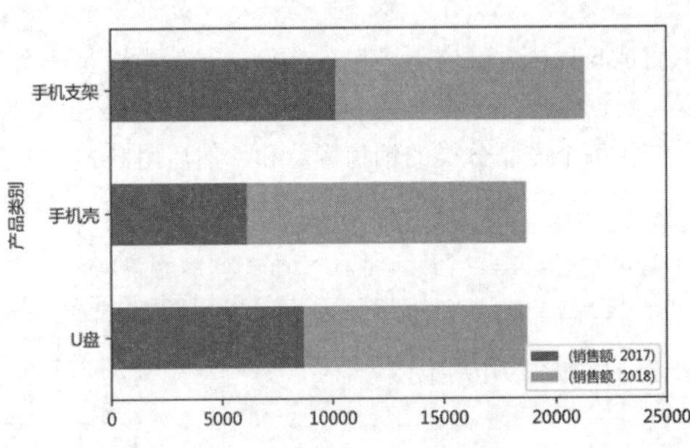

图 9.21　堆叠柱状图

从图 9.21 可以看出手机壳和 U 盘在 2018 年的销售额都比 2017 年多。

柱状图的使用要注意几点：

（1）原点位置必须为 0，以免误导读者。

（2）对柱子进行适当的排序，使得重点信息更突出。

（3）注意与直方图区分开来，直方图的柱子是连续的，柱状图的柱子是离散的。

9.2.6　直方图

直方图由一系列高度不同的条纹组成，用于表示数据的分布状况。直方图的横轴表示各个数值区间，纵轴是各个区间上的频数。直方图的数据均为连续的数值变量，所以柱子间是没有空隙的。

创建直方图时，一般先确定组距，然后按组距划分数值区间，计算每个区间上的频数，最后依据频数绘制矩形。在实际操作中，往往会用几个不同的组距来绘制直方图，看看哪个更能反映数据的规律。

Pandas 中绘制直方图比较简单，由 bins 参数设置直方图组数，一般情况下会设置 grid=False 关闭网格线。

用于绘制直方图的数据一般是一个长度较大而且数据都是数值类型的 Series。

下面是绘制直方图的实例。示例数据是一份手机配件的利润统计表，如图 9.22 所示。这个表总共有三列：产品类别、利润、订单日期。

	A	B	C
1	产品类别	利润	订单日期
2	手机壳	36	2017-11-18 00:00:00
3	手机壳	46	2017-05-19 00:00:00
4	U盘	34	2017-12-02 00:00:00
5	U盘	33	2018-01-27 00:00:00
6	手机壳	38	2018-02-21 00:00:00
7	手机支架	22	2018-05-25 00:00:00
8	手机壳	18	2017-08-03 00:00:00
9	手机支架	22	2017-03-20 00:00:00
10	手机支架	27	2018-12-31 00:00:00
11	U盘	44	2017-05-09 00:00:00
12	手机壳	20	2017-05-02 00:00:00
13	U盘	37	2017-07-11 00:00:00
14	手机壳	14	2018-03-30 00:00:00
15	手机支架	34	2017-09-24 00:00:00
16	手机壳	19	2017-07-25 00:00:00
17	手机支架	46	2018-05-19 00:00:00
18	U盘	22	2017-02-19 00:00:00
19	手机支架	43	2018-09-13 00:00:00

图 9.22 利润统计表

对利润列调用 plot 方法，以观察订单利润的分布情况。

```
profitDf = pd.read_excel("phone_profit.xlsx")
profitDf['利润'].plot(kind="hist", grid=False, bins=5)
```

绘制结果如图 9.23 所示。

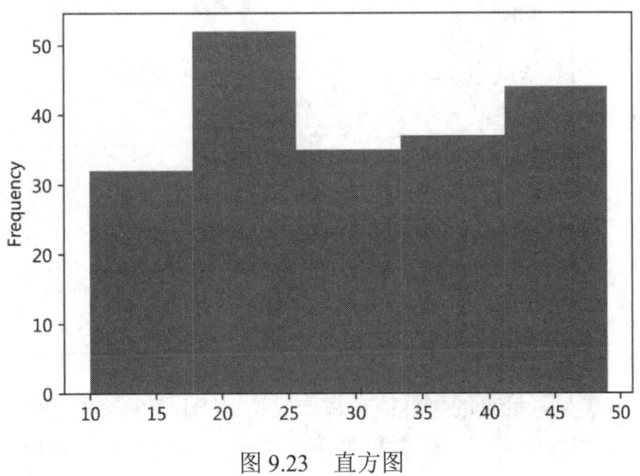

图 9.23 直方图

从图 9.23 可以看到利润在 20～25 之间的订单最多。

直方图与柱状图不一样，不能对分类的数据进行比较。

直方图的常用参数见表 9.3。

表 9.3　直方图的常用参数表

参　　数	说　　明
grid	是否显示网格
bins	直方图组数
figsize	直方图所在画布的大小

9.2.7　箱形图

箱形图在 1977 年由美国著名统计学家约翰图基发明。它能显示出一组数据的最大值、最小值、中位数及上下四分位数，箱形图的结构如图 9.24 所示。箱子中间的线段代表中位数，箱子的顶部线段代表上四分位数，箱子的底部线段代表下四分位数。对于所有用于绘制箱形图的数值从大到小排列，大约有 25%的数字大于上四分位数，大约有 25%的数字小于下四分位数，上四分位数一般记为 Q3，下四分位数一般记为 Q1。

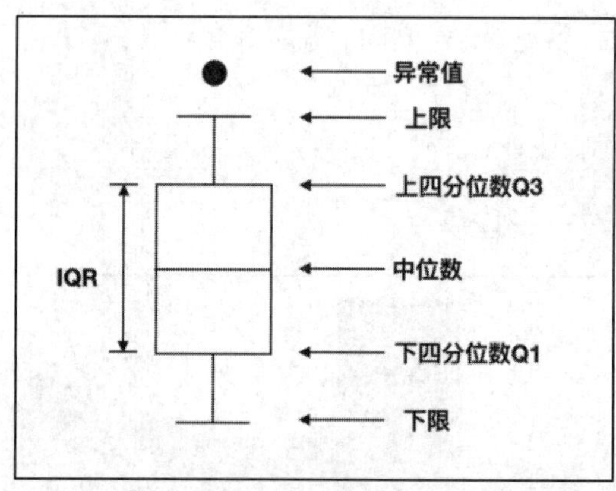

图 9.24　箱形图的结构

箱形图中有一个重要的数值，就是 IQR。IQR 是 Inter Quartile Range 的简写，计算公式是 IQR=Q3−Q1，其实就是盒子的长度。箱子顶部和底部分别延伸出一条线段，线段的末端都有一条横线，对应着上限和下限，上限和下限与 IQR 有关。

箱形图上还会标记离群值，这里的离群值是指一般超出[Q1−1.5*IQR, Q3+1.5*IQR]的范围的数值。

箱形图用非常简单的形式表示了一组数据的分布情况。通过箱形图可以很容易地看出各种重要的统计值，如中位数、上下四分数等，也可以看出数据的分布情况、离群点。通常用箱形图概括多组数据的分布情况。

箱形图只能展示数据的大概分布情况，如果要看详细分布，可以使用小提琴图。

用于绘制单个箱形图的数据一般是一个数值类型的 Series。如果绘制多个箱形图就是一个 DataFrame，每一列对应一个箱体。

下面以分析产品订单销售额的分布状况为例，展示如何使用箱形图。首先从 Excel 文件导入订单数据，然后把数据调整成指定的格式，最后调用 plot 方法绘制箱形图。

```
profitDf = pd.read_excel("phone_sale2.xlsx")
category = []
columns=[]
for n, group in profitDf.groupby("产品类别"):
    category.append(pd.Series(group['销售额'].values))
    columns.append(n)

df = pd.concat(category, axis=1, keys=columns)
df.plot(kind='box')
```

输出结果如图 9.25 所示。

df 内容如图 9.26 所示。

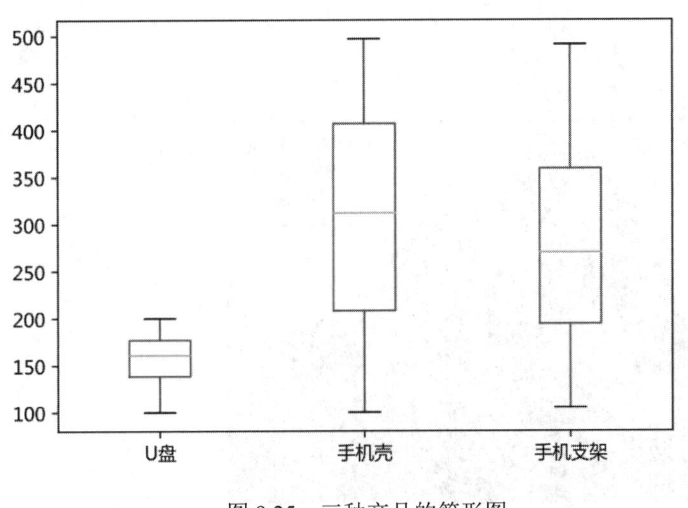

图 9.25　三种产品的箱形图

	U盘	手机壳	手机支架
0	195.0	378.0	322
1	119.0	312.0	488
2	179.0	142.0	482
3	100.0	123.0	258
4	148.0	397.0	349
...	...	...	...
70	NaN	NaN	137
71	NaN	NaN	249
72	NaN	NaN	198
73	NaN	NaN	301
74	NaN	NaN	237

图 9.26　三种产品的销售额

从图 9.25 中可以看出手机壳和手机支架订单销售额的中位数的差异不大，但是 U 盘的订单销售额主要集中在 150 元附近，相比其他两个品类偏低。

9.2.8　堆叠面积图

堆叠面积图是由折线图演变而来，在折线图的基础上把折线与坐标轴之间的区域用颜色填充起来。因此，堆叠面积图与折线图一样，用来表示数值随时间变化的趋势。

堆叠面积图把多个数据系列堆叠起来，既能看到单个数据系列的走势，也能看到多个数据系列之和的走势。

使用堆叠面积图要注意以下几点：

（1）当数据系列过多时，往往难以阅读分析。

（2）数据系列中包含负数的时候，不适合使用堆叠面积图。

（3）当 x 轴是分类数据时，不适合使用堆叠面积图，可以考虑用堆叠柱状图代替。

下面的例子先用一个 DataFrame 对象存储了一个服装店 2019 年四个品类的销售数量，然后基于这些数据绘制面积图。这四个品类分别是连衣裙、碎花裙、雪纺裙、长裙，假定这个店只售卖这四种裙子。

用于绘制堆叠面积图的数据与多数据系列的折线图类似。

```
tsindex = pd.date_range(start='1/1/2019', periods=12, freq='M')
df = pd.DataFrame({
    '连衣裙':  [4, 5, 8, 5, 8, 9, 4, 7, 8, 4, 4,7],
    '碎花裙':  [3, 3, 2, 2, 2, 3, 3, 2, 3, 3, 2, 3],
    '雪纺裙':  [3, 4, 2, 3, 7, 3, 6, 2, 4, 3, 2, 3],
    '长裙':  [13, 17,  2, 14, 14, 17, 13, 15,  8, 7, 6, 8],
}, index=tsindex)
df.plot.area()
```

堆叠面积图如图 9.27 所示。

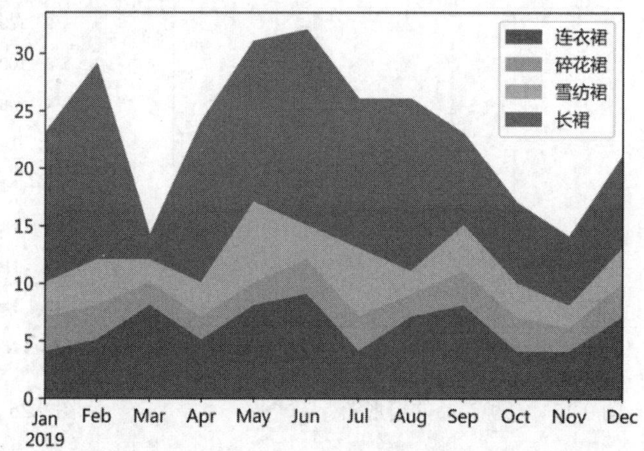

图 9.27　堆叠面积图

从图 9.27 中既可以看到女裙整体的变化趋势，也可以看出每个子分类随着时间变化的情况。例如，3 月份长裙的销售数量大幅减少。

可以基于上面的数据做一个百分比堆叠面积图。

```
statDf = df.copy()
statDf['count'] = df['连衣裙'] + df['碎花裙'] + df['雪纺裙'] + df['长裙']
statDf['连衣裙'] = df['连衣裙'] / statDf['count']
statDf['碎花裙'] = df['碎花裙'] / statDf['count']
statDf['雪纺裙'] = df['雪纺裙'] / statDf['count']
statDf['长裙'] = df['长裙'] / statDf['count']
```

```
statDf.drop(columns=['count']).plot.area()
```

绘图结果如图 9.28 所示：

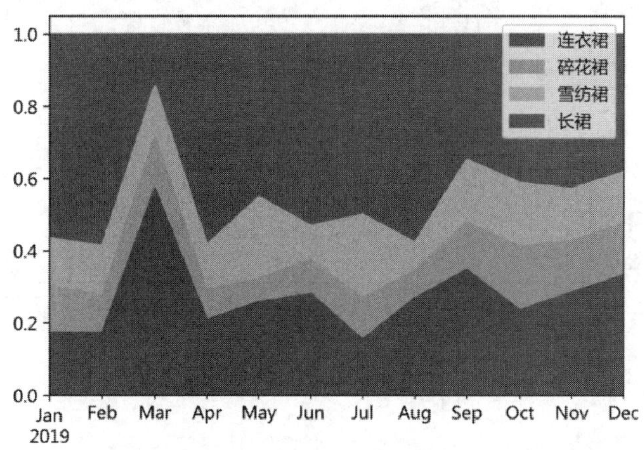

图 9.28　百分比堆叠面积图

9.2.9　散点图

散点图是把数据以点的形式记录在直角坐标系中，一般是取两种数值型数据分别作为 x 轴坐标值和 y 轴坐标值。从散点图可以看出数据的分布状况，从而分析出两个变量之间的相关性，如分析各类产品的销售额与推广费用之间的关系。另外，还可以通过给点着色或者调整点的大小来表示更多关于类别的信息。

如果两个变量的散点图集中在一条直线的附近，那么可以推测这两个变量是线性相关的。如果两个变量的散点图集中在一条曲线的附近，那么可以推测这两个变量是非线性相关。

散点图可以用于分析两个变量的相关性，但是不能直接分析出两个变量的因果关系。例如，销售额与推广费用之间呈线性关系，但是不能得出销售额高是因为推广费用高的结论。

用于绘制散点图的数据一般在 DataFrame 中。用 plot 方法绘制散点图时，要设定 x 和 y 两个参数，其中参数 x 对应 x 轴，参数 y 对应 y 轴，这两个参数的值分别对应 DataFrame 的两个数值型的列。

```
promotionDf = pd.read_excel("ads.xlsx")
promotionDf.plot (kind="scatter", x='销售额', y='推广费用')
```

输出结果如图 9.29 所示。

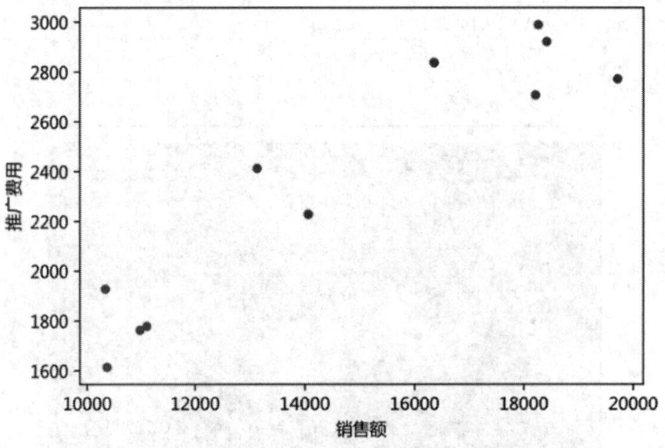

图 9.29　销售额与推广费用的散点图

计算这两列的相关系数：

```
promotionDf.corr()
```

输出结果如下：

```
       销售额       推广费用
销售额   1.000000  0.933813
推广费用 0.933813  1.000000
```

从计算结果可以看到销售额与推广费用的相关系数是 0.933 813，说明二者呈现明显的线性关系。

以下情况不适合使用散点图。

（1）数据集的数据量较少，难以判断变量之间的相关性。

（2）散点的分类过多，无法快速识别不同的分类。

9.2.10　饼图

饼图是一个包含若干个扇形的圆形统计图表，扇形的面积大小表示每个部分占总体的比例。饼图中规定各个扇形所占的百分比加起来必须等于 100%。

饼图常用来展示某个事物各个部分的比例构成。绘制饼图需要一个分类数据字段和一个连续数据字段。用于绘制饼图的数据与柱状图类似，是一个 Series，其中行索引是分类数据字段。

绘制饼图的示例代码如下，参数 figsize 用于控制饼图的大小。

```
pieData = pd.Series([300, 210, 100, 50], index=['a', 'b', 'c', 'd'], name='series')
pieData.plot(kind="pie", figsize=(6, 6))
```

绘制结果如图 9.30 所示。

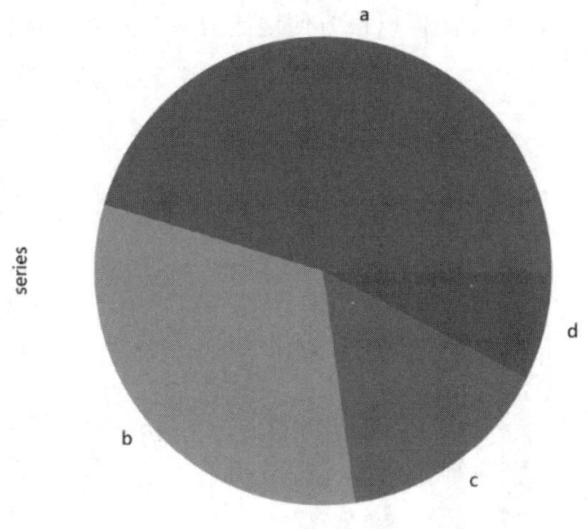

图 9.30　简单饼图

使用饼图的时候要注意以下几点：

（1）绘制之前应该先按连续数据字段排序。

（2）如果饼图的几个部分占比相当接近，很难分辨大小，应使用柱状图。

（3）饼图的几个部分必须构成一个整体，否则不应该使用饼图。

（4）使用饼图的时候要注意控制饼图中的分类的数量，尽量不要超过 5 个，否则阅读起来比较困难。下面的示例绘制了一个饼图，总共有 8 个分类。

```
manyPie = pd.Series([300, 250, 210, 200, 100, 60, 50, 30],
    index=['a', 'b', 'c', 'd', 'e', 'f', 'g', 'h'], name='series')
manyPie.plot(kind="pie", figsize=(6, 6))
```

绘制结果如图 9.31 所示。

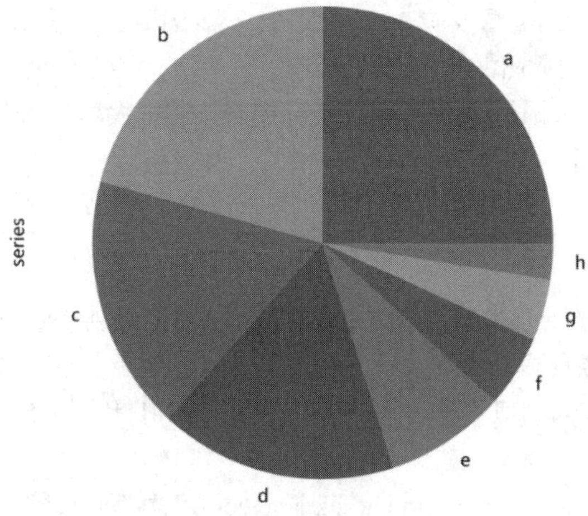

图 9.31　分类太多的饼图

这种情况可以改用柱状图，柱状图可以很方便地比较各个分类之间的数值差异。

```
manyPie.plot(kind="bar", rot=360, figsize=(6, 6))
```

绘制结果如图 9.32 所示。

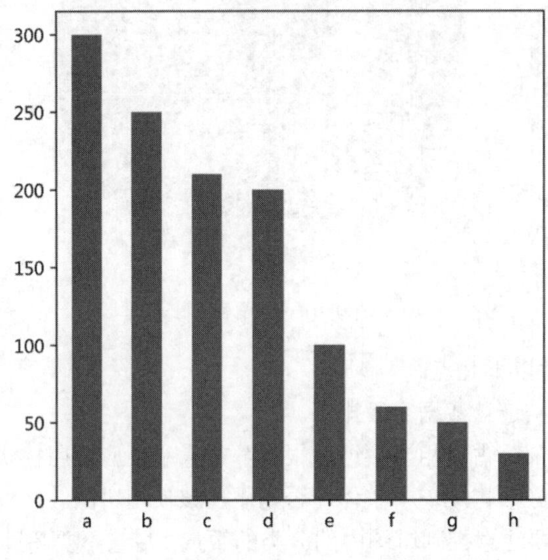

图 9.32　把饼图改成柱状图

扫一扫，看视频

9.3　用 pyecharts 画图

Echarts 是一个百度开源的数据可视化图表库。用 Echarts 生成的图表交互性强，配色合理。pyecharts 是一个用于生成 Echarts 图表的 Python 类库。pyecharts 封装了 Echarts 的大部分功能，使得用 Python 语言可以绘制出与 Echarts 一样的图表。

本节主要介绍如何用 pyecharts 绘制常用的统计图表，其中大部分图表可以用 matplotlib 绘制，有一些只有 pyecharts 能绘制。

9.3.1　pyecharts 简介

在 Echarts 中有一个重要的基本概念，就是数据系列。数据系列（series）是指一组数值、图表类型（series.type）以及其他映射成图的参数。一个图表可以包含多个相对独立的数据系列。

pyecharts 绘制统计图表的原理就是利用 Python 生成 HTML 代码，然后 HTML 代码在浏览器中运行并展现统计图表。

pyecharts 的官方网站是 http://pyecharts.herokuapp.com，读者可以在官网找到各种图表的示例。pyecharts 的完整代码在 https://github.com/pyecharts/pyecharts。由于 pyecharts 的文档还不是特别完

整，如果读者在使用过程中有疑问，则可以查看源代码以了解具体每个方法有哪些参数。

9.3.2 绘制第一个 pyecharts 图表

本节先介绍 pyecharts 绘制图表的大致流程，然后以柱状图为例进行演示。

（1）从 pyecharts.charts 引入相关图表类和图表选项对象。例如，如果要绘制柱状图，就要导入 Bar 类：

```
from pyecharts.charts import Bar
from pyecharts import options as opts
```

pyecharts.options 中有若干类用于配置。例如，TitleOpts 用于配置图表标题，LegendOpts 用于配置图例，具体使用方法将在 9.3.3 小节进行介绍。pyecharts 内置的图表类型如表 9.4 所示。

表 9.4　pyecharts 内置的图表类型

类	图　表
Bar	柱状图
Pie	饼图
Boxplot	箱形图
Line	折线图
Scatter	散点图
Geo	地图
Map	地图
Funnel	漏斗图
Radar	雷达图

（2）准备用于绘制图表的数据。每个图表对数据结构的要求不一样。例如，对于柱状图要设置 x 轴数据和 y 轴数据，其中 x 轴是分类数据。

（3）初始化具体的图表类型类。例如，初始化 Bar 类：

```
bar = Bar()
```

（4）添加图表数据。这一步主要调用 add_xaxis、add_yaxis、add 等方法。对于饼图、地图、漏斗图、雷达图这几种没有坐标轴的图表用 add 方法添加数据；对于柱状图、箱形图、折线图这几种有坐标轴的图表，add_xaxis 方法用于设置 x 轴数据，add_yaxis 方法用于设置 y 轴数据。

（5）配置图表。例如，设置标题和图例，这一步主要使用两个方法：set_series_opts 和 set_global_opts。

（6）调用 render_notebook 方法。使图表在 Jupyter Notebook 中呈现。

下面以柱状图为例，绘制第一个 pyecharts 图表。示例的数据是一个水果批发公司在广州市和深圳市的月销量，绘制柱状图的完整代码如下。

代码 9-2　使用 pyecharts 绘制柱状图

```
from pyecharts.charts import Bar
from pyecharts import options as opts

# 准备 x 轴数据和 y 轴数据
xaxisData = ["西瓜", "雪梨", "苹果", "香蕉"]
yaxisData = [11400, 5511, 2700, 10100]

bar = Bar()
# 添加 x 轴和 y 轴的数据
bar.add_xaxis(xaxisData)
bar.add_yaxis("广州", yaxisData)
# 设置图表主标题，右上角增加一个工具栏
bar.set_global_opts(title_opts=opts.TitleOpts(title="水果销量"),
        toolbox_opts=opts.ToolboxOpts())
bar.render_notebook()
```

输出结果如图 9.33 所示。

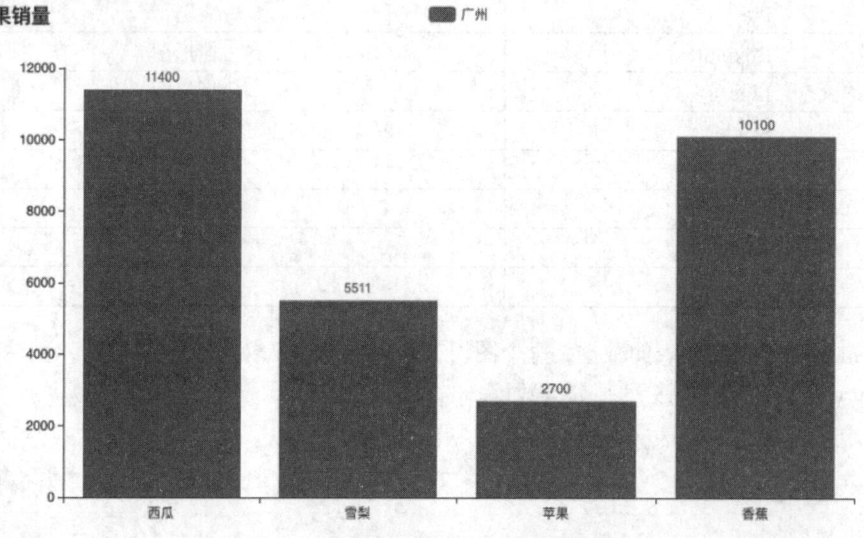

图 9.33　使用 pyecharts 绘制柱状图

在 pyecharts 的 0.1.9.2 版本之后，render_notebook 方法将会取消，读者需要调用 render 方法生成图表。

若在同一个图表中添加多个数据系列，可用如下形式的代码：

```
plot.options.get("series").append({
    {
      "type": ChartType.SCATTER,
```

```
        "name": "name",
        "data": data
    }
})
```

其中 name 是数据系列的名称，data 是该数据系列的原始数据，type 参数的可选值由 pyecharts 预先定义。常用的预定义图表类型见表 9.5。

表 9.5　常用的预定义图表类型

图表类型	说　明
ChartType.BAR	柱状图
ChartType.SCATTER	散点图
ChartType.LINE	折线图
ChartType.BOXPLOT	箱形图
ChartType.PIE	饼图
ChartType.RADAR	雷达图
ChartType.FUNNEL	漏斗图

图表配置的更多的细节可以参考网址 https://www.echartsjs.com/zh/option.html。

9.3.3　常用参数设置

9.3.2 小节提到可以用 set_series_opts 和 set_global_opts 方法设置图表的标题、样式和排版等，本节介绍这两个方法具体的使用方式。这两个方法的常用参数见表 9.6 和表 9.7。

表 9.6　set_series_opts 方法的常用参数

参　数	配置类	描　述
label_opts	LabelOpts	图形上的文本标签，可用于说明图形的一些数据信息，如值、名称等
linestyle_opts	LineStyleOpts	线条样式
areastyle_opts	AreaStyleOpts	区域填充样式
markpoint_opts	MarkPointItem	图表标注
markline_opts	MarkLineItem	图表标线
markarea_opts	MarkAreaItem	图表标域，常用于标记图表中某个范围的数据
tooltip_opts	TooltipOpts	工具提示设置
itemstyle_opts	ItemStyleOpts	图形样式

表 9.7　set_global_opts 方法的常用参数

参　数	配置类	描　述
title_opts	TitleOpts	图表标题
legend_opts	LegendOpts	图例

续表

参　数	配 置 类	描　述
toolbox_opts	ToolboxOpts	图表工具栏
brush_opts	BrushOpts	可以选择图中一部分数据
xaxis_opts	AxisOpts	x 轴
yaxis_opts	AxisOpts	y 轴
visualmap_opts	VisualMapOpts	视觉映射组件
datazoom_opts	DataZoomOpts	区域缩放组件
axispointer_opts	AxisPointerOpts	坐标轴指示器

下面介绍本书中会用到的几个参数。

（1）使用 TitleOpts 对象修改柱状图的标题，这个对象的初始化参数如下：

- 使用 title 设定图表标题。
- 使用 subtitle 设定子标题。
- 使用 pos_left 设定标题离容器左侧的距离。
- 使用 pos_right 设定标题离容器右侧的距离。
- 使用 pos_top 设定标题离容器上侧的距离。
- 使用 pos_bottom 设定标题离容器下侧的距离。

调用 TitleOpts 对象的示例如下：

```
# pos_left 参数用于控制标题的位置，subtitle 参数用于设置子标题
titleOpts = opts.TitleOpts(title="某水果店销售情况", pos_left=100, subtitle="四种水果")
bar.set_global_opts(title_opts=titleOpts, toolbox_opts=opts.ToolboxOpts())
```

输出结果如图 9.34 所示。

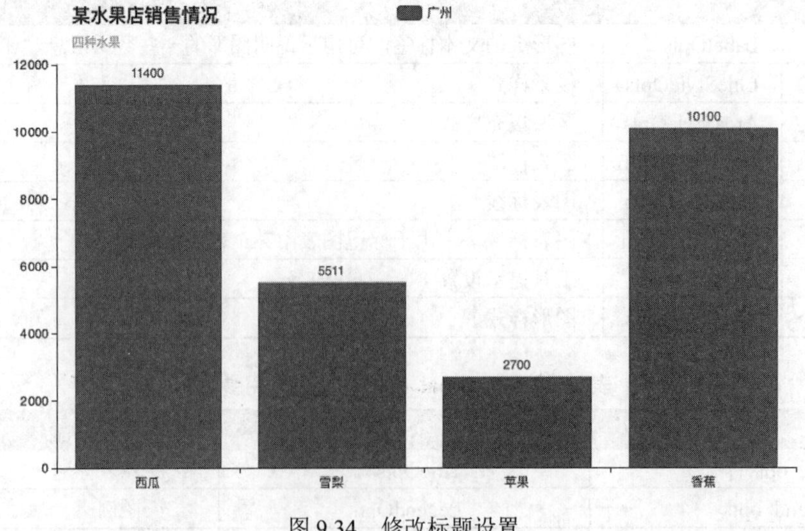

图 9.34　修改标题设置

（2）使用 LegendOpts 对象控制图例的位置。这个对象的参数如下：

- 使用 pos_left 设定图例组件离容器左侧的距离。
- 使用 pos_right 设定图例组件离容器右侧的距离。
- 使用 pos_top 设定图例组件离容器上侧的距离。
- 使用 pos_bottom 设定图例组件离容器下侧的距离。

例如，要让图例距离容器右侧 100 个单位，代码如下：

```
legend_opts =opts.LegendOpts(pos_right=100)
```

如图 9.35 所示，图例的位置距离右边 100 像素。

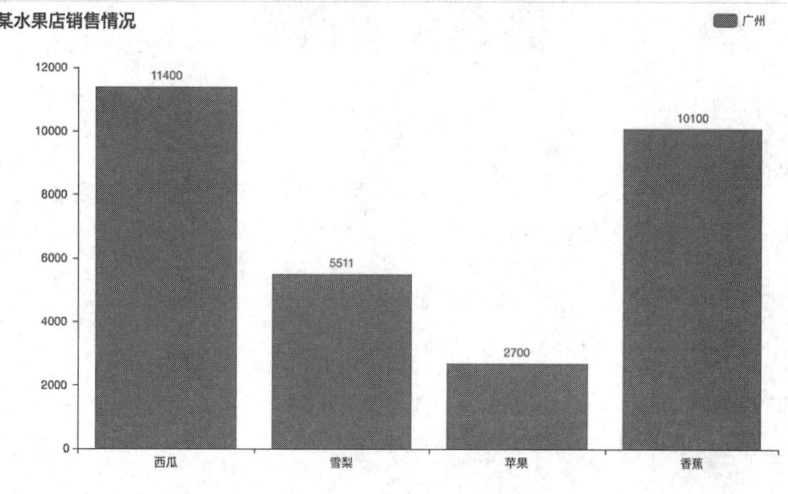

图 9.35　设置图例的位置

（3）有时为了简洁，需要隐藏图表中的标签，可以利用 LabelOpts 对象设置：

```
bar.set_series_opts(label_opts=opts.LabelOpts(is_show=False))
```

（4）BrushOpts 对象用于添加一个区域选择组件，例如：

```
bar.set_global_opts(title_opts=titleOpts, brush_opts=opts.BrushOpts())
```

输出结果如图 9.36 所示，在右上角会出现一个区域选择组件。单击第一或第二个图标之后，可以用鼠标直接选取图表上的某一部分，未被选取的部分颜色会变成灰色，这个功能在演示图表的时候十分有用。

（5）用 AxisOpts 对象配置 x 轴和 y 轴。配置项包括坐标轴类型、名称、坐标轴刻度的最小值和最大值。

坐标轴主要有三种：value、category、time。其中，value 适用于连续数据；category 适用于离散的类型数据；time 适用于连续的时序数据。有些图表必须设置坐标轴类型，如柱状图的 x 轴应该是 category。设置坐标轴的类型是 category：

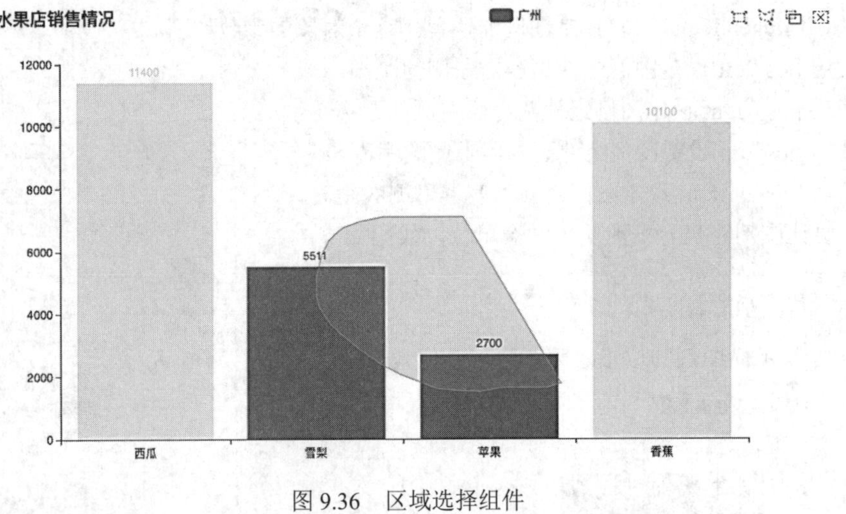

图 9.36　区域选择组件

```
xaxis_opts=opts.AxisOpts(type_='category')
```

name 参数对应坐标轴的名称。min_和 max_参数分别代表坐标轴刻度最小值和最大值，例如：

```
yaxis_opts=opts.AxisOpts(type_="value", name="销量", max_=15000)
```

输出结果如图 9.37 所示，可以看到 y 轴的最大刻度变成了 15000。

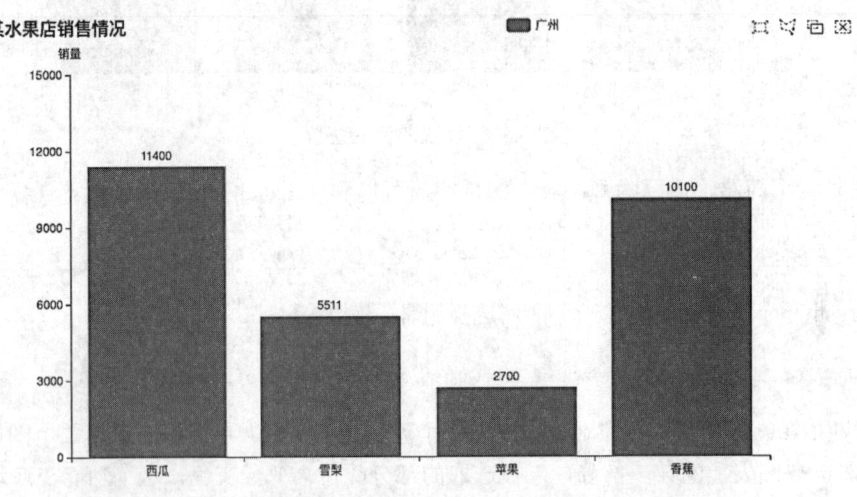

图 9.37　调整最大刻度和坐标轴名称

（6）VisualMapOpts 对象用于添加可视化组件。这个在绘制散点图的时候很有用，后面介绍散点图时会详细讲解。

（7）DataZoomOpts 对象用于添加区域缩放组件。DataZoomOpts 有两个参数：type_和 orient。type_有两个可选值：slider 和 inside，slider 代表区域缩放组件有单独的滑动条；inside 代表区域缩放组件内置于坐标轴。orient 有两个可选值：horizontal 和 vertical，horizontal 代表水平放置；vertical 代表垂直放置。DataZoomOpts 的代码示例如下：

代码 9-3　柱状图添加区域缩放组件

```
bar = Bar()
bar.add_xaxis(["西瓜", "雪梨", "苹果", "香蕉"])
bar.add_yaxis("广州", [11400, 5511, 2700, 10100])
bar.set_global_opts(title_opts=opts.TitleOpts(title="水果销量", subtitle="广州地区"),
                toolbox_opts=opts.ToolboxOpts(),
                datazoom_opts=opts.DataZoomOpts(type_="slider", orient="vertical"))
bar.render_notebook()
```

输出结果如图 9.38 所示。

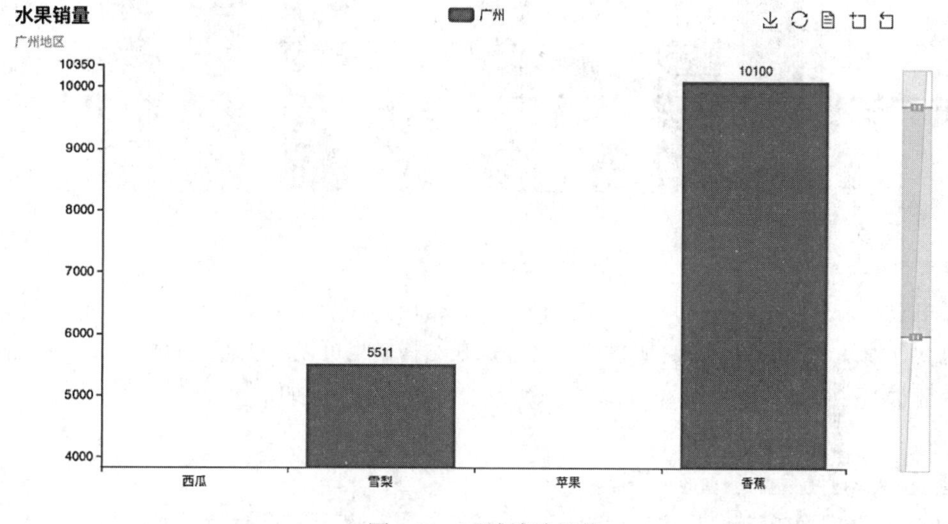

图 9.38　区域缩放组件

在图 9.38 右侧有一个可以垂直拖动的组件，用于按范围选取数据。例如，把范围设置为 3840～10350，则只显示雪梨和香蕉两个品类的销售量。

9.3.4　柱状图

9.3.2 小节中介绍了如何绘制只有一个数据系列的柱状图，本小节主要介绍如何绘制多数据系列的柱状图。绘制多数据系列的柱状图，需要调用 add_yaxis 方法，例如：

```
bar = Bar()
bar.add_xaxis(["西瓜", "雪梨", "苹果", "香蕉"])
# 设置两组 y 轴数据分别对应两个城市的销量
bar.add_yaxis("广州", [11400, 5511, 2700, 10100])
bar.add_yaxis("深圳", [5712, 13411, 13711, 12009])
```

```
bar.set_global_opts(title_opts=opts.TitleOpts(title="水果销量"),
          toolbox_opts=opts.ToolboxOpts() )
bar.render_notebook()
```

输出结果如图 9.39 所示。

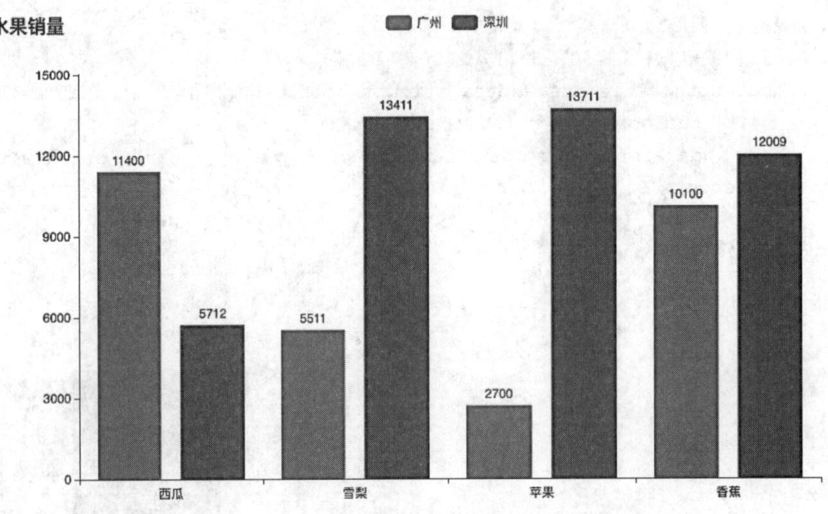

图 9.39 多数据系列柱状图

除了多数据系列柱状图外，堆叠柱状图也是一种常用的柱状图种类。堆叠柱状图的每一条柱子都用颜色划分为几个不同的部分，所以它既可以反映结构，也可以反映总量的情况。pyecharts 支持绘制堆叠柱状图，可以通过设置 stack 参数添加多个 y 轴数据，例如：

```
stackbar = Bar()
stackbar.add_xaxis(["西瓜", "雪梨", "苹果", "香蕉"])
stackbar.add_yaxis("广州", [11400, 5511, 2700, 10100], stack="stack1")
stackbar.add_yaxis("深圳", [5712, 13411, 13711, 12009], stack="stack1")
stackbar.set_series_opts(label_opts=opts.LabelOpts(is_show=False))
stackbar.render_notebook()
```

输出结果如图 9.40 所示。

另外，堆叠的系列可以与非堆叠的系列混合在一个图表中，例如：

```
stackbar = Bar()
stackbar.add_xaxis(["西瓜", "雪梨", "苹果", "香蕉"])
stackbar.add_yaxis("广州", [11400, 5511, 2700, 10100], stack="stack1")
stackbar.add_yaxis("深圳", [5712, 13411, 13711, 12009], stack="stack1")
stackbar.add_yaxis("佛山", [3712, 3411, 3711, 2009])
stackbar.render_notebook()
```

输出结果如图 9.41 所示。

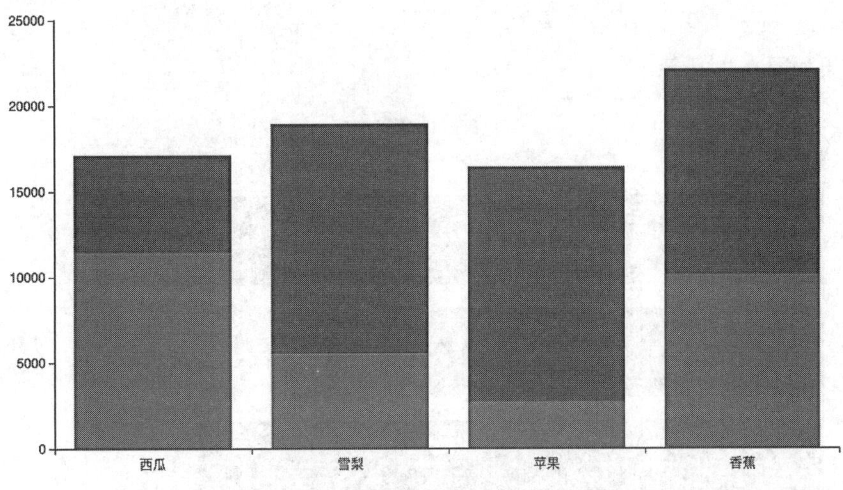

图 9.40　堆叠柱状图（填加多个 y 轴数据）

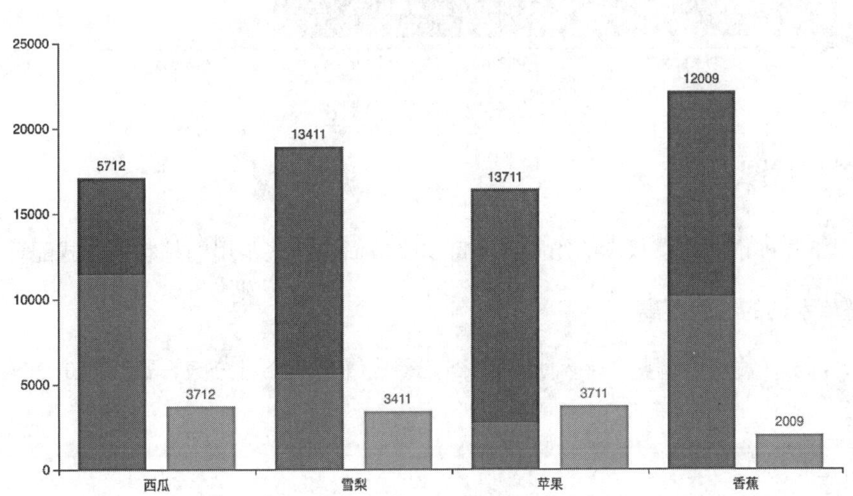

图 9.41　堆叠柱状图（堆叠的系列与非堆叠的系列混合）

可以利用 reversal_axis 方法交换 x 轴和 y 轴，画出纵向的柱状图。例如，在上面的堆叠柱状图代码中增加一行代码，即可把 x 轴变成显示数值的坐标轴。

```
stackbar = Bar()
stackbar.add_xaxis(["西瓜", "雪梨", "苹果", "香蕉"])
stackbar.add_yaxis("广州", [11400, 5511, 2700, 10100], stack="stack1")
stackbar.add_yaxis("深圳", [5712, 13411, 13711, 12009], stack="stack1")
stackbar.set_series_opts(label_opts=opts.LabelOpts(is_show=False))
```

```
stackbar.reversal_axis()
stackbar.render_notebook()
```

输出结果如图 9.42 所示。

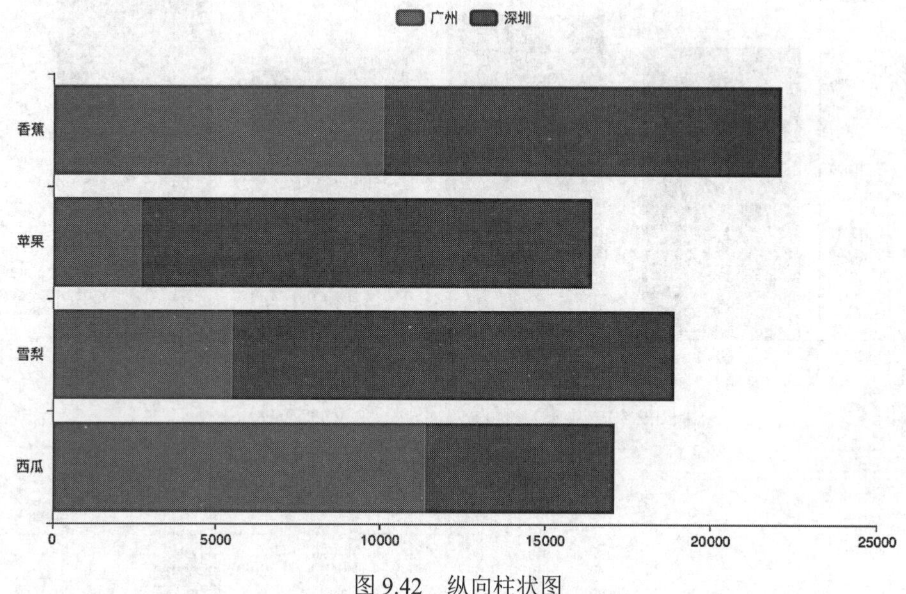

图 9.42　纵向柱状图

9.3.5　配置柱状图

前面介绍了几种不同的柱状图的绘制方法，本小节简述一些常用的柱状图样式配置。

1. 调整单系列的柱间距离

category_gap 参数可以调整单系列柱间距离，参数值是一个百分数，默认值是 20%。示例代码如下：

```
bar = Bar()
bar.add_xaxis(["西瓜", "雪梨", "苹果", "香蕉"])
bar.add_yaxis("广州", [11400, 5511, 2700, 10100], category_gap="80%")
bar.set_global_opts(title_opts=opts.TitleOpts(title="水果销量"),
        toolbox_opts=opts.ToolboxOpts() )
bar.render_notebook()
```

输出结果如图 9.43 所示。

读者可以试着修改 category_gap 的值为 20%，比较输出结果与图 9.43 的差异。

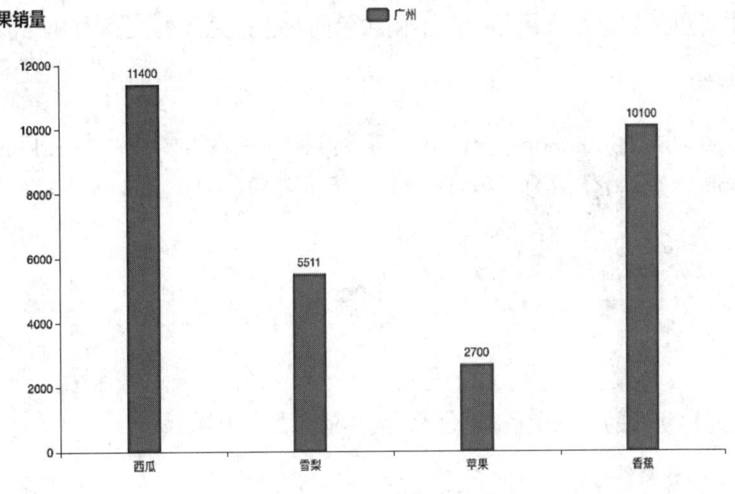

图 9.43　调整单系列的柱间距离

2. 调整不同系列的柱间距离

gap 参数用于控制不同系列的柱间距离，参数值是一个百分数，默认值是 30%。示例代码如下：

```
bar = Bar()
bar.add_xaxis(["西瓜", "雪梨", "苹果", "香蕉"])
# 设置两组 y 轴数据分别对应两个城市的销量
bar.add_yaxis("广州", [11400, 5511, 2700, 10100], gap="0%")
bar.add_yaxis("深圳", [5712, 13411, 13711, 12009], gap="0%")
bar.set_global_opts(toolbox_opts=opts.ToolboxOpts())
bar.render_notebook()
```

输出结果如图 9.44 所示。

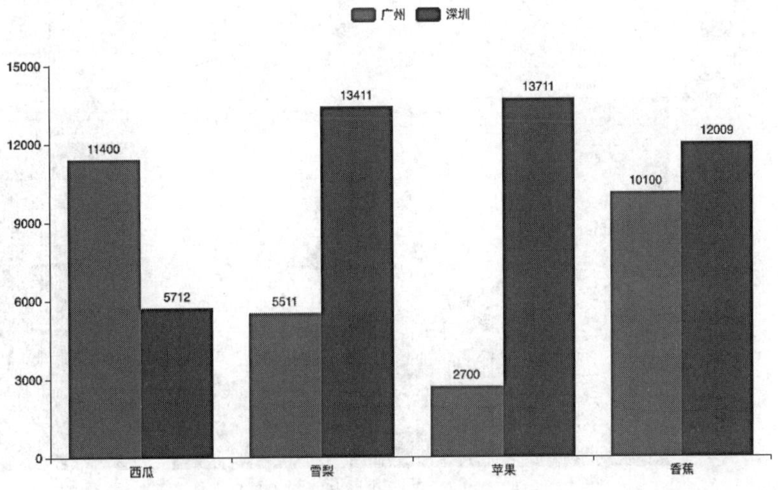

图 9.44　调整不同系列的柱间距离

从图 9.44 中可以看到每个水果品类的不同颜色的数据条之间的距离为 0。

3．添加参考线

set_global_opts 方法的 markline_opts 参数可以给柱状图添加参考线，markline_opts 参数的值是一个 MarkLineOpts 对象，它内置了多个 MarkLineItem 对象。MarkLineOpts 对象的创建形式如下：

```
opts.MarkLineOpts(data=[
    opts.MarkLineItem,
    opts.MarkLineItem,
    ...
])
```

下面的例子为柱状图的平均值、最大值、最小值添加了参考线。

代码 9-4　添加参考线

```
bar = Bar()
bar.add_xaxis(["西瓜", "雪梨", "苹果", "香蕉"])
bar.add_yaxis("广州", [11400, 5511, 2700, 10100])
bar.set_global_opts(title_opts=opts.TitleOpts(title="水果销量"),
            toolbox_opts=opts.ToolboxOpts() )
bar.set_series_opts( markline_opts=opts.MarkLineOpts(
    data=[
        opts.MarkLineItem(type_="max", name="最大值"),
        opts.MarkLineItem(type_="min", name="最小值"),
        opts.MarkLineItem(type_="average", name="平均值"),
    ]
))
bar.render_notebook()
```

输出结果如图 9.45 所示。

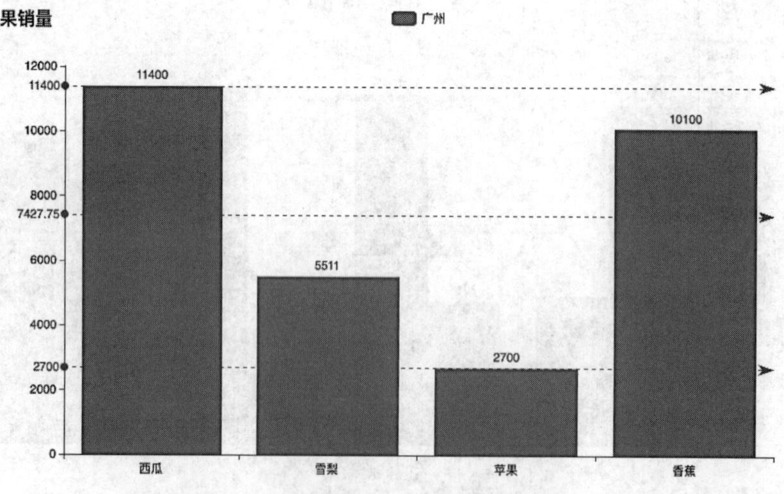

图 9.45　添加参考线之后的销售柱状图

参考线也可以是某个自定义的值，格式如下：

```
opts.MarkLineItem(y="value", name="name")
```

完整示例见代码 9-5。

代码 9-5　添加自定义值的参考线

```
bar = Bar()
bar.add_xaxis(["西瓜", "雪梨", "苹果", "香蕉"])
bar.add_yaxis("广州", [11400, 5511, 2700, 10100])
bar.set_global_opts(title_opts=opts.TitleOpts(title="水果销量"),
          toolbox_opts=opts.ToolboxOpts() )
bar.set_series_opts( markline_opts=opts.MarkLineOpts(
    data = [
        opts.MarkLineItem(y="3000", name="y=3000")
    ]
))
bar.render_notebook()
```

输出结果如图 9.46 所示。

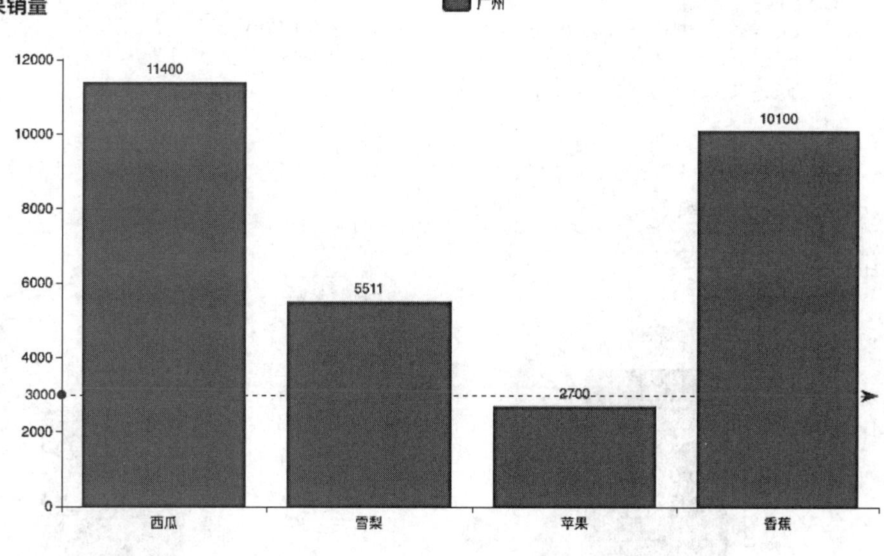

图 9.46　添加自定义值的参考线

对于横轴也是数值的图表可以添加纵向的参考线，例如：

```
plot.set_series_opts( markline_opts=opts.MarkLineOpts(
    data = [opts.MarkLineItem(x="3000", name="x=3000")]
))
```

4．添加标记点

set_global_opts 方法的 markpoint_opts 参数可以给柱状图添加标记点，markpoint_opts 参数的值是一个 MarkPointOpts 对象，它内置了多个 MarkPointItem 对象。MarkPointOpts 对象的创建形式如下：

```
opts.MarkPointOpts(data=[
        opts.MarkPointItem,
        opts.MarkPointItem,
        ...
]
```

下面的例子为柱状图的平均值、最大值、最小值设置了标记点。

代码 9-6　添加标记点

```
bar = Bar()
bar.add_xaxis(["西瓜", "雪梨", "苹果", "香蕉"])
bar.add_yaxis("广州", [11400, 5511, 2700, 10100])
bar.set_global_opts(title_opts=opts.TitleOpts(title="水果销量"),
        toolbox_opts=opts.ToolboxOpts() )
bar.set_series_opts(
    label_opts=opts.LabelOpts(is_show=False),
    markpoint_opts=opts.MarkPointOpts(
        data=[
            opts.MarkPointItem(type_="max", name="最大值"),
            opts.MarkPointItem(type_="min", name="最小值"),
            opts.MarkPointItem(type_="average", name="平均值"),
        ]
    )
)
bar.render_notebook()
```

输出结果如图 9.47 所示。

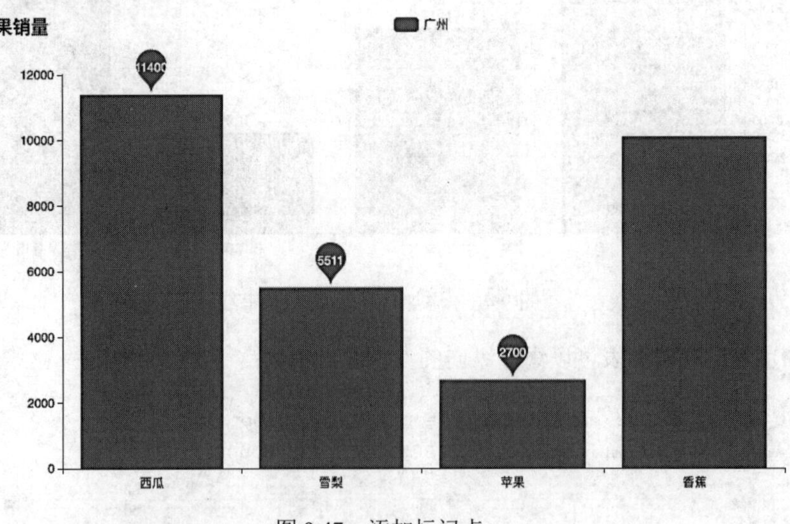

图 9.47　添加标记点

与参考线类似，标记点也可以使用自定义值，形式如下：

```
opts.MarkPointItem(name="name", coord=[x, y], value=value)
```

其中 coord 参数的类型是一个 Python 列表，列表的第一个元素对应 x 轴的分类，列表的第二个元素对应 y 轴的数值。完整示例见代码 9-7。

代码 9-7　添加自定义标记点

```
bar = Bar()
y = [11400, 5511, 2700, 10100]
bar.add_xaxis(["西瓜", "雪梨", "苹果", "香蕉"])
# coord=["雪梨", x[1]]
# 第一个元素对应 x 轴的分类
# 第二个元素对应 y 轴的数值
bar.add_yaxis("广州", y, markpoint_opts=opts.MarkPointOpts(
    data=[opts.MarkPointItem(name="自定义标记点", coord=["雪梨", y[1]], value=y[1])]
    ))
bar.set_series_opts(label_opts=opts.LabelOpts(is_show=False))
bar.set_global_opts(title_opts=opts.TitleOpts(title="水果销量"),
            toolbox_opts=opts.ToolboxOpts() )
bar.render_notebook()
```

输出结果如图 9.48 所示。

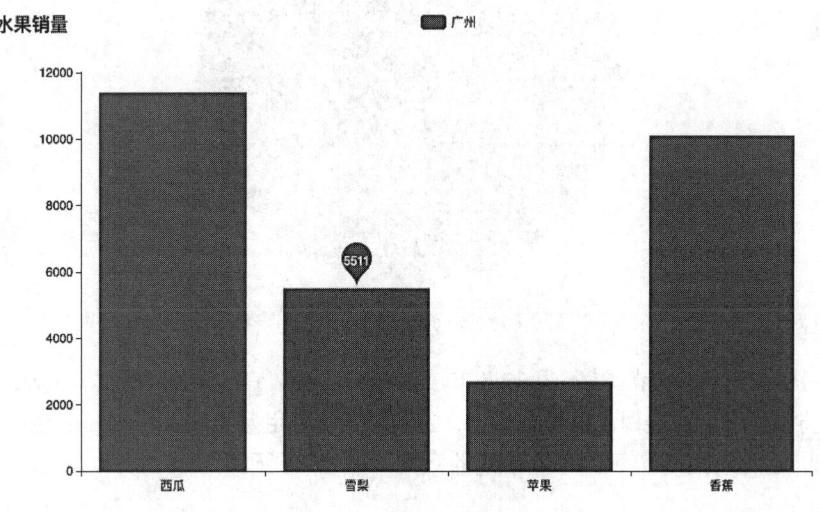

图 9.48　添加自定义标记点

9.3.6　饼图和环形图

本节先讲解饼图的绘制和样式配置，然后介绍饼图的变种——环形图的绘制。

在 pyecharts 中绘制饼图非常简单。初始化 Pie 类之后，用 add 方法添加一个二维数据的列表即可。下面的代码用饼图展示了 A、B、C 三种产品的销售比例构成。

代码 9-8　绘制饼图

```
from pyecharts.charts import Pie

pie = Pie()
pie.add("", [
    ['产品 A', 10],
    ['产品 B', 22],
    ['产品 C', 40]
])
pie.set_global_opts(title_opts=opts.TitleOpts(title="销售比例构成"))
pie.set_series_opts(label_opts=opts.LabelOpts(formatter="{b}: {c}"))
pie.render_notebook()
```

输出结果如图 9.49 所示。

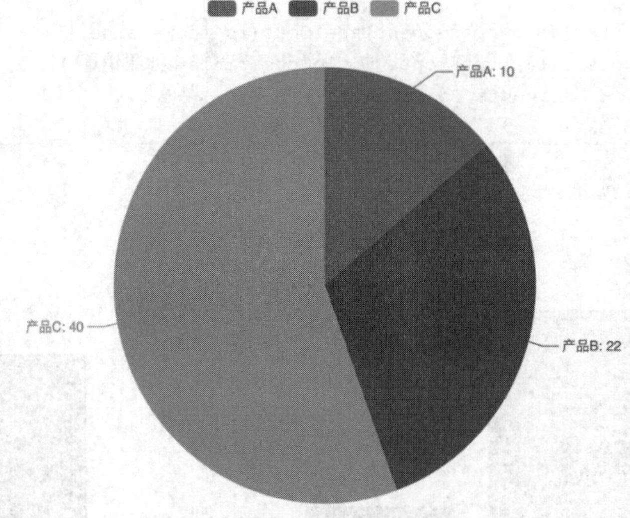

图 9.49　各产品的销售份额饼图

可以对饼图进行一些细节调整，用 add 方法的 center 参数修改饼图的位置。pyecharts 提供了一个 set_colors 方法，用于设置调色盘颜色列表。当图表中有多组数据时，pyecharts 会自动从调色盘颜色列表中按顺序获取颜色并分配给不同组别的数据，下面的代码用 set_colors 方法修改了饼图的默认颜色。

代码 9-9　调整饼图的位置和颜色

```
pie = Pie()
# center 参数用于调整饼图的位置
pie.add("", [
    ['产品 A', 10],
```

```
    ['产品 B', 22],
    ['产品 C', 40]
], center=["35%", "50%"])
# 修改颜色
pie.set_colors(["#202040", "#543864", "#ff6363", "#ffbd69"])
pie.set_global_opts(title_opts=opts.TitleOpts(title="销售构成"))
pie.set_series_opts(label_opts=opts.LabelOpts(formatter="{b}: {c}"))
pie.render_notebook()
```

输出结果如图 9.50 所示。

pyecharts 支持绘制环形图，实现方法就是用 add 方法添加数据时，增加 radius 参数，用于控制环形的半径，格式如下：

```
pie.add("", data, radius=[内半径, 外半径])
```

完整的示例见代码 9-10。

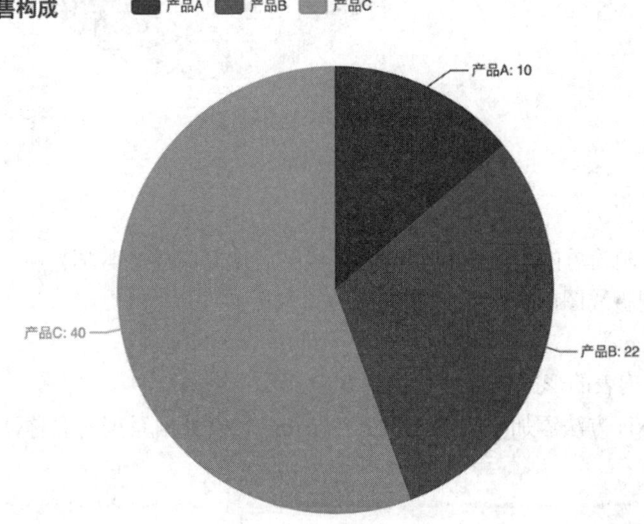

图 9.50　调整饼图位置

代码 9-10　绘制环形图

```
pie = Pie()
pie.add("", [
    ['产品 A', 10],
    ['产品 B', 22],
    ['产品 C', 40]
], radius=["40%", "75%"])
pie.set_global_opts(title_opts=opts.TitleOpts(title="销售构成"),
        legend_opts=opts.LegendOpts(orient="vertical", pos_top="15%", pos_left="2%"))
pie.set_series_opts(label_opts=opts.LabelOpts(formatter="{b}: {c}"))
```

```
pie.render_notebook()
```

输出结果如图 9.51 所示。

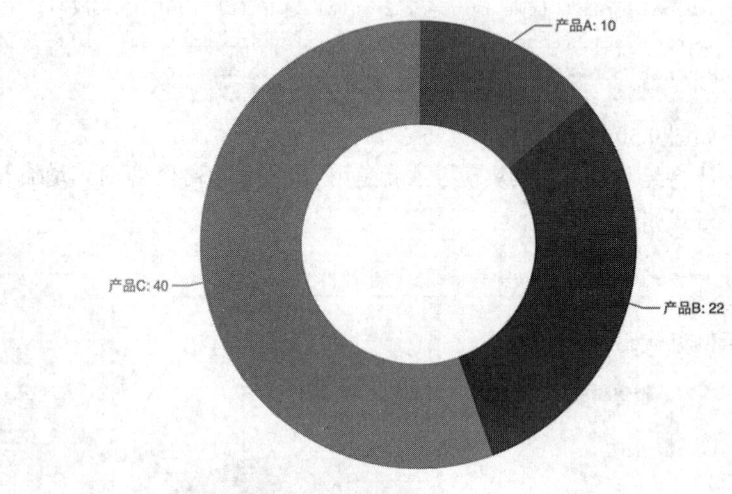

图 9.51　绘制环形图

9.3.7　折线图

本节介绍如何绘制简单的折线图和如何用折线图展现时间序列数据。

pyecharts 中绘制折线图的关键步骤如下：

（1）初始化 Line 类。

（2）以 Python 列表的形式把数据分类到 x 轴。

（3）用 add_yaxis 方法添加 y 轴数据，其中 name 代表数据系列的名称，data 是一个 Python 列表，格式如下所示：

```
lineChart.add_yaxis(name, data)
```

绘制折线图的完整示例见代码 9-11。

代码 9-11　多数据系列折线图

```
lineChart = Line()
lineChart.add_xaxis(["1月", "2月", "3月", "4月"])
lineChart.add_yaxis("苹果", [114, 55, 27, 101])
lineChart.add_yaxis("香蕉", [57, 134, 137, 129])
lineChart.set_global_opts(title_opts=opts.TitleOpts(title="某水果店销售情况"))
lineChart.render_notebook()
```

输出结果如图 9.52 所示。

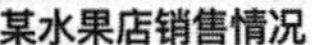

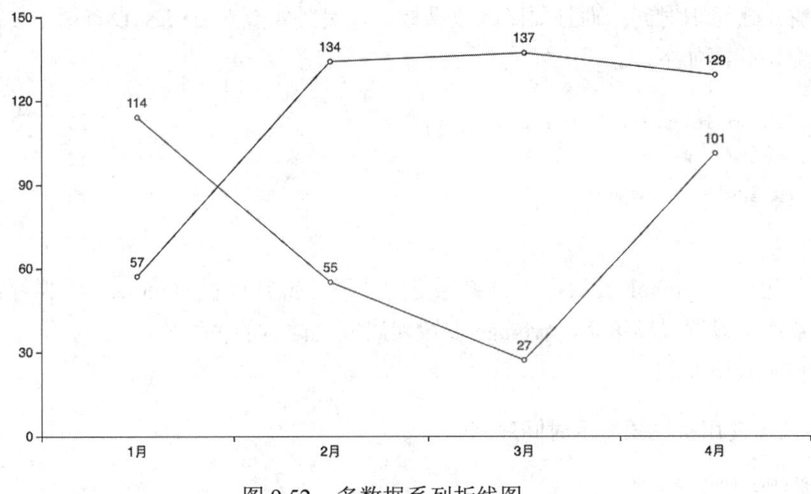

图 9.52 多数据系列折线图

折线图也可以通过设置 stack 参数实现堆叠效果，例如：

```
lineChart = Line()
lineChart.add_xaxis(["1 月", "2 月", "3 月", "4 月"])
lineChart.add_yaxis("苹果", [114, 55, 27, 101], stack='销量')
lineChart.add_yaxis("香蕉", [57, 134, 137, 129], stack='销量')
lineChart.set_global_opts(title_opts=opts.TitleOpts(title="某水果店销售情况"))
lineChart.render_notebook()
```

输出结果如图 9.53 所示。

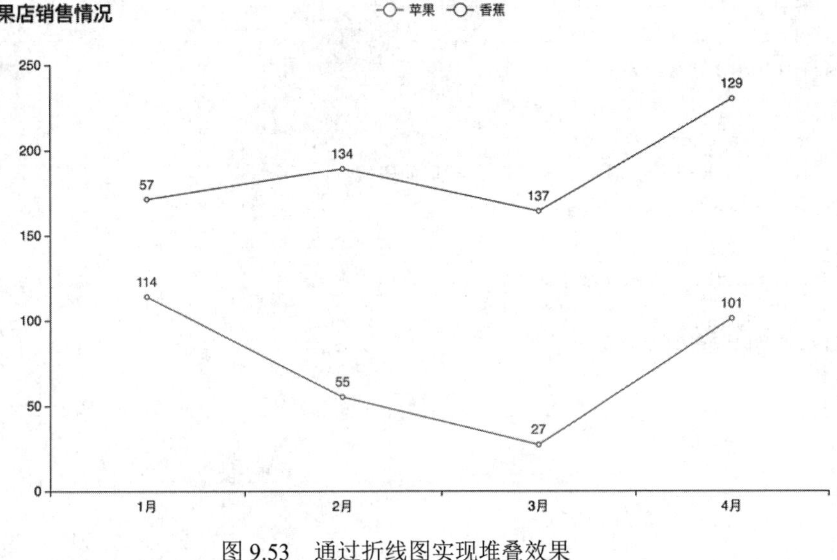

图 9.53 通过折线图实现堆叠效果

折线图还可以用于绘制时间序列数据。由于一般时间序列数据的数据量比较大，所以需要添加区域缩放组件用于选取时间，而且要隐藏数据标签。另外需要对 series 设置两个参数来隐藏标记和调整采样策略，代码如下：

```
lineChart.options.get("series")[0].update({
    "symbol": 'none',
    "sampling": 'average',
})
```

在上面代码中，symbol 参数用于设置标记的图形，把它设置为 none，这样标记就被隐藏了。sampling 参数用于设置采样策略，average 参数代表取过滤点的平均值。

完整示例见代码 9-12。

代码 9-12　使用折线图展示时间序列

```
# 生成模拟的时间序列数据
date_rng = pd.date_range(start='1/1/2018', periods=300, tz='Asia/Shanghai')
dates = pd.Series(date_rng.format())
dates = [d.split(" ")[0] for d in dates]
values = np.random.rand(1, len(dates)) * 100
values = values[0].tolist()

lineChart = Line()
lineChart.add_xaxis(dates)
lineChart.add_yaxis("data", values, is_smooth=True)
lineChart.set_series_opts(label_opts=opts.LabelOpts(is_show=False))
lineChart.options.get("series")[0].update({
    "symbol": 'none',
    "sampling": 'average',
})
lineChart.set_global_opts(
    title_opts=opts.TitleOpts(title="时间序列"),
    datazoom_opts=opts.DataZoomOpts()
)
lineChart.render_notebook()
```

输出结果如图 9.54 所示。

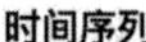

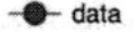

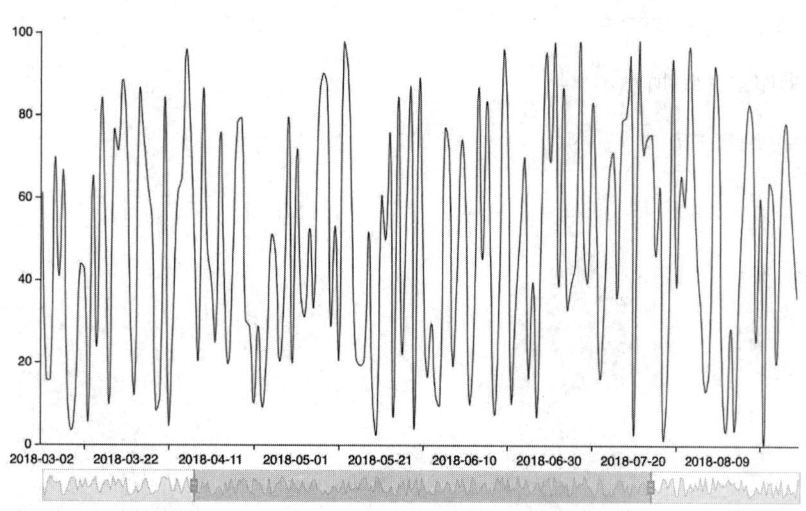

图 9.54　绘制时间序列折线图

9.3.8　面积图

面积图是折线图的变种，在 9.2.8 小节已经介绍过了。下面讲述如何用 pyecharts 绘制这种图形。

在折线图的基础上可以绘制出面积图，只需要添加数据时增加一个 areastyle_opts 参数，其余设置与折线图类似。完整示例见代码 9-13。

代码 9-13　绘制面积图

```
lineChart = Line()
lineChart.add_xaxis(["1 月", "2 月", "3 月", "4 月"])
# 使用 AreaStyleOpts 填充某个区域
lineChart.add_yaxis("苹果", [114, 55, 27, 101], areastyle_opts=opts.AreaStyleOpts(opacity=0.5))
lineChart.set_global_opts(title_opts=opts.TitleOpts(title="某水果店销售情况"))
lineChart.render_notebook()
```

输出结果如图 9.55 所示。

与柱状图类似，可以使用 stack 参数来堆叠。完整示例见代码 9-14。

代码 9-14　绘制堆叠面积图

```
lineChart = Line()
lineChart.add_xaxis(["1 月", "2 月", "3 月", "4 月"])
lineChart.add_yaxis("苹果", [114, 55, 27, 101], areastyle_opts=opts.AreaStyleOpts
(opacity=0.5), stack='销量')
lineChart.add_yaxis("香蕉", [57, 134, 137, 129], areastyle_opts=opts.AreaStyleOpts
(opacity=0.5), stack='销量')
```

```
lineChart.set_global_opts(title_opts=opts.TitleOpts(title="某水果店销售情况"))
lineChart.render_notebook()
```

输出结果如图 9.56 所示。

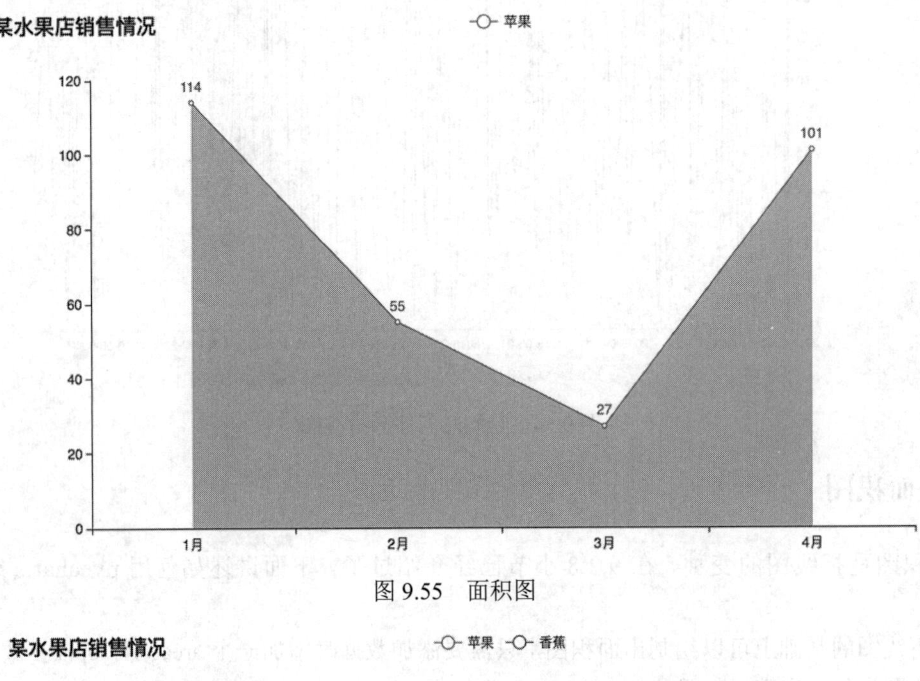

图 9.55　面积图

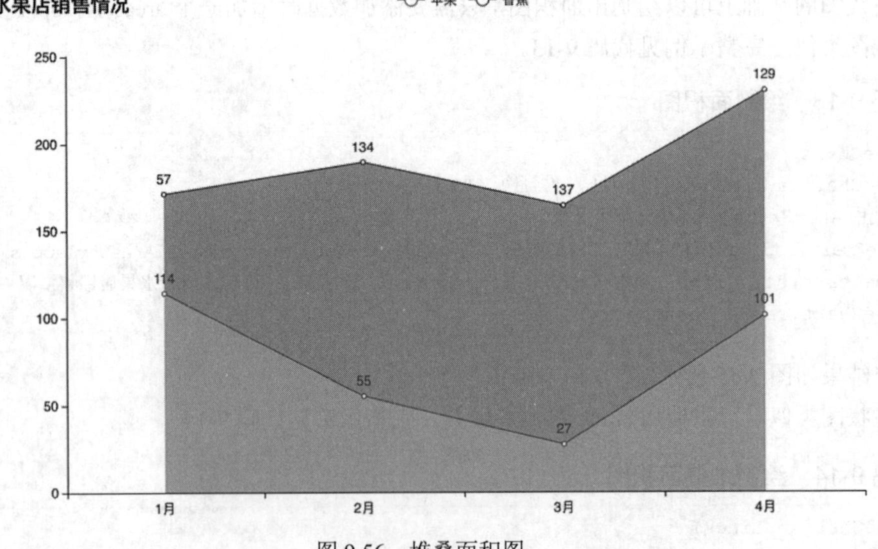

图 9.56　堆叠面积图

9.3.9　配置折线图

前面介绍了几种不同的折线图及面积图的绘制方法，本小节来讲解一些常用的折线图样式配置。

1. 添加参考线和标记点

折线图添加参考线和标记点的方法与柱状图完全一样，示例代码如下。

```
lineChart = Line()
lineChart.add_xaxis(["1月", "2月", "3月", "4月"])
lineChart.add_yaxis("香蕉", [57, 134, 137, 129],
    markline_opts=opts.MarkLineOpts(data=[opts.MarkLineItem(type_="average")]),
    markpoint_opts=opts.MarkPointOpts(data=[
        opts.MarkPointItem(type_="min"),
        opts.MarkPointItem(name="自定义标记点", coord=['2月', 134], value=134)
    ])
)
lineChart.set_global_opts(title_opts=opts.TitleOpts(title="某水果店销售情况"))
lineChart.render_notebook()
```

输出结果如图 9.57 所示。

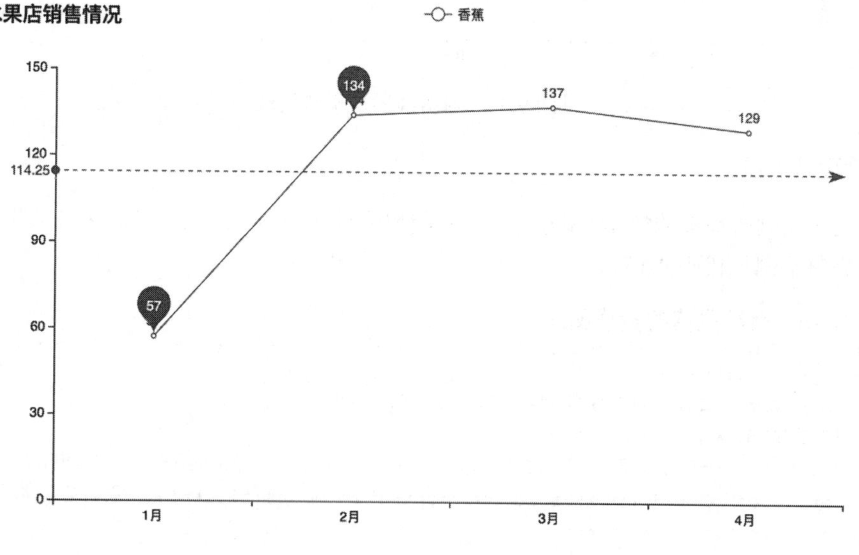

图 9.57　添加参考线和标记点

2. 平滑折线

默认折线图是不做平滑处理的。添加 y 轴数据时，可设置 is_smooth 参数开启平滑处理，例如：

```
lineChart = Line()
lineChart.add_xaxis(["1月", "2月", "3月", "4月"])
lineChart.add_yaxis("苹果", [114, 55, 27, 101], is_smooth=True)
lineChart.add_yaxis("香蕉", [57, 134, 137, 129], is_smooth=True)
lineChart.add_yaxis("雪梨", [157, 34, 67, 120], is_smooth=True)
lineChart.set_global_opts(title_opts=opts.TitleOpts(title="某水果店销售情况"))
```

```
lineChart.render_notebook()
```

输出结果如图 9.58 所示。

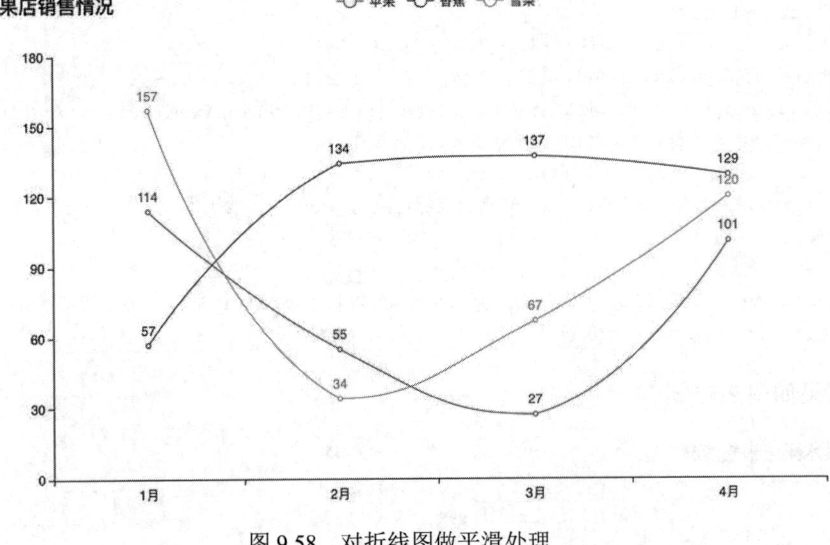

图 9.58　对折线图做平滑处理

3．处理缺失值

有时用于绘制折线图的数据有缺失值，可以使用 is_connect_nones 参数跳过缺失值把数据点连接起来。完整示例见代码 9-15。

代码 9-15　有缺失值的折线图

```
lineChart = Line()
lineChart.add_xaxis(["1 月", "2 月", "3 月", "4 月"])
# 3 月份的数据缺失了
lineChart.add_yaxis("苹果", [114, 55, None, 101], is_connect_nones=True)
lineChart.set_global_opts(title_opts=opts.TitleOpts(title="某水果店销售情况"))
lineChart.render_notebook()
```

输出结果如图 9.59 所示。

4．修改折线样式

LineStyleOpts 对象可以用于修改折线样式，创建格式如下：

```
LineStyleOpts(color="color", width=width, type_="type")
```

其中，参数 color 用于设定折线颜色；参数 width 用于设定折线宽度；参数 type_用于设定折线的形式。形式有三种：solid、dashed 和 dotted。完整示例见代码 9-16。

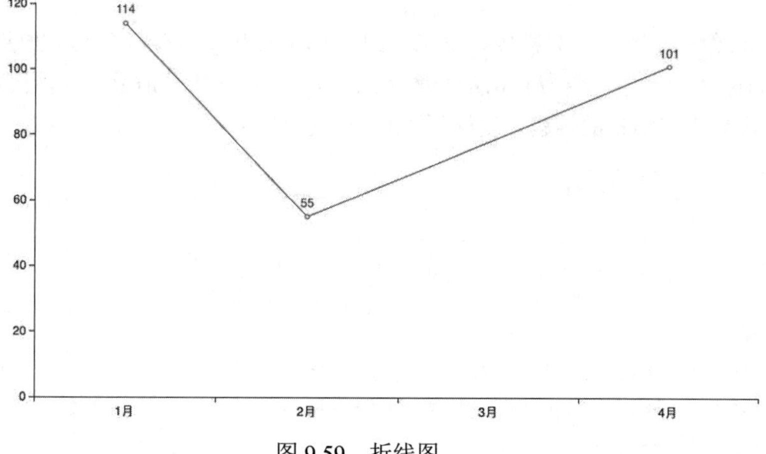

图 9.59　折线图

代码 9-16　修改折线图的样式

```
lineChart = Line()
lineChart.add_xaxis(["1 月", "2 月", "3 月", "4 月"])
lineChart.add_yaxis("苹果", [114, 55, 27, 101])
lineChart.add_yaxis("香蕉", [57, 134, 137, 129], symbol="triangle", symbol_size=20,
          linestyle_opts=opts.LineStyleOpts(color="green", width=4, type_="dashed"),
          itemstyle_opts=opts.ItemStyleOpts(
             border_width=3, border_color="yellow", color="blue"
          ))
lineChart.set_global_opts(title_opts=opts.TitleOpts(title="某水果店销售情况"))
lineChart.render_notebook()
```

输出结果如图 9.60 所示。

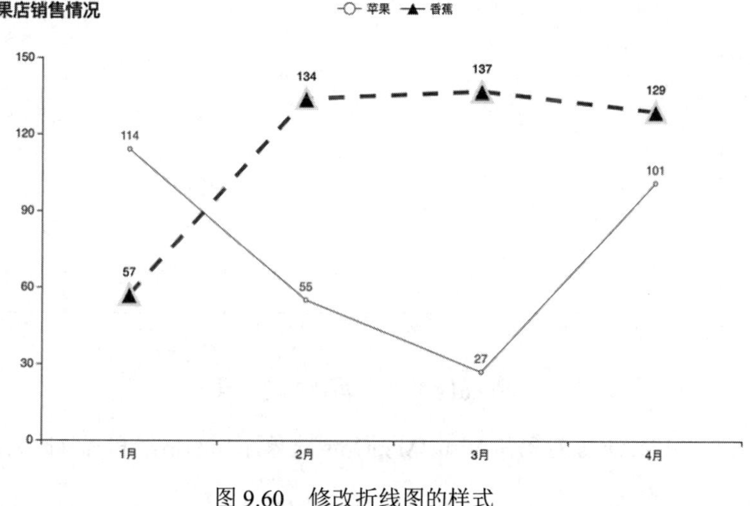

图 9.60　修改折线图的样式

9.3.10　散点图

用 pyecharts 绘制散点图，只需要把每个点的 x 轴坐标和 y 轴坐标分别添加到 Scatter 中。下面代码用 pyecharts 类绘制了广告费和销量的散点图，其中 x 轴代表销量，y 轴代表广告费，同时用 AxisOpts 对象配置了坐标轴的标题，这样阅读起来更容易。

代码 9-17　广告费与销量的散点图

```
from pyecharts.charts import Scatter
from pyecharts import options as opts

scatter = Scatter()
scatter.add_xaxis([36, 131, 22, 105, 135, 85, 57])
scatter.add_yaxis("", [38, 27, 147, 103, 98, 84, 37])
scatter.set_global_opts(
    title_opts=opts.TitleOpts(title="散点图"),
    xaxis_opts=opts.AxisOpts(type_="value", name="销量"),
    yaxis_opts=opts.AxisOpts(name="广告费"),
    tooltip_opts=opts.TooltipOpts(formatter="{c}")
)
scatter.render_notebook()
```

输出结果如图 9.61 所示。

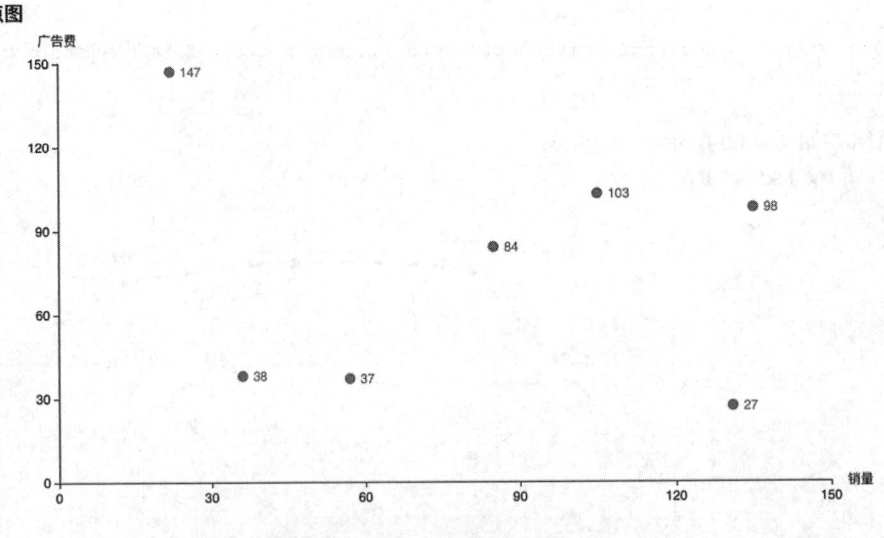

图 9.61　广告费与销量的散点图

散点图利用 SplitLineOpts 对象和 VisualMapOpts 对象添加网格线和视觉映射组件。完整示例见代码 9-18。

代码 9-18　散点图使用 SplitLineOpts 对象和 VisualMapOpts 对象添加网格线和视觉映射组件

```
scatter = Scatter()
scatter.add_xaxis([36, 131, 22, 105, 135, 85, 57])
scatter.add_yaxis("", [38, 27, 147, 103, 98, 84, 37])
slo = opts.SplitLineOpts(is_show=True)
scatter.set_global_opts(
    title_opts=opts.TitleOpts(title="散点图"),
    xaxis_opts=opts.AxisOpts(type_="value", name="销量", splitline_opts=slo),
    yaxis_opts=opts.AxisOpts(type_="value", name="广告费", splitline_opts=slo),
    tooltip_opts=opts.TooltipOpts(formatter="{c}"),
    visualmap_opts=opts.VisualMapOpts(max_=150, min_=20)
)
scatter.render_notebook()
```

输出结果如图 9.62 所示。

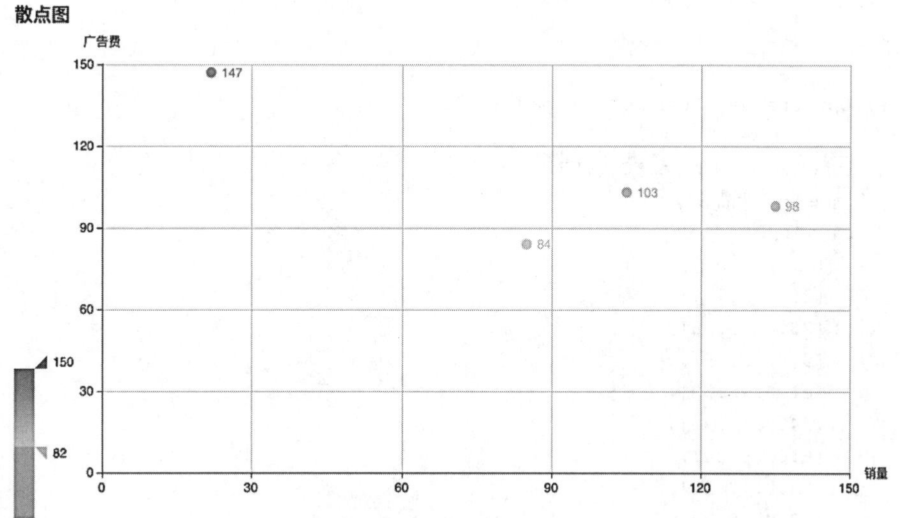

图 9.62　散点图使用 SplitLineOpts 对象和 VisualMapOpts 对象添加网格线和视觉映射组件

在左边有一个可以滑动的组件。当把范围控制在 82～150 之后，只会显示 4 个点。

有时候需要在散点图中添加多个分类的数据，而且用不同的颜色区分不同的分类。pyecharts 中默认的散点图创建方法不太灵活，这里采用直接调用 pyecharts 底层接口的方法来完成多数据系列散点图的绘制。完整示例见代码 9-19。

代码 9-19　绘制多数据系列散点图

```
from pyecharts.charts import Scatter
from pyecharts.globals import ChartType

scatter = Scatter()
```

```
scatter.options.get("series").append(
    {
        "type": ChartType.SCATTER,
        "name": "产品 1",
        "data": [
            [10.0, 8.04],
            [8.0, 6.95],
            [13.0, 7.58],
            [9.0, 8.81],
            [11.0, 8.33],
            [14.0, 9.96],
            [6.0, 7.24],
            [4.0, 4.26],
            [12.0, 10.84],
            [7.0, 4.82],
            [5.0, 5.68]
        ]
    }
)
scatter.options.get("series").append(
    {
        "type": ChartType.SCATTER,
        "name": "产品 2",
        "data": [
            [2.0, 1.04],
            [8.0, 2.95],
            [23.0, 3.58],
            [9.0, 5.81],
            [21.0, 4.33],
            [24.0, 5.96],
            [6.0, 6.24],
            [24.0, 7.26],
            [22.0, 9.84],
            [37.0, 14.82],
            [35.0, 15.68]
        ]
    }
)
scatter.set_global_opts(
    title_opts=opts.TitleOpts(title="多数据系列散点图"),
    xaxis_opts=opts.AxisOpts(type_="value", name="销量"),
    yaxis_opts=opts.AxisOpts(name="价格"),
    tooltip_opts=opts.TooltipOpts(formatter="{c}")
)
scatter.render_notebook()
```

输出结果如图 9.63 所示。

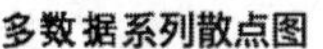

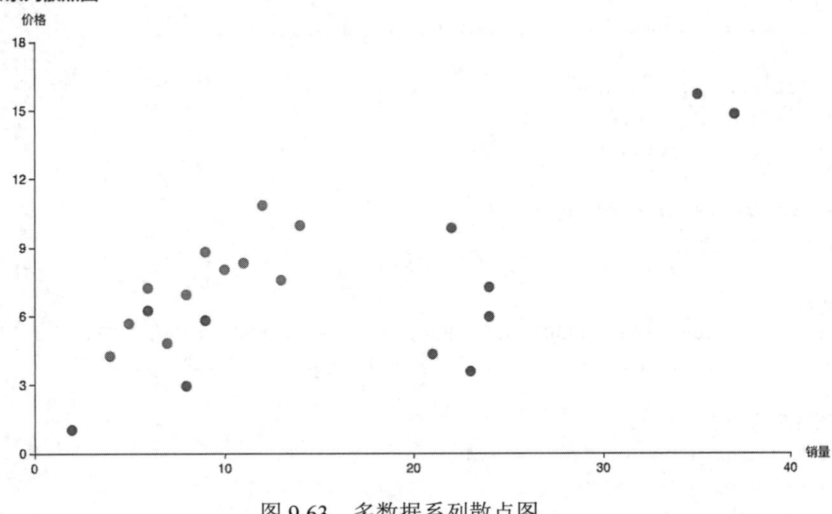

图 9.63　多数据系列散点图

9.3.11　箱形图

pyecharts 中默认的箱形图绘制方法并不支持离群点的显示。笔者提供了一种方法供读者参考，就是定义一个函数用于离群点的检测，然后用 Boxplot 类绘制正常值，用 Scatter 类绘制离群点。完整的示例见代码 9-20。

代码 9-20　绘制箱形图

```
import numpy as np
from pyecharts import options as opts
from pyecharts.charts import Boxplot
from pyecharts.globals import ChartType

def prepareBoxplotData(rawData):
    boxData = []
    outliers = []
    boundIQR = 1.5
# 利用 NumPy 的 quantile 方法计算出上四分位数、下四分位数和中位数
    for i, v1 in enumerate(rawData):
        v1sorted = sorted(v1, reverse = False)
        Q1 = np.quantile(v1, 0.25)
        Q2 = np.quantile(v1, 0.5)
        Q3 = np.quantile(v1, 0.75)

        v1min = v1sorted[0]
        v1max = v1sorted[len(v1sorted)-1]
```

```
        bound = boundIQR * (Q3 - Q1)
        low = max(v1min, Q1 - bound)
        high = min(v1max, Q3 + bound)
        boxData.append([low, Q1, Q2, Q3, high])

        for item in v1sorted:
            if(item < low or item > high):
                outliers.append([i, item])

    return (boxData, outliers)


rawData = [
    [850, 740, 900, 1070, 930, 850, 950, 980, 980, 880, 1000, 20],
    [960, 940, 960, 940, 880, 800, 850, 880, 900, 840, 830, 790],
]
# 把正常值和离群点分开
boxData = prepareBoxplotData(rawData)
print(boxData)
boxplot = Boxplot()

boxplot.add_xaxis(["expr1", "expr2"])
boxplot.add_yaxis("A", boxData[0])
# 添加离群点
outlier_options = {"type": ChartType.SCATTER, "name": "outlier", "data": boxData[1]}
boxplot.options.get("series").append(outlier_options)
boxplot.set_global_opts(title_opts=opts.TitleOpts(title="BoxPlot-基本示例"))
boxplot.render_notebook()
```

输出结果如图 9.64 所示。

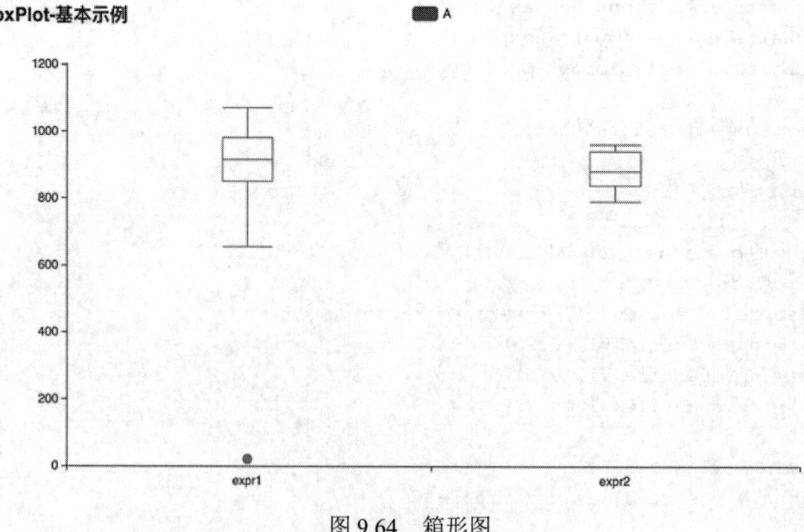

图 9.64　箱形图

9.3.12 气泡图

气泡图（bubble chart）是一种多变量的统计图表。气泡图与散点图类似，只是气泡图中的各个点大小不一致。气泡图中的每一个圆点都对应着一个三维的变量（x，y，z），其中，x 和 y 对应坐标系中的位置；z 由气泡的大小来表示。

气泡图通常用于比较数据和了解数据的分布状况，通过观察气泡的位置和大小来分析数据维度之间的相关性。例如，用 x 轴代表产品销量，y 轴代表产品利润，气泡大小代表产品市场份额占比，如图 9.65 所示。

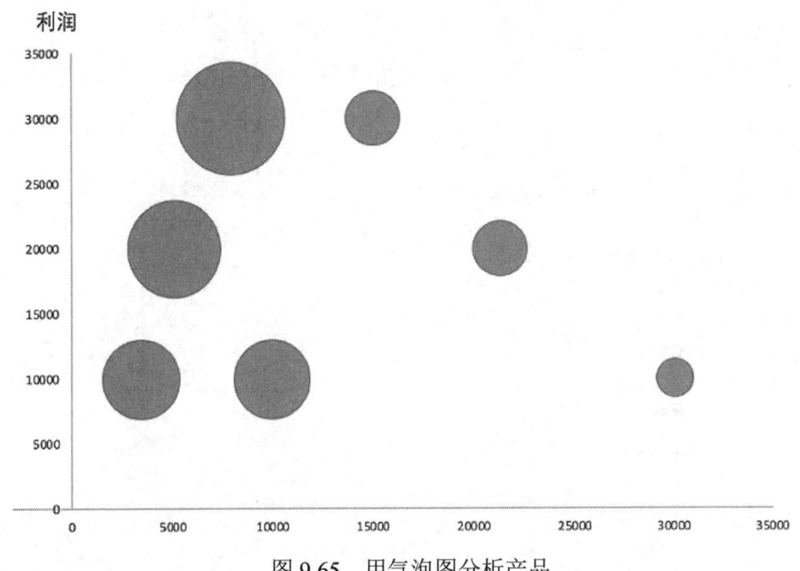

图 9.65　用气泡图分析产品

从图 9.65 可以看出大气泡主要集中在产品销量小于 15000 的区域。

绘制气泡图要用到 VisualMapOpts 对象，调用格式如下：

```
visualmap_opts=opts.VisualMapOpts(type_="size", max_=a, min_=b)
```

其中，max_代表最大值；min_代表最小值；type_参数的值固定是 size。完整示例见代码 9-21。

代码 9-21　绘制气泡图

```
from pyecharts.charts import Scatter
from pyecharts.globals import ChartType

scatter = Scatter()
# 添加两个数据系列
scatter.options.get("series").append(
    {
        "type": ChartType.SCATTER,
```

```
        "name": "产品 1",
        "data": [
          [10.0, 8.04],
            [8.0, 6.95],
            [13.0, 7.58],
            [9.0, 8.81],
            [11.0, 8.33],
            [14.0, 9.96],
            [6.0, 7.24],
            [4.0, 4.26],
            [12.0, 10.84],
            [7.0, 4.82],
            [5.0, 5.68]
        ]
    }
)
scatter.options.get("series").append(
    {
        "type": ChartType.SCATTER,
        "name": "产品 2",
        "data": [
            [2.0, 1.04],
            [8.0, 2.95],
            [23.0, 3.58],
            [9.0, 5.81],
            [21.0, 4.33],
            [24.0, 5.96],
            [6.0, 6.24],
            [24.0, 7.26],
            [22.0, 9.84],
            [37.0, 14.82],
            [35.0, 15.68]
        ]
    }
)
scatter.set_global_opts(
    title_opts=opts.TitleOpts(title="气泡图"),
    xaxis_opts=opts.AxisOpts(type_="value", name="销量"),
    yaxis_opts=opts.AxisOpts(name="价格"),
    tooltip_opts=opts.TooltipOpts(formatter="{c}"),
    visualmap_opts=opts.VisualMapOpts(type_="size", max_=20, min_=0)
)
scatter.render_notebook()
```

输出结果如图 9.66 所示。

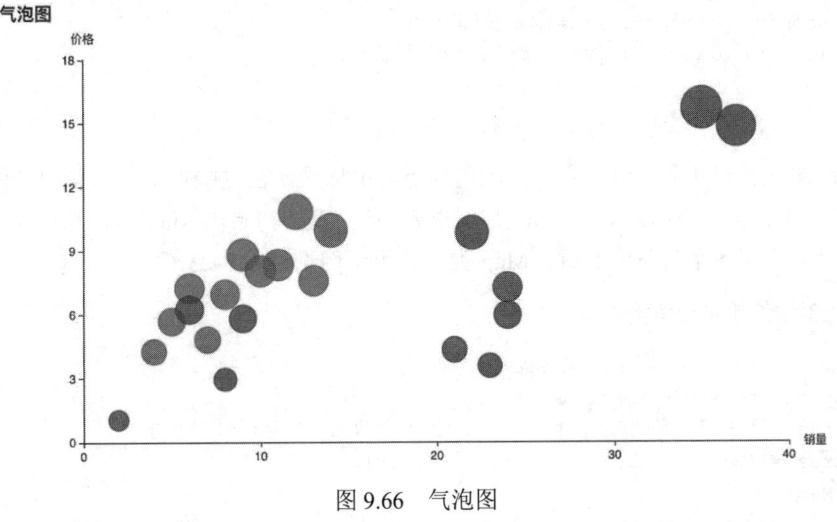

图 9.66　气泡图

9.3.13　地图

在对数据进行可视化操作时，常常把数据放置在地图上，这样更加直观和容易理解，如每个省市的销售数据。pyecharts 中用来绘制地图的类有三种：Geo、Map、BMap。Geo 类和 Map 类的调用方法大同小异，都是使用 add 方法添加数据，读者可以根据需要灵活选择使用。BMap 类用于将数据与百度地图结合使用。

下面先介绍如何使用 Geo 类绘制统计图表。首先初始化 Geo 类，然后调用 add_schema 方法引入中国地图。

```
geo = Geo()
geo.add_schema(maptype="china")
```

Geo 类的使用示例见代码 9-22。

代码 9-22　使用 Geo 类绘制地图

```
from pyecharts import options as opts
from pyecharts.charts import Geo, Page

provinces = ["广东", "北京", "上海", "江西", "湖南", "浙江", "江苏"]
mapValues = [10, 12, 31, 41, 22, 33, 35, 70]

geo = Geo()
# 引入中国地图
geo.add_schema(maptype="china")
geo.add("销量", [list(z) for z in zip(provinces, mapValues)])
# 隐藏数字
geo.set_series_opts(label_opts=opts.LabelOpts(is_show=False))
geo.set_global_opts(
```

```
    visualmap_opts=opts.VisualMapOpts(),
    title_opts=opts.TitleOpts(title="全国销量"),
)
geo.render_notebook()
```

可以在地图上看到几个省份上有不同颜色的点，鼠标悬停在这些点上可以看到具体的数字。

接着介绍 Map 类的使用。Map 类的使用比较简单，直接初始化 Map 类，然后添加数据就可以了。Map 类默认显示各个省份的名称，Map 类的使用示例见代码 9-23。

代码 9-23　使用 Map 类绘制地图

```
from pyecharts.charts import Map
from pyecharts import options as opts
provinces = ["广东", "北京", "上海", "江西", "湖南", "浙江", "江苏"]
mapValues = [10, 12, 31, 41, 22, 33, 35, 70]
map = Map()
map.add("门店数量", [list(z) for z in zip(provinces, mapValues)], "china")
map.set_global_opts(title_opts=opts.TitleOpts(title="Map-基本示例"))
map.render_notebook()
```

可以在地图上看到所有省份的名称。鼠标悬停在某个省份上，该省份的图案会高亮显示，并显示具体的销量数字。

最后介绍如何使用 BMap 类调用百度地图的数据。要调用百度地图的数据，需要申请一个百度地图的 key，步骤如下。

（1）先到 https://lbsyun.baidu.com 网站上注册一个百度地图开发者的账号。

（2）通过这个 https://lbsyun.baidu.com/apiconsole/key 创建一个应用，如图 9.67 所示。填写应用名称，应用类型选择“浏览器端”，Referer 白名单填写“*”，单击“提交”按钮。Referer 有名单代表的是调用百度地图 API 的域名，因为我们在本地计算机上通过运行 Jupyter 来分析数据，所以这里填“*”，代表不设置任何限制。

图 9.67　申请百度地图 API key

（3）在网址 https://lbsyun.baidu.com/apiconsole/key 中就会看到新建的应用，单击“设置”按钮，就可以看到百度地图 API 的 key。

有了百度地图 API 的 key 之后，就可以按如下代码创建并配置 BMap 类：

```
bmap = BMap()
bmap.add_schema(baidu_ak=BAIDU_MAP_AK, center=[x, y])
```

完整示例见代码 9-24。

代码 9-24　在百度地图上展示数据

```
from pyecharts import options as opts
from pyecharts.charts import BMap, Page

provinces = ["广东", "北京", "上海", "江西", "湖南", "浙江", "江苏"]
mapValues = [10, 12, 31, 41, 22, 33, 35, 70]
# 这个地方替换成自己申请的百度地图 API key
BAIDU_MAP_AK = "SNOG6l09qP3BiiM7zeQOe1NZC5Exxxx"

bmap = BMap()
bmap.add_schema(baidu_ak=BAIDU_MAP_AK, center=[120.13066322374, 30.240018034923])
bmap.add(
"bmap",
[list(z) for z in zip(provinces, mapValues)],
label_opts=opts.LabelOpts(formatter="{b}"),
)
bmap.set_global_opts(title_opts=opts.TitleOpts(title="BMap-基本示例"))
bmap.render_notebook()
```

9.3.14　漏斗图

漏斗图将流程划分为几个阶段，从上一个阶段到下一个阶段数据逐渐减少。漏斗图的第一阶段的数据总是 100%，然后各个阶段依次减少。每个阶段用一个梯形来表示，梯形的高度都是相同的，整体形状与漏斗相似，漏斗图不适宜用于展示没有严格逻辑先后关系的数据。

漏斗图可以直观地显示流程的推进情况，如用户转化、快递处理、电商购物等。通过漏斗图可以看出各个阶段的占比，发现流程中的问题。

用于绘制漏斗图的数据是一个二维数组，完整示例见代码 9-25。

代码 9-25　漏斗图

```
from pyecharts.charts import Funnel
from pyecharts import options as opts
from pyecharts.commons.utils import JsCode

fun = Funnel()
```

```
fun.add("商品", [
    ["展现", 100],
    ["点击", 80],
    ["访问", 60],
])
fun.set_global_opts(title_opts=opts.TitleOpts(title="Funnel-基本示例"),
                    tooltip_opts=opts.TooltipOpts(formatter=JsCode("""
                    function (params) { return   params.name + ' ' + params.value +
'%'; }"""
                    )))
fun.render_notebook()
```

输出结果如图 9.68 所示。

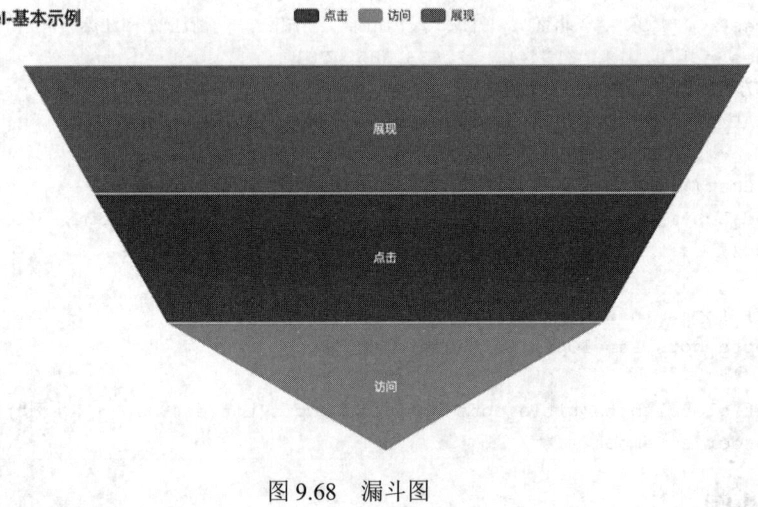

图 9.68　漏斗图

有时候需要对比多个漏斗图，可以直接修改 series 参数，具体例子参考 12.1 节。

9.3.15　雷达图

雷达图表示某个事物在各个维度上的属性，例如某个运动员在各个方面的能力，某个城市在教育、医疗等方面的水平。另外，雷达图可以用于对比多个个体的属性。

雷达图从中心点开始等角度、等间隔地放置数据轴，每个轴代表一个定量变量，各轴上的点依次连接成一个封闭的图形。雷达图一般要求展示的属性是有限的，不能过多，而且可以按照统一标准来量化。如身高和年龄，虽然单位和数值分布都不一样，但是都可以按某个标准计量。

与其他图表不同，pyecharts 中添加雷达图数据是通过 add_schema 方法。完整示例见代码 9-26。

代码 9-26　添加雷达图数据

```
from pyecharts.charts import Radar
from pyecharts import options as opts
```

```
v1 = [[4300, 10000, 28000, 35000, 50000, 19000]]
v2 = [[5000, 14000, 28000, 31000, 42000, 21000]]
radar = Radar()
# add_schema 方法用于添加数据
radar.add_schema(
    schema=[
        opts.RadarIndicatorItem(name="销售", max_=6500),
        opts.RadarIndicatorItem(name="管理", max_=16000),
        opts.RadarIndicatorItem(name="信息技术", max_=30000),
        opts.RadarIndicatorItem(name="客服", max_=38000),
        opts.RadarIndicatorItem(name="研发", max_=52000),
        opts.RadarIndicatorItem(name="市场", max_=25000),
    ]
)
radar.add("预算分配", v1)
radar.add("实际开销", v2)
radar.set_series_opts(label_opts=opts.LabelOpts(is_show=False))
radar.set_global_opts(title_opts=opts.TitleOpts(title="雷达图基本示例"))
radar.render_notebook()
```

输出结果如图 9.69 所示。

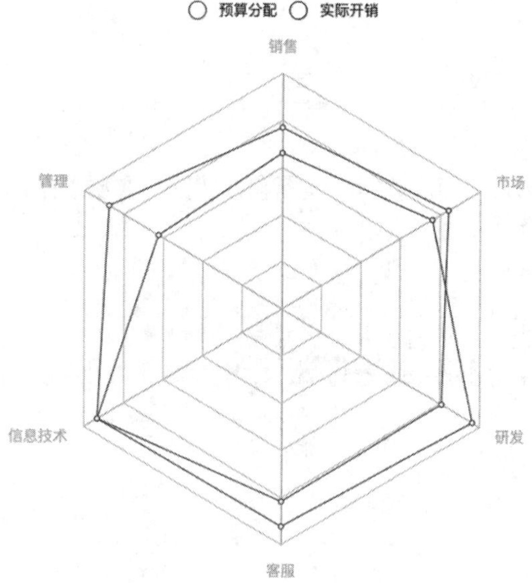

图 9.69　雷达图

通过设置 selected_mode 参数可以实现单击图例查看具体系列的图例的功能，例如：

```
radar.set_global_opts(title_opts=opts.TitleOpts(title="雷达图基本示例"),
                      legend_opts=opts.LegendOpts(selected_mode="single"))
```

输出结果如图 9.70 所示。

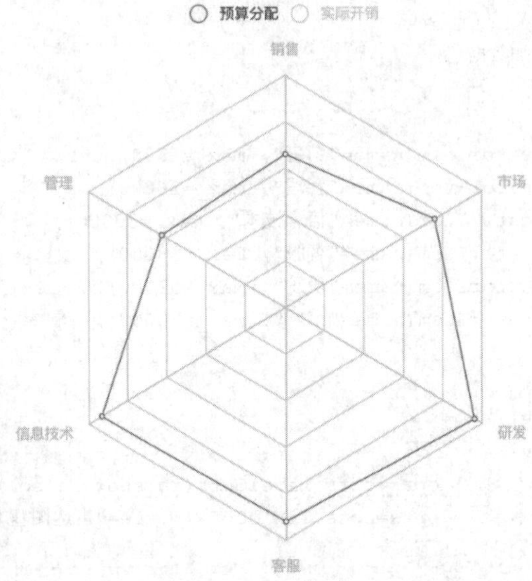

图 9.70　可单个查看的雷达图

9.3.16　绘制组合图表

组合图表就是把多张图表绘制到同一坐标系中，常见的组合图表就是折线图与柱状图的组合、双 y 轴图表。

pyecharts 中要在同一张图表中同时绘制折线图和柱状图，实质上是添加多个不同种类的数据系列，下面是折线图与柱状图的组合的示例代码。

代码 9-27　折线图与柱状图的组合

```
from pyecharts.charts import Bar
from pyecharts.globals import ChartType
bar = Bar()
bar.add_xaxis(['1月', '2月', '3月', '4月', '5月', '6月', '7月', '8月', '9月', '10月', '11月', '12月'])
bar.options.get("series").append(
    {
        "type": ChartType.BAR,
        "name": "蒸发量",
        "data": [2.0, 4.9, 7.0, 23.2, 25.6, 76.7, 135.6, 162.2, 32.6, 20.0, 6.4, 3.3]
    }
)
bar.options.get("series").append(
    {
        "type": ChartType.LINE,
```

```
        "name": "平均温度",
        "data": [2.0, 2.2, 3.3, 4.5, 6.3, 10.2, 20.3, 23.4, 23.0, 16.5, 12.0, 6.2]
    }
)
bar.set_global_opts(
    xaxis_opts=opts.AxisOpts(type_="category"),
    yaxis_opts=opts.AxisOpts(type_="value"),
    title_opts=opts.TitleOpts(title="柱状图和折线图组合")
)
bar.render_notebook()
```

输出结果如图 9.71 所示。

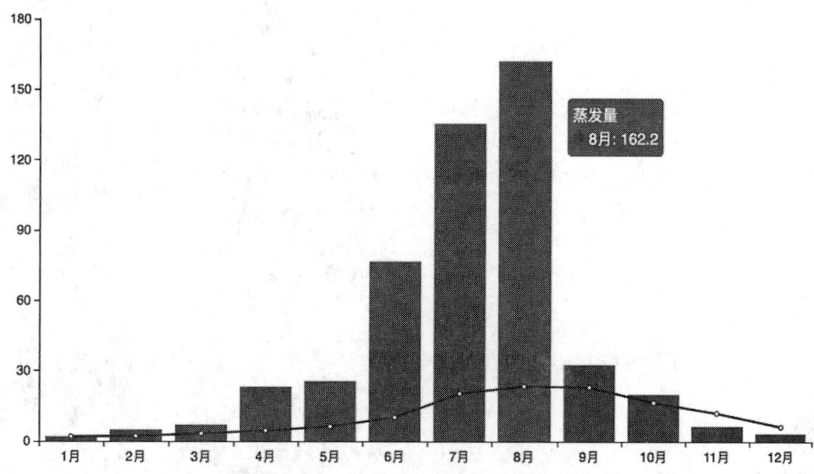

图 9.71　柱状图和折线图构成一个组合图表

用 pyecharts 绘制双 y 轴图表有两个要点：

（1）添加两个折线类型的数据系列。

（2）添加另一个 y 轴的配置。代码格式如下：

```
bar.options.get("yAxis").append({
    "type": 'value',
    "name": name
})
```

下面是双 y 轴图表的示例代码。

代码 9-28　双 y 轴图表

```
from pyecharts.charts import Bar
from pyecharts.globals import ChartType
bar = Bar()
```

```
bar.add_xaxis(['1月', '2月', '3月', '4月', '5月', '6月', '7月', '8月', '9月', '10月',
'11月', '12月'])
bar.options.get("series").append(
    {
        "type": ChartType.LINE,
        "name": "蒸发量",
        "data": [2.0, 4.9, 7.0, 23.2, 25.6, 76.7, 135.6, 162.2, 32.6, 20.0, 6.4, 3.3]
    }
)
bar.options.get("series").append(
    {
        "type": ChartType.LINE,
        "name": "平均温度",
        "yAxisIndex": 1,
        "data": [2.0, 2.2, 3.3, 4.5, 6.3, 10.2, 20.3, 23.4, 23.0, 16.5, 12.0, 6.2]
    }
)
bar.set_global_opts(
    yaxis_opts=opts.AxisOpts(type_="value", name="水量"),
    xaxis_opts=opts.AxisOpts(type_="category", name="月份"),
    title_opts=opts.TitleOpts(title="双y轴折线图")
)
# 添加另一个y轴
bar.options.get("yAxis").append({
    "type": 'value',
    "name": '温度',
    "axisLabel": {"formatter": '{value} °C'}
})
bar.render_notebook()
```

输出结果如图 9.72 所示。

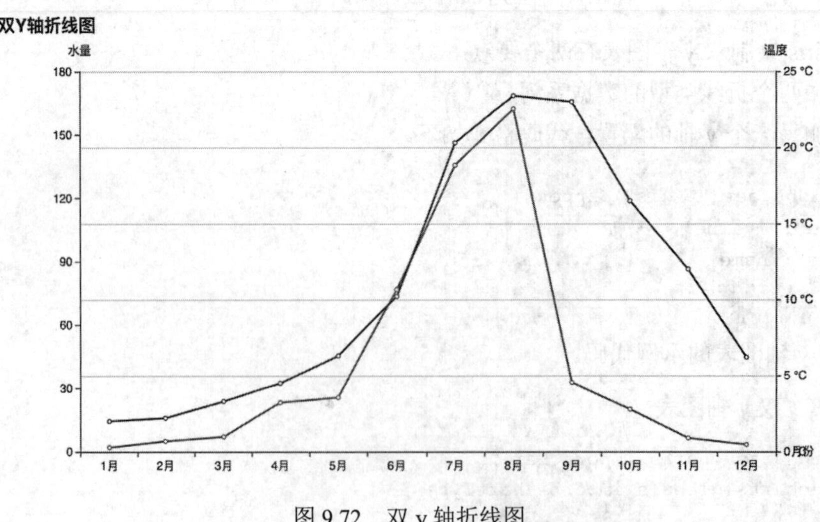

图 9.72　双 y 轴折线图

9.4 小结

本章主要介绍了如何用 matplotlib 和 pyecharts 绘制常用的统计图表。

本章介绍的图表类型与功能总结见表 9.8。读者可以根据实际需求，选择合适的图表。

表 9.8 常用图表的类型与功能

图 表	功 能
折线图	时间序列、趋势
柱状图	分布、比较
直方图	分布、比较
箱形图	分布、比较
堆叠面积图	比较、组成、趋势
散点图、气泡图	关系、分布、趋势
饼图	组成、比较
漏斗图	组成
雷达图	比较

Pandas 里用 plot 方法调用 matplotlib 库来绘图。DataFrame 的 plot 方法的常用参数及调用例子总结见表 9.9。kind 参数与图表类型的对应关系请参考表 9.1。

表 9.9 plot 方法的常用参数及调用例子

参 数	说 明	例 子
kind	图表类型	df.plot(kind="line")
title	图表的标题	df.plot(title="标题")
legend	是否显示图例	df.plot(legend=False)
grid	是否显示网格	df.plot(grid=True)
fontsize	x 轴和 y 轴的字体大小	df.plot(fontsize=8)
xlim	设置 x 轴的范围	df.plot(ylim=(5, 40))
ylim	设置 y 轴的范围	df.plot(xlim=(5, 40))
rot	调整 x 轴和 y 轴标签的方向	df.plot(rot=360)

pyecharts 绘制图表的主要步骤如下：

（1）从 pyecharts.charts 引入相关图表类和图表选项对象。

（2）准备用于绘制图表的数据。

（3）初始化具体的图表类型类。

（4）添加图表数据。

（5）配置图表参数。

（6）调用图表类的 render_notebook 方法。

第 3 篇

Python 数据分析实战

第10章

产品数据分析

产品数据分析广泛应用于传统商品批发和电子商务领域。本章从产品的维度来进行数据分析，通过 4 个案例展示如何使用 Pandas 进行以下几个方面的数据分析：

- 了解各产品线的状况。
- 评估各产品线的优劣。
- 发现产品销售的历史规律。
- 产品促销活动效果的分析。

本章第 1～3 节用到的数据集均来自链接 https://data.world/annjackson /2019-superstore，数据集的文件格式是 CSV。第 4 节用到的数据集是某次促销活动的优惠券使用情况记录，数据集的文件格式是 xlsx。

10.1 了解各个产品分类的大概状况

扫一扫，看视频

一般产品数据分析会先从各个类别的产品销售数据开始。获取了产品销售数据之后，第一步快速了解各个产品分类的产品结构。产品结构主要指以下内容：

（1）一级分类下的各个品种数量。

（2）二级分类下的各个品种数量和价格分布状况。

（3）二级分类下的各个品种的销售额和利润。

本节将基于示例数据介绍如何用 Pandas 得出以上信息，示例数据的字段说明见表 10.1。

表 10.1　字段说明

字　段	描　述
Category	产品一级分类
Sub-Category	产品二级分类
Segment	产品部门
Order ID	订单 ID
Order Date	订单日期
Product Name	产品名称
Quantity	订单产品数量
Discount	折扣
Number of Records	商品条目
Sales	销售额
Profit	利润
Customer Name	客户姓名
Country	国家
State	州
Region	地区
City	城市
Postal Code	邮政编码
Manufacturer	生产商
Ship Date	送货日期
Ship Mode	送货模式

先用 read_csv 方法读取 CSV 文件中的数据，并用 Pandas 内置的 info 方法了解数据的概况。

```
superStoreData = pd.read_csv("Superstore-dataworld.csv")
superStoreData.info()
```

输出结果如下：

```
<class 'pandas.core.frame.DataFrame'>
RangeIndex: 9994 entries, 0 to 9993
Data columns (total 20 columns):
 #   Column             Non-Null        Count   Dtype
---  ------           --------------  -----
 0   Category           9994 non-null    object
 1   City               9994 non-null    object
 2   Country            9994 non-null    object
 3   Customer Name      9994 non-null    object
 4   Discount           9994 non-null    float64
 5   Number of Records  9994 non-null    int64
 6   Order Date         9994 non-null    object
 7   Order ID           9994 non-null    object
 8   Postal Code        9983 non-null    float64
 9   Manufacturer       9994 non-null    object
 10  Product Name       9994 non-null    object
 11  Profit             9994 non-null    float64
 12  Quantity           9994 non-null    int64
 13  Region             9994 non-null    object
 14  Sales              9994 non-null    float64
 15  Segment            9994 non-null    object
 16  Ship Date          9994 non-null    object
 17  Ship Mode          9994 non-null    object
 18  State              9994 non-null    object
 19  Sub-Category       9994 non-null    object
dtypes: float64(4), int64(2), object(14)
memory usage: 1.5+MB
```

从输出结果可以看到“Postal Code”这一列有比较多的缺失值，但对做产品数据分析没有影响，可以暂时忽略。

用 value_counts 方法查看一级分类：

```
superStoreData['Category'].value_counts()
```

输出结果如下：

```
Office Supplies    6026
Furniture         2121
Technology        1847
Name: Category, dtype: int64
```

查看订单数量和每个订单的商品个数：

```
superStoreData['Order ID'].value_counts()
```

输出结果如下：

```
CA-2018-100111    14
CA-2018-157987    12
CA-2017-165330    11
US-2017-108504    11
CA-2017-105732    10
                  ...
CA-2018-148012     1
US-2018-132206     1
CA-2017-112025     1
CA-2018-133249     1
CA-2018-104850     1
Name: Order ID, Length: 5009, dtype: int64
```

从输出结果可以看到总共有 5009 个订单，其中订单号为“CA-2018-100111”的货物数量最多。

了解数据的大概情况后，回顾解决本节开篇提出的问题。

（1）分别统计一级分类和二级分类下的产品数量。

（2）分别统计一级分类和二级分类的利润总和、销售额总和。

统计一级分类下的产品数量，需要按产品名称排除重复项。

```
categoryProduct = superStoreData.groupby("Category")["Product Name"].agg(['nunique'])
categoryProduct.reset_index().set_index('Category').plot.barh()
```

输出结果如图 10.1 所示。

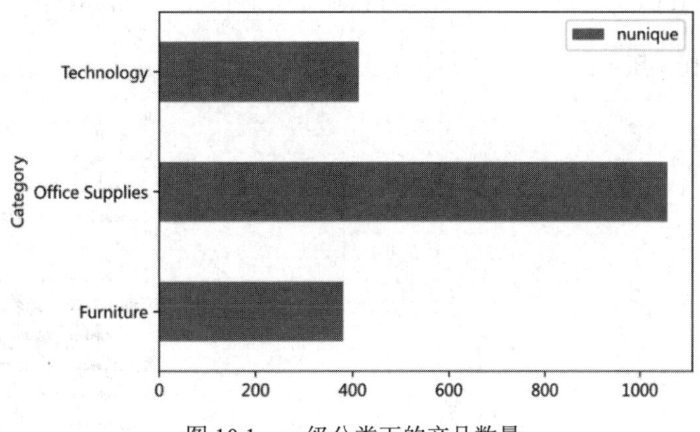

图 10.1　一级分类下的产品数量

同理，统计二级分类下的产品数量。

```
subCategoryProduct = superStoreData.groupby("Sub-Category")["Product Name"].agg(['nunique'])
subCategoryProduct.reset_index().set_index('Sub-Category').plot.barh()
```

输出结果如图 10.2 所示。

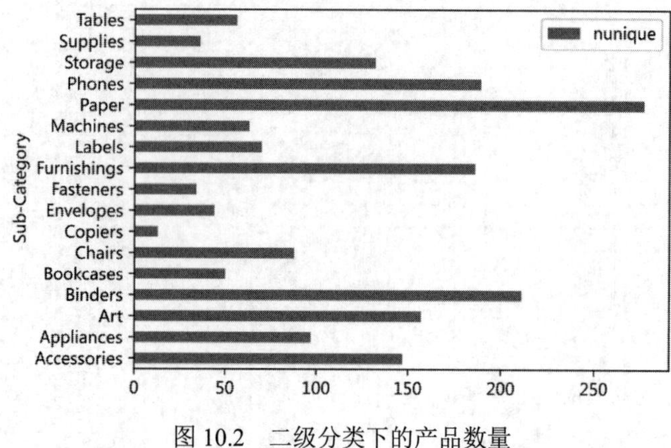

图 10.2　二级分类下的产品数量

从图 10.1 可以看出办公用品分类下的产品数量最多，从图 10.2 可以看出在二级分类中纸张、黏合剂的产品数量最多。

计算一级分类下的产品利润和销售额总和。

```
superStoreData.groupby("Category").sum()[['Profit', 'Sales']]
```

输出结果如图 10.3 所示。

计算二级分类下的产品利润和销售额总和。

```
superStoreData.groupby("Sub-Category").sum()[['Profit', 'Sales']]
```

输出结果如图 10.4 所示：

Category	Profit	Sales
Furniture	18451.2728	741999.7953
Office Supplies	122490.8008	719047.0320
Technology	145454.9481	836154.0330

图 10.3　一级分类下的产品总利润和总销售额统计

Sub-Category	Profit	Sales
Accessories	41936.6357	167380.3180
Appliances	18138.0054	107532.1610
Art	6527.7870	27118.7920
Binders	30221.7633	203412.7330
Bookcases	-3472.5560	114879.9963
Chairs	26590.1663	328449.1030
Copiers	55617.8249	149528.0300
Envelopes	6964.1767	16476.4020
Fasteners	949.5182	3024.2800
Furnishings	13059.1436	91705.1640
Labels	5546.2540	12486.3120
Machines	3384.7569	189238.6310
Paper	34053.5693	78479.2060
Phones	44515.7306	330007.0540
Storage	21278.8264	223843.6080
Supplies	-1189.0995	46673.5380
Tables	-17725.4811	206965.5320

图 10.4　二级分类下的产品总利润和总销售额统计

把一级分类下的销售额情况绘制成柱状图，可以对比分析三个一级分类之间的销售额的差异。

```
categoryStat = superStoreData.groupby("Category").sum().reset_index()
categoryStat[['Category', 'Sales']].set_index('Category').plot.bar()
```

输出结果如图 10.5 所示。

把一级分类下的利润情况绘制成柱状图，可以对比分析三个一级分类之间的利润的差异。

```
categoryStat[['Category', 'Profit']].set_index('Category').plot.bar()
```

输出结果如图 10.6 所示。

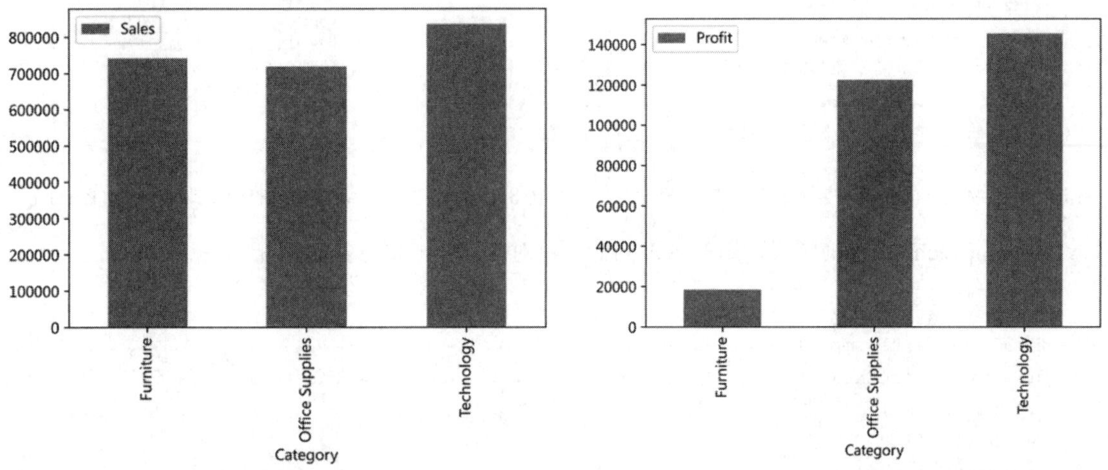

图 10.5　一级分类下的产品销售额情况　　图 10.6　一级分类下的产品利润情况

从图 10.5～图 10.6 可以直观地看到三个一级分类的销售额是差不多的，但是利润有明显差异。家具类的产品总利润偏低。

查看二级分类下的产品数目分布状况。

```
df = superStoreData.groupby(["Category","Sub-Category"])["Product
Name"].agg(['nunique']).reset_index()
df.to_excel("category.xlsx")
```

统计结果如图 10.7 所示。

上面的结果可以导出成 Excel 表格，通过合并单元格变成更容易阅读的形式，如图 10.8 所示。

	Category	Sub-Category	nunique
0	Furniture	Bookcases	50
1	Furniture	Chairs	88
2	Furniture	Furnishings	186
3	Furniture	Tables	56
4	Office Supplies	Appliances	97
5	Office Supplies	Art	157
6	Office Supplies	Binders	211
7	Office Supplies	Envelopes	44
8	Office Supplies	Fasteners	34
9	Office Supplies	Labels	70
10	Office Supplies	Paper	277
11	Office Supplies	Storage	132
12	Office Supplies	Supplies	36
13	Technology	Accessories	147
14	Technology	Copiers	13
15	Technology	Machines	63
16	Technology	Phones	189

图 10.7　一级分类和二级分类下的产品数目统计

	A	B	C	D
1	Category	Sub-Category	子分类合计	合计
2		Bookcases	50	
3	Furniture	Chairs	88	380
4		Furnishings	186	
5		Tables	56	
6		Appliances	97	
7		Art	157	
8		Binders	211	
9		Envelopes	44	
10	Office Supplies	Fasteners	34	1058
11		Labels	70	
12		Paper	277	
13		Storage	132	
14		Supplies	36	
15		Accessories	147	
16	Technology	Copiers	13	412
17		Machines	63	
18		Phones	189	
19				
20				
21				
22				

图 10.8　一级分类和二级分类下的产品数目统计（Excel 表）

接着用 pyecharts 绘制图表，用三种不同的颜色对应三个一级分类。

```
from pyecharts.charts import Bar
from pyecharts import options as opts
df = superStoreData.groupby(["Category","Sub-Category"])["Product Name"].agg(['nunique'])
.reset_index()
barData = []
categoryColor = {
    'Furniture': '#342ead',          #紫色
    'Office Supplies': '#ea6227',    #橙色
    'Technology': '#f2a51a'          #黄色
}
for index, row in df.iterrows():
    barData.append({'value': int(row['nunique']),
      'itemStyle':{'color': categoryColor[row['Category']]}})

bar = Bar()
# 设置 x 轴数据
bar.add_xaxis(list(df['Sub-Category']))
# 设置 y 轴数据
bar.add_yaxis("", barData)
bar.reversal_axis()
bar.set_global_opts(title_opts=opts.TitleOpts(title="二级分类"))
bar.render_notebook()
```

输出结果如图 10.9 所示。

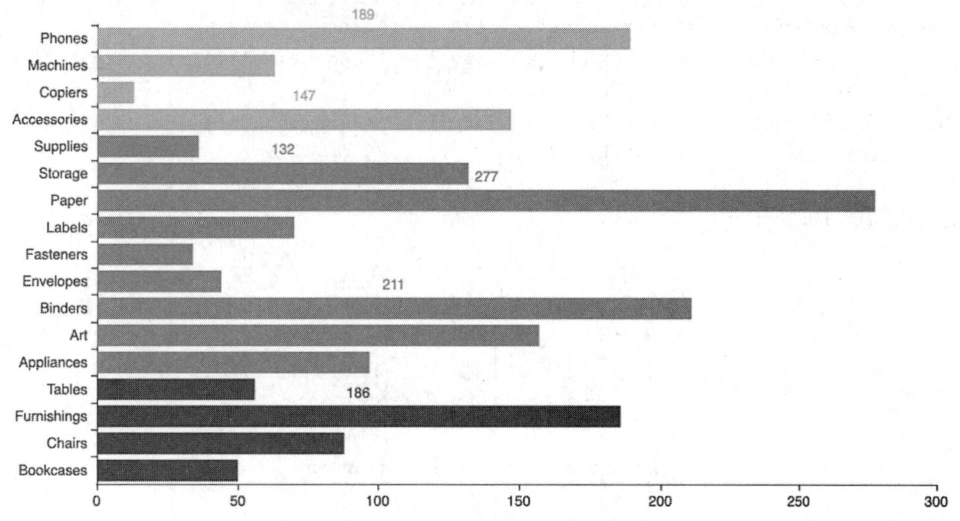

图 10.9　用 pyecharts 绘制产品数量统计图

接着研究二级分类的价格分布。首先通过每个订单中每条记录的总价除以数量计算单价，然后绘制其中一个二级分类 Phones 的价格盒形图。

```
superStoreData['Price'] = superStoreData['Sales']/superStoreData['Quantity']
superStoreData[superStoreData['Sub-Category'] == 'Phones']['Price'].plot.box()
```

输出结果如图 10.10 所示。

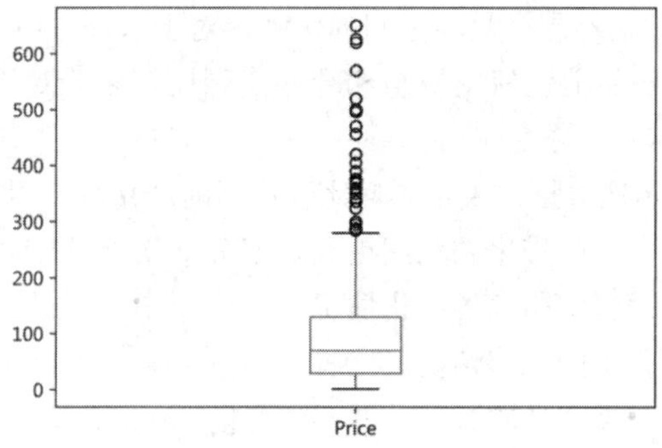

图 10.10　盒形图

可以利用 subplots 方法，把四个二级分类的价格盒形图放到一起比较。

```
pricefig, priceaxes = plt.subplots(nrows=2, ncols=2)
plt.subplots_adjust(hspace=0.5)
superStoreData[superStoreData['Sub-Category'] == 'Chairs']['Price'].plot.box(
    ax=priceaxes[0,0], title="Chairs")
superStoreData[superStoreData['Sub-Category'] == 'Tables']['Price'].plot.box(
```

```
    ax=priceaxes[0,1], title="Tables")
superStoreData[superStoreData['Sub-Category'] == 'Bookcases']['Price'].plot.box(
    ax=priceaxes[1,0], title="Bookcases")
superStoreData[superStoreData['Sub-Category'] == 'Furnishings']['Price'].plot.box(
    ax=priceaxes[1,1], title="Furnishings")
```

输出结果如图 10.11 所示。

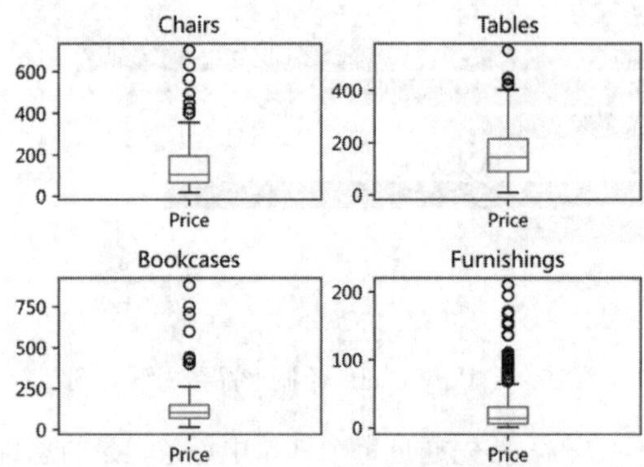

图 10.11　比较 4 个二级分类的价格范围

扫一扫，看视频

10.2　比较不同的产品线

商业数据分析中常常要评估不同产品线之间的优劣。对于那些占用库存多而且销量不佳的产品线应该及时调整，因为这类产品消耗流动资金和仓储资源比较多。对于那些销售情况良好的产品线，可以适当加大投入。

本节继续利用 10.1 节的示例数据，演示如何比较不同的产品线，用数据分析解决以下问题：

（1）家具类产品哪个子分类的带来的利润更高？哪个子分类销售额更高？

（2）家具类产品在不同地区和国家的销售情况。

（3）家具类产品在不同月份的销售情况。

先从 CSV 文件里提取家具类产品的数据，并存到变量 furnitureData 中。

```
superStoreData = pd.read_csv("data/Superstore-dataworld.csv")
furnitureData = superStoreData[superStoreData['Category'] == 'Furniture'].copy()
```

计算每个子分类的利润值。

```
furnitureData.groupby("Sub-Category").sum().reset_index()[['Sub-Category', 'Profit']]
```

输出结果如下：

```
   Sub-Category  Profit
0  Bookcases     -3472.5560
1  Chairs        26590.1663
2  Furnishings   13059.1436
3  Tables       -17725.4811
```

可以看出 Bookcases 和 Tables 是亏损的，Chairs 的利润最高。接着把四个子分类的销售量计算出来，并绘制成柱状图。

```
furnitureSales = furnitureData.groupby("Sub-Category").sum().reset_index()[['Sub-Category', 'Sales']]
bar = Bar()
bar.add_xaxis(furnitureSales['Sub-Category'].tolist())
bar.add_yaxis("销售量", furnitureSales['Sales'].tolist())
bar.set_global_opts(title_opts=opts.TitleOpts(title="家具产品四个子分类销量"),
            toolbox_opts=opts.ToolboxOpts())
bar.render_notebook()
```

输出结果如图 10.12 所示。

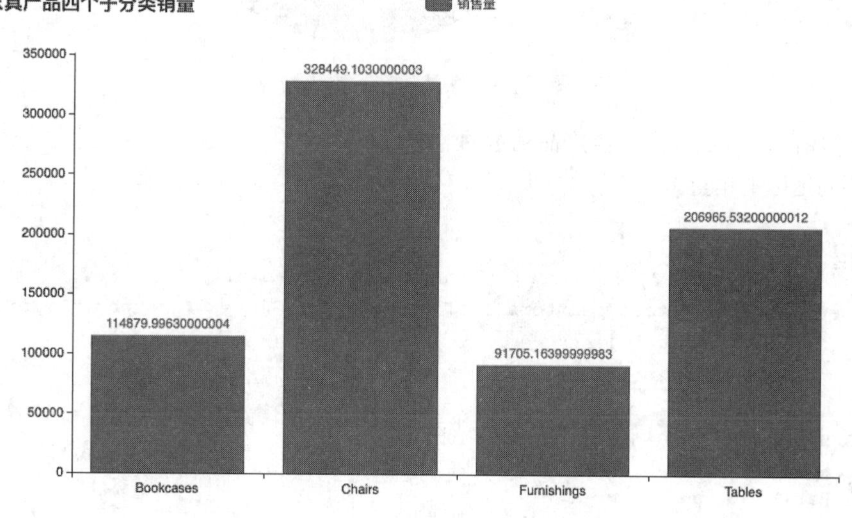

图 10.12　家具产品四个子分类的销量图

从图 10.12 可以看出，Chairs 的销量是最高的。

利用饼图查看这四个子分类的销量构成比例。

```
data = [ [item['Sub-Category'], item['Sales']] for index, item in furnitureSales.iterrows()]
pie = Pie()
pie.add("", data)
pie.set_global_opts(title_opts=opts.TitleOpts(title="销售构成"))
# 设置标签格式
```

```
pie.set_series_opts(label_opts=opts.LabelOpts(formatter="{b}: {c}"))
pie.render()
pie.render_notebook()
```

绘制的饼图如图 10.13 所示。

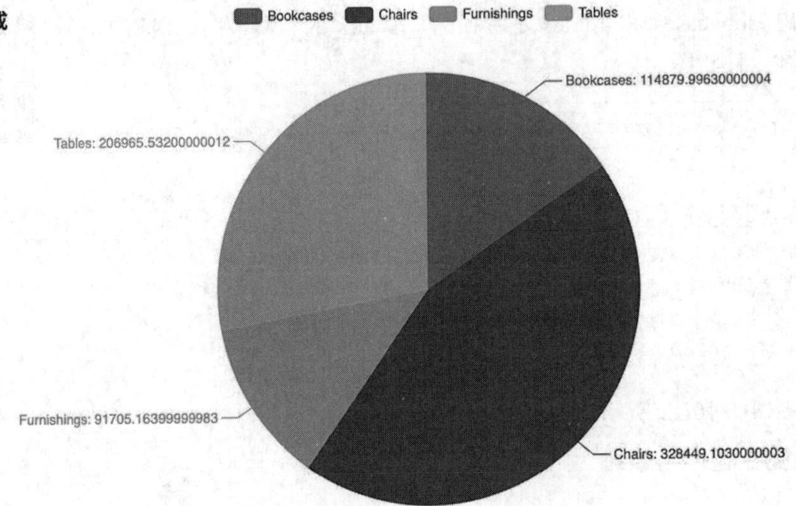

图 10.13　家具类产品销售构成

Chairs 的销量几乎占了家具类产品销量的一半。

计算不同地区的销量。

```
regionSales = {}
for c in ['Bookcases', 'Chairs', 'Furnishings', 'Tables']:
    s = superStoreData[superStoreData['Sub-Category'] ==c].groupby("Region")
        .sum().reset_index()
    regionSales[c] = s
```

利用 regionSales 绘制不同地区销量的柱状图。

```
bar = Bar()
# Region 有四个可能值'Central', 'East', 'South', 'West'
bar.add_xaxis(['Central', 'East', 'South', 'West'])
for c in ['Bookcases', 'Chairs', 'Furnishings', 'Tables']:
    bar.add_yaxis(c, regionSales[c]['Sales'].tolist())
bar.set_global_opts(title_opts=opts.TitleOpts(title="不同地区比较"),
                    toolbox_opts=opts.ToolboxOpts())
bar.set_series_opts(label_opts=opts.LabelOpts(is_show=False))
bar.render_notebook()
```

输出结果如图 10.14 所示。

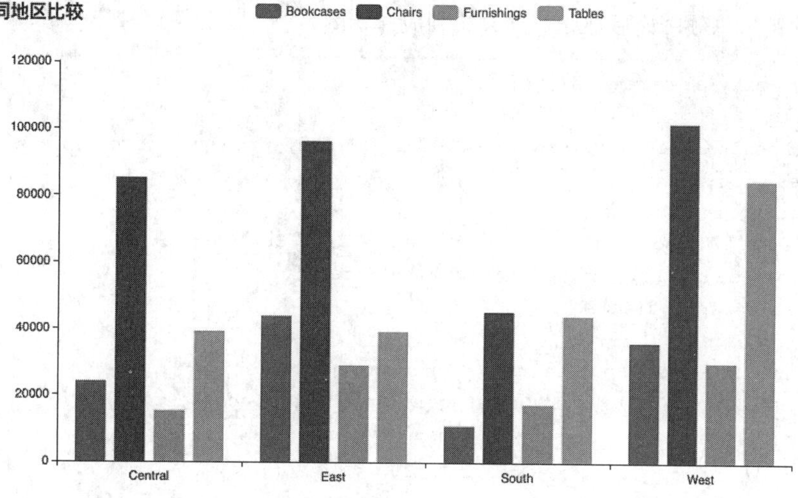

图 10.14　不同地区的销量比较图

可以看出 Chairs 在不同地区的销量都不错，高于其他品类。

除了不同地区的数据，还可以查看不同城市的数据。但是数据集里面的城市数量非常多，如果都放到柱状图里面，不方便观察规律，所以这里先选取销售排名靠前的城市。

```
citySalesDf = superStoreData.groupby('City').sum().reset_index()
citySalesDf = citySalesDf.sort_values(by='Sales', ascending=False)
citySalesSum = citySalesDf['Sales'].sum()
print(citySalesSum)
citySalesDf['percent'] = (100 * citySalesDf['Sales']) / citySalesSum
# 销售额排名前 10
citySalesDf.head(10)
```

输出结果如图 10.15 所示。

	City	Discount	Number of Records	Postal Code	Profit	Quantity	Sales	percent
329	New York City	51.40	915	9168909.0	62036.9837	3417	256368.1610	11.160024
266	Los Angeles	55.50	747	67252887.0	30440.7579	2879	175851.3410	7.655027
452	Seattle	27.80	428	41989758.0	29156.0967	1590	119540.7420	5.203757
438	San Francisco	34.00	510	47998395.0	17507.3854	1935	112669.0920	4.904625
374	Philadelphia	175.50	537	10275302.0	-13837.7674	1981	109077.0130	4.748258
207	Houston	143.14	377	29052387.0	-10153.5485	1466	64504.7604	2.807972
80	Chicago	120.50	314	19037248.0	-6654.5688	1132	48539.5410	2.112986
437	San Diego	13.60	170	15650880.0	6377.1960	670	47521.0290	2.068649
216	Jacksonville	35.85	125	3843200.0	-2323.8350	429	44713.1830	1.946420
464	Springfield	23.20	163	9016357.0	6200.6974	649	43054.3420	1.874209

图 10.15　销售额排名前 10 的城市

下面的代码先把排名前 10 的城市保存到 Python 列表，然后通过自定义函数计算获取每个分类下各个城市的销售总额，最后把计算结果绘制成柱状图。

```
cities = citySalesDf.head(10)['City'].tolist()
citySales = {}
def getFurnitureCategory(superStoreData, cities, productCategory):
    sales = []
    for city in cities:
        sale = superStoreData[ (superStoreData['Sub-Category'] == productCategory) &
(superStoreData['City'] == city)].sum()['Sales']
        sales.append(sale)
    return sales
for c in ['Bookcases', 'Chairs', 'Furnishings', 'Tables']:
    citySales[c] = getFurnitureCategory(superStoreData, cities, c)

bar = Bar()
bar.add_xaxis(cities)
for c in ['Bookcases', 'Chairs', 'Furnishings', 'Tables']:
    bar.add_yaxis(c, citySales[c])

bar.set_global_opts(title_opts=opts.TitleOpts(title="不同城市比较"),
                    toolbox_opts=opts.ToolboxOpts())
bar.set_series_opts(label_opts=opts.LabelOpts(is_show=False))
bar.render_notebook()
```

输出结果如图 10.16 所示。

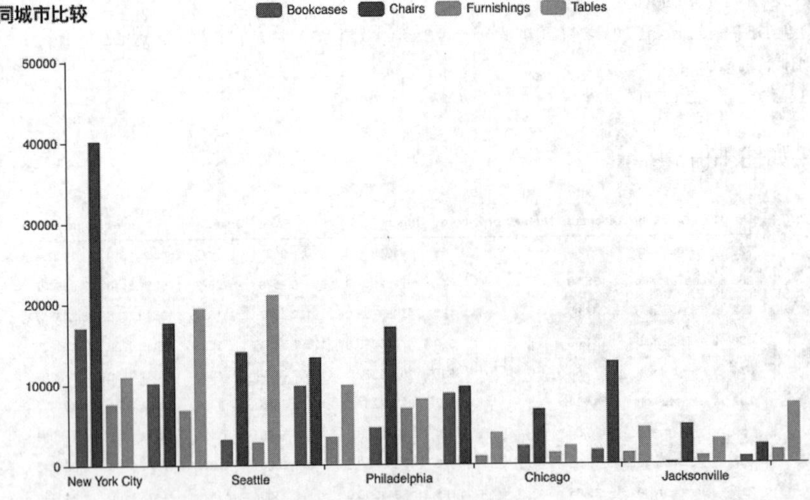

图 10.16　不同城市的销量比较

从图 10.16 可以看出：

（1）Chairs 在各个城市的销量都不错，Furnishings 在各个城市的销量占比都不高。

（2）有些城市 Tables 的销量要高于 Chairs。

最后来探索一下产品分类和销售月份之间的关系。首先计算出每个订单的销售月份，代码如下：

```
furnitureData['Order Date'] = pd.to_datetime(furnitureData['Order Date'])
furnitureData['OrderMonth'] = furnitureData['Order Date'].apply(lambda x: x.month)
```

然后统计每个分类的月销售总额。

```
monthSales = {}
def getFurnitureCategory(furnitureData, productCategory):
    sales = []
    for month in range(1, 12+1):
        sale = furnitureData[ (furnitureData['Sub-Category'] == productCategory) &
(furnitureData['OrderMonth'] == month)].sum()['Sales']
        sales.append(sale)
    return sales
for c in ['Bookcases', 'Chairs', 'Furnishings', 'Tables']:
    monthSales[c] = getFurnitureCategory(furnitureData, c)
```

接着把统计结果绘成柱状图，代码如下：

```
bar = Bar()
bar.add_xaxis([ "{m}月".format(m=i+1) for i in range(0, 12)])
for c in ['Bookcases', 'Chairs', 'Furnishings', 'Tables']:
    bar.add_yaxis(c, monthSales[c])

bar.set_global_opts(title_opts=opts.TitleOpts(title="不同月份比较"),
                    toolbox_opts=opts.ToolboxOpts())
bar.set_series_opts(label_opts=opts.LabelOpts(is_show=False))
bar.render_notebook()
```

输出结果如图 10.17 所示。

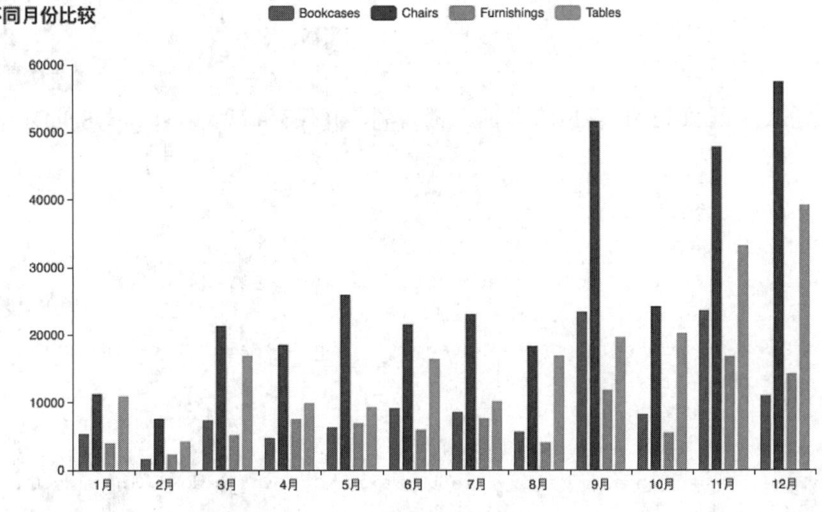

图 10.17　不同月份的销量比较

从图 10.17 可以看出 Chairs 各个月份的销售量都不错。

扫一扫，看视频

10.3 发现历史销售数据的时间规律

一般来说，要发现商品销售的时间规律，需要观察连续几年的数据。因为一些特定日期或月份的销售情况，要通过至少两年的对比，才能确认销售的变化是偶然的还是规律性的。

本节继续使用 10.1 节中的示例数据，演示如何发现历史销售数据的时间规律。数据分析的步骤如下：

（1）用 Pandas 统计产品在一级分类和产品二级分类下各个月份的销售额。

（2）用折线图把每个月份的销售情况记录下来，通过观察折线图的走势发现规律。

首先从 CSV 文件导入数据，转换数据类型，抽取出订单日期中的年份和月份，并存到 OrderYear 和 OrderMonth 两个字段中。

```
superStoreData = pd.read_csv("data/Superstore-dataworld.csv")
superStoreData['Order Date'] = pd.to_datetime(superStoreData['Order Date'])
superStoreData['OrderYear'] = superStoreData['Order Date'].apply(lambda x : x.year)
superStoreData['OrderMonth'] = superStoreData['Order Date'].apply(lambda x : x.month)
```

用 min 方法和 max 方法查看日期范围，可以看到销售数据的年份是从 2015 年至 2018 年。

```
print(superStoreData['Order Date'].min())
print(superStoreData['Order Date'].max())
```

输出结果如下：

```
2015-01-03 00:00:00
2018-12-30 00:00:00
```

计算一级分类下的 2015 年至 2018 年的月销售额，并保存到变量 categorySaleDf 中。

```
categorySaleSum = []
for y in [2015, 2016, 2017, 2018]:
    for m in range(1, 13):
        saleSum = superStoreData[(superStoreData['OrderYear'] == y)
          & (superStoreData['OrderMonth'] == m)]
        saleSum = saleSum.groupby('Category').sum()['Sales'].reset_index()
        saleSum['year'] = y
        saleSum['month'] = m
        categorySaleSum.append(saleSum)
categorySaleDf = pd.concat(categorySaleSum, axis=0).reset_index().drop(columns=['index'])
categorySaleDf['year_month']  =  categorySaleDf.apply(lambda  x  :  "{y}-{m}".format
```

```
(y=x['year'], m=x['month']), axis=1 )
categorySaleDf
```

计算结果如图 10.18 所示。

	Category	Sales	year	month	year_month
0	Furniture	6242.5250	2015	1	2015-1
1	Office Supplies	4851.0800	2015	1	2015-1
2	Technology	3143.2900	2015	1	2015-1
3	Furniture	1839.6580	2015	2	2015-2
4	Office Supplies	1071.7240	2015	2	2015-2
...	...	...	...	...	...
139	Office Supplies	31472.3370	2018	11	2018-11
140	Technology	49918.7730	2018	11	2018-11
141	Furniture	31407.4668	2018	12	2018-12
142	Office Supplies	30436.9420	2018	12	2018-12
143	Technology	21984.9100	2018	12	2018-12

图 10.18　一级分类的月销量

下面的代码把三个一级分类（Furniture、Office Supplies、Technology）都绘制到同一个图表上。在输出的图表上可以通过单击图例一栏，切换不同的分类来查看数据。

```
months = categorySaleDf['year_month'].unique().tolist()
categories = categorySaleDf['Category'].unique().tolist()
def getMonthSale(df, c, months):
    sales = []
    for m in months:
        s = df[ (df['year_month'] == m) & (df['Category'] == c) ]['Sales']
        sales.append(s.iloc[0])
    return sales

lineChart = Line()
lineChart.add_xaxis(months)
for c in categories:
    lineChart.add_yaxis(c, getMonthSale(categorySaleDf, c, months))
lineChart.set_global_opts(title_opts=opts.TitleOpts(title="月销售"))
lineChart.set_series_opts(label_opts=opts.LabelOpts(is_show=False))
lineChart.render_notebook()
```

三个分类的折线图，如图 10.19～图 10.21 所示。

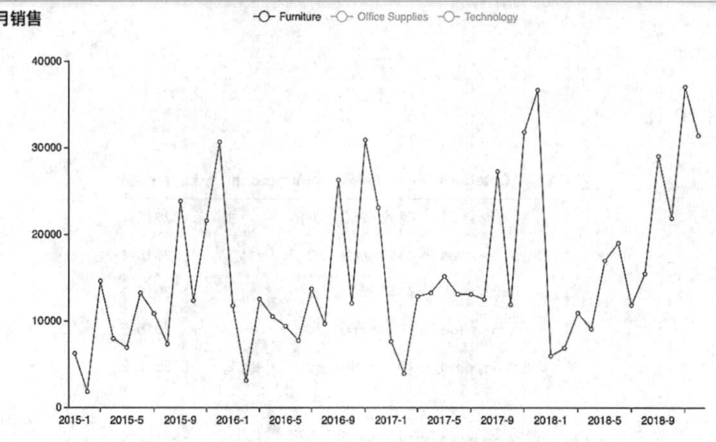

图 10.19　Furniture 月销售额折线图

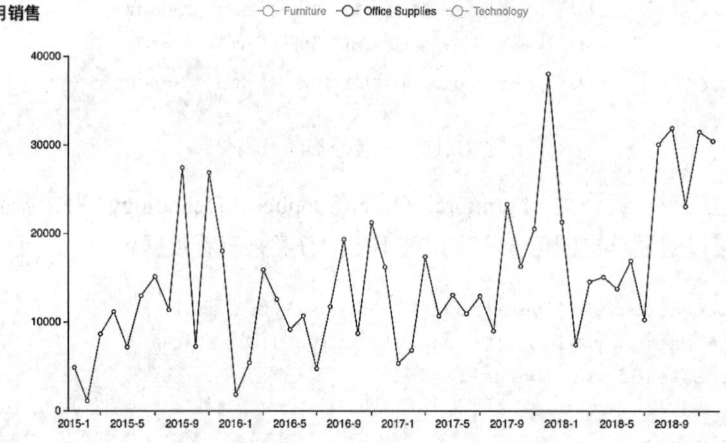

图 10.20　Office Supplies 月销售额折线图

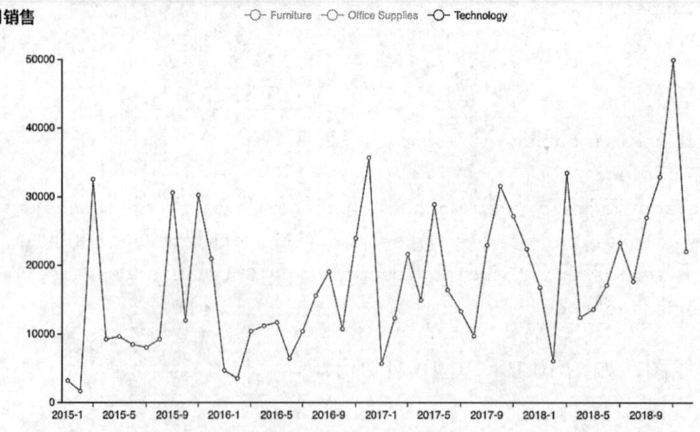

图 10.21　Technology 月销售额折线图

从图 10.19～图 10.21 表可以看出：

（1）Furniture 的销售高峰在每年的 11 月和 12 月。

（2）Office Supplies 的销售高峰一般在 9 月和 11 月，只有 2017 年最高销售额出现在 12 月。

（3）Technology 的销售没有明显规律。

同理把二级分类的月销售额计算出来并绘制折线图。

```
subcategorySaleSum = []
for y in [2015, 2016, 2017, 2018]:
    for m in range(1, 13):
        saleSum = superStoreData[(superStoreData['OrderYear'] == y) &
(superStoreData['OrderMonth'] == m)]
        saleSum = saleSum.groupby('Sub-Category').sum()['Sales'].reset_index()
        saleSum['year'] = y
        saleSum['month'] = m
        subcategorySaleSum.append(saleSum)

subcategorySaleDf = pd.concat(subcategorySaleSum, axis=0).reset_index()
subcategorySaleDf = subcategorySaleDf.drop(columns=['index'])
subcategorySaleDf['year_month'] = subcategorySaleDf.apply(lambda x : "{y}-{m}".format
(y=x['year'], m=x['month']), axis=1)
subcategorySaleDf

def getSubCategoryMonthSale(df, c, months):
    sales = []
    for m in months:
        s = df[ (df['year_month'] == m) & (df['Sub-Category'] == c) ]['Sales']
    #有些月份没有销量，所以 s 没有数据
        if(s.shape[0] == 0):
            sales.append(0)
        else:
            sales.append(s.iloc[0])
    return sales
subcategories = subcategorySaleDf['Sub-Category'].unique().tolist()

lineChart = Line()
lineChart.add_xaxis(months)
for c in subcategories:
    lineChart.add_yaxis(c, getSubCategoryMonthSale(subcategorySaleDf, c, months))
lineChart.set_global_opts(title_opts=opts.TitleOpts(title="月销售"))
lineChart.set_series_opts(label_opts=opts.LabelOpts(is_show=False))
lineChart.render_notebook()
```

输出结果如图 10.22 所示。

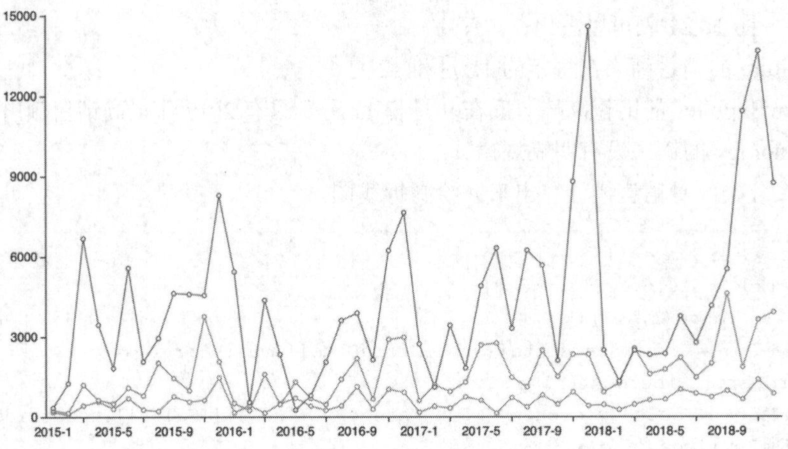

图 10.22　二级分类销售额折线图

从图 10.22 中选择 Chairs 类观察，如图 10.23 所示。

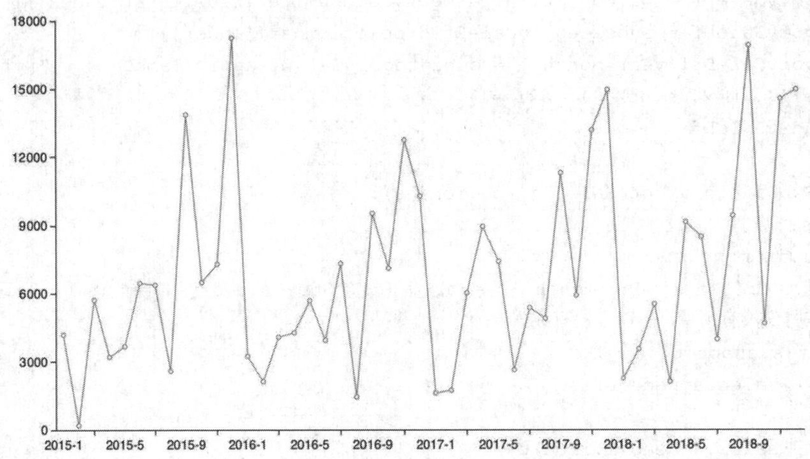

图 10.23　Chairs 月销售额折线图

从图 10.23 的走势可以发现，Chairs 的每年销售高峰都出现在 9～12 月这 4 个月份。

在本节的最后来验证一个猜想：是不是每年 9～12 月的 Chairs 合计销售量都是占当年总收入的一半以上。要验证这个猜想，只需要计算出 Chairs 的销量占比即可，代码如下：

```
df = subcategorySaleDf[subcategorySaleDf['Sub-Category'] == 'Chairs']
for year in [2015, 2016, 2017, 2018]:
    salesFrom9o12 = df[(df['month'].isin([9, 10, 11, 12])) & (df['year'] == year)].sum()['Sales']
    salesOther = df[(df['month'].isin(range(1, 9))) & (df['year'] == year)].sum()['Sales']
    p = salesFrom9o12 / (salesFrom9o12 + salesOther)
    print(p)
```

输出结果如下：

```
0.5806887989960225
0.5526431908404947
0.5401783358155986
0.5348660463432785
```

从输出结果可以看出之前的猜想是成立的，我们进一步计算其他品类的销售占比，观察是不是有类似的现象，代码如下：

```
def getSalesRatio(subcategorySaleDf, category):
    ratios = []
    df = subcategorySaleDf[subcategorySaleDf['Sub-Category'] == category]
    for year in [2015, 2016, 2017, 2018]:
        salesFrom9o12 = df[(df['month'].isin([9, 10, 11, 12])) & (df['year'] == year)].sum()
['Sales']
        salesOther = df[(df['month'].isin(range(1, 9))) & (df['year'] == year)].sum()
['Sales']
        p = salesFrom9o12 / (salesFrom9o12 + salesOther)
        ratios.append(p)
    return ratios

percentStat = []
for name in subcategories:
    ratios = getSalesRatio(subcategorySaleDf, name)
    ratios.append(name)
    percentStat.append(ratios)

percentStatDf = pd.DataFrame(percentStat,
     columns=['2015', '2016', '2017', '2018', 'Sub-Category'])
# 用函数标记出大于 0.5 的数字
def show_more_than_half (val):
    color = 'red' if val > 0.5 else 'black'
    return 'color: %s' % color
percentStatDf.style.applymap(show_more_than_half, subset=['2015', '2016', '2017', '2018'])
```

输出结果如图 10.24 所示。

从图 10.24 的表格中可以看出 Envelopes 9～12 月份销售额占全年销售额的比例超过 50%，读者可以试着探究其他产品分类是否有在某些特定月份的销售高峰。

	2015	2016	2017	2018	Sub-Category
0	0.511768	0.650887	0.584165	0.469398	Accessories
1	0.555273	0.574620	0.507211	0.458594	Appliances
2	0.559941	0.534328	0.433879	0.435767	Art
3	0.551622	0.307929	0.773486	0.471547	Binders
4	0.665256	0.619781	0.587903	0.449382	Bookcases
5	0.580689	0.552643	0.540178	0.534866	Chairs
6	0.583515	0.567958	0.501821	0.520629	Envelopes
7	0.444421	0.595832	0.584925	0.628885	Fasteners
8	0.589026	0.421858	0.564309	0.535444	Furnishings
9	0.565166	0.436970	0.577426	0.373132	Labels
10	0.555827	0.568186	0.417838	0.503679	Paper
11	0.510394	0.506981	0.438293	0.479803	Phones
12	0.591503	0.514062	0.481420	0.475963	Storage
13	0.477446	0.506694	0.511065	0.645272	Tables
14	0.100997	0.591744	0.160992	0.505858	Supplies
15	0.576057	0.557837	0.220695	0.515812	Machines
16	0.510600	0.486250	0.654436	0.485852	Copiers

图 10.24　Envelopes 的 9～12 月份销售占比统计

扫一扫，看视频

10.4　产品促销活动分析

随着互联网行业的不断发展，各行各业都开始通过线上和线下结合的方式来扩大营销。发放优惠券是一种常用的营销方式，既可以吸引新用户，也可以留住老用户。但是单凭主观想法设计发放优惠券的方案，有可能造成公司资源的浪费，因此需要针对用户优惠券的使用情况进行数据分析，从而制定更加合理的优惠券方案。

本节以某个促销活动中的用户优惠券使用情况为例，展示如何进行优惠券数据分析。示例数据来自文件 couponData.xlsx，数据字段说明见表 10.2。

表 10.2　数据字段说明

字　段	说　明
user_id	用户 ID
city	用户所在城市
used	1 代表优惠券已经使用，0 代表优惠券未被使用
channel	领券渠道
type	优惠券类型

本节的数据分析任务就是从用户使用优惠券的情况中找出规律。针对下几个问题进行分析：

（1）用户获券数和用券数之间的关系如何？

（2）用户的用券比例的分布情况是怎样的？

（3）不同城市的用户用券是否有差异？

（4）不同类型的优惠券的使用率是否有差异？

首先导入数据，并把某些列转换成 Category 类型。

```
couponData = pd.read_excel("data/couponData.xlsx")
couponData['city'] = couponData['city'].astype('category')
couponData['channel'] = couponData['channel'].astype('category')
couponData['type'] = couponData['type'].astype('category')
couponData.dtypes
```

转换结果如下：

```
user_id      int64
city      category
used         int64
channel   category
type      category
dtype: object
```

接着计算出每个用户的获券数和用券数，比较二者的关系如何。

```
# 按 user_id 进行分组，然后对 used 列进行计数，从而得出每个用户的获券数
couponCount = couponData.groupby("user_id").count()
couponCount = couponCount.reset_index()
couponCount = couponCount[['user_id', 'used']].rename(columns={"used": "total"})
print("用户获券数:")
print(couponCount)
# 先提取用券记录，然后按 user_id 进行分组
couponUsedCount = couponData[couponData['used'] == 1].groupby("user_id")
couponUsedCount = couponUsedCount.count().reset_index()
couponUsedCount = couponUsedCount[['user_id', 'used']]
print("用户用券数:")
print(couponUsedCount)
```

输出结果如下：

```
用户获券数:
       user_id  total
0        10123      1
1        10124      1
2        10125      1
3        10126      1
4        10127      1
...        ...    ...
20842    30965    238
20843    30966    240
```

```
20844    30967   289
20845    30968   295
20846    30969   338

[20847 rows x 2 columns]
用户用券数:
       user_id  used
0        10123     1
1        10124     1
2        10125     1
3        10126     1
4        10127     1
...        ...   ...
20842    30965     9
20843    30966    47
20844    30967    48
20845    30968    39
20846    30969    21

[20847 rows x 2 columns]
```

将 couponCount 和 couponUsedCount 这两个结果合并起来。

```
couponDf = pd.merge(couponCount, couponUsedCount[['user_id', 'used']],
           left_on="user_id", right_on="user_id")
couponDf = couponDf.rename(columns={"user_id": "用户 ID", "total": "获券数", "used": "用券数"})
couponDf
```

合并结果如图 10.25 所示。

	用户ID	获券数	用券数
0	10123	1	1
1	10124	1	1
2	10125	1	1
3	10126	1	1
4	10127	1	1
...	...	...	...
20842	30965	238	9
20843	30966	240	47
20844	30967	289	48
20845	30968	295	39
20846	30969	338	21

20847 rows × 3 columns

图 10.25　用户获券数与用券数的统计结果

用散点图观察获券数和用券数之间的关系，其中 x 轴对应获券数，y 轴对应用券数，代码如下：

```
scatter = Scatter()
scatter.add_xaxis(couponDf["获券数"])
scatter.add_yaxis("", couponDf["用券数"])
scatter.set_global_opts(
    title_opts=opts.TitleOpts(title="获券数与用券数散点图"),
    xaxis_opts=opts.AxisOpts(type_="value", name="获券数"),
    yaxis_opts=opts.AxisOpts(name="用券数"),
    tooltip_opts=opts.TooltipOpts(formatter="{c}")
)
scatter.set_series_opts(label_opts=opts.LabelOpts(is_show=False))
scatter.render_notebook()
```

输出结果如图 10.26 所示。

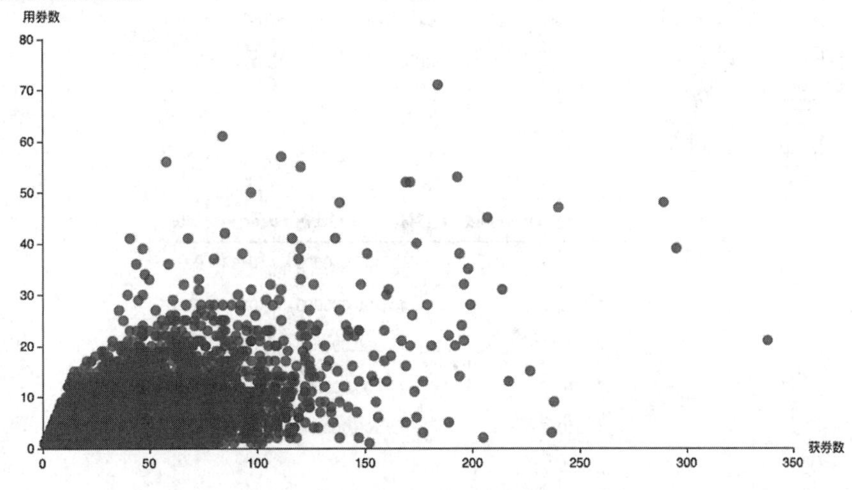

图 10.26　获券数与用券数的散点图

从图 10.26 可以看到大多数点落在 x<100 和 y<20 这个范围，也就是说很多用户领取了少于 100 张优惠券，而且使用的券少于 20。

下面再来计算用户用券比例的分布情况。

```
couponDf['用券比例'] = couponDf['用券数'] / couponDf['获券数'] * 100
couponDf['用券比例'].hist(bins=10)
```

把计算结果通过直方图展现出用券比例的分布，如图 10.27 所示。

图 10.27 说明了用券比例小于 20%的用户占了大多数。

分析优惠券使用情况，还有一个方向就是看看不同城市的用户用券是否有差异，某个城市的用户用券具体有哪些特点。于是我们先计算出每个用户所在的城市，然后与用户用券情况的数据对接。

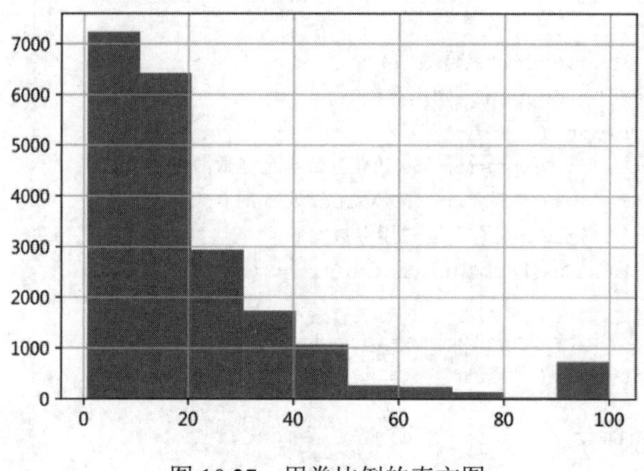

图 10.27　用券比例的直方图

```
user_city = couponData[['user_id', 'city']].drop_duplicates()
couponLocationDf = pd.merge(couponDf, user_city, left_on="用户 ID", right_on="user_id")
couponLocationDf
```

合并结果如图 10.28 所示。

	用户ID	获券数	用券数	用券比例	user_id	city
0	10123	1	1	100.000000	10123	佛山
1	10124	1	1	100.000000	10124	佛山
2	10125	1	1	100.000000	10125	佛山
3	10126	1	1	100.000000	10126	深圳
4	10127	1	1	100.000000	10127	深圳
...	...	...	...	...	...	...
20842	30965	238	9	3.781513	30965	深圳
20843	30966	240	47	19.583333	30966	东莞
20844	30967	289	48	16.608997	30967	深圳
20845	30968	295	39	13.220339	30968	东莞
20846	30969	338	21	6.213018	30969	深圳

20847 rows × 6 columns

图 10.28　各地用户用券情况统计

把计算结果绘制成散点图。

```
def prepareDataForScatter(couponLocationDf):
    a = couponLocationDf[couponLocationDf['city'] == channel]['获券数'].tolist()
    b = couponLocationDf[couponLocationDf['city'] == channel]['用券数'].tolist()
    return list(zip(a, b))
```

```
scatter = Scatter()
for channel in ['深圳', '佛山', '东莞', '广州']:
    scatter.options.get("series").append(
        {
            "type": ChartType.SCATTER,
            "name": channel,
            "data": prepareDataForScatter(couponLocationDf)
        }
    )

scatter.set_global_opts(
    title_opts=opts.TitleOpts(title="不同地区用户的用券情况"),
    xaxis_opts=opts.AxisOpts(type_="value", name="获券数"),
    yaxis_opts=opts.AxisOpts(name="用券数"),
    tooltip_opts=opts.TooltipOpts(formatter="{c}")
)
scatter.options.get("legend").append({"data": ['深圳', '佛山', '东莞', '广州']})
scatter.render_notebook()
```

输出结果如图 10.29 所示。

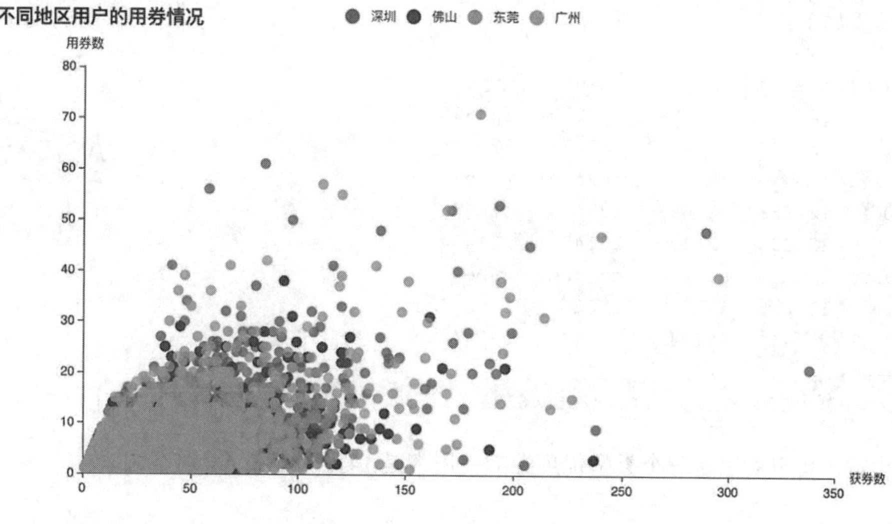

图 10.29　各地用户用券情况散点图

单击图例中的具体城市可以隐藏该城市的所有点。查看不同城市的用券情况分布之后，可以发现不同地区之间的差异并不是太大。

下面再来看看不同类型的优惠券的使用率是否有差异。先试着计算出 A 组的使用率，代码如下：

```
agroupCoupon = couponData[couponData['type'] == 'A'].groupby('used').count().reset_index()
print(agroupCoupon)
```

```
print("使用率:")
print(agroupCoupon.iloc[1,1] / (agroupCoupon.iloc[0,1]+agroupCoupon.iloc[1,1]))
```

输出结果如下：

```
   used  user_id  city     channel  type
0  0     127809   127809   127809   127809
1  1     22348    22348    22348    22348
使用率:
0.14883089033478292
```

类似地，把 B 组和 C 组的使用率计算出来。

```
ratios = []
for group in ['A', 'B', 'C']:
    r = couponData[couponData['type'] == group].groupby('used').count().reset_index()
    print(r)
    ratio = r.iloc[1,1] / (r.iloc[0,1]+r.iloc[1,1])
    ratios.append(ratio)
print("========")
print(ratios)
```

输出结果如下：

```
    used  user_id city     channel  type
0   0     127809  127809   127809   127809
1   1     22348   22348    22348    22348
    used  user_id city     channel  type
0   0     127683  127683   127683   127683
1   1     22149   22149    22149    22149
    used  user_id city     channel  type
0   0     170215  170215   170215   170215
1   1     29744   29744    29744    29744
========
[0.14883089033478292, 0.14782556463238827, 0.1487504938512395]
```

从这个输出可以看出这三个类型优惠券的使用率是 14%～15%，差别不大。

第 11 章

客户数据分析

研究客户群的特征和客户的变化情况是商业分析中的重要内容，本章通过三个案例展示如何用 Pandas 分析客户数据。主要涉及以下几个方面。

- 客户分类。
- 客户留存分析。
- 客户价值分析。

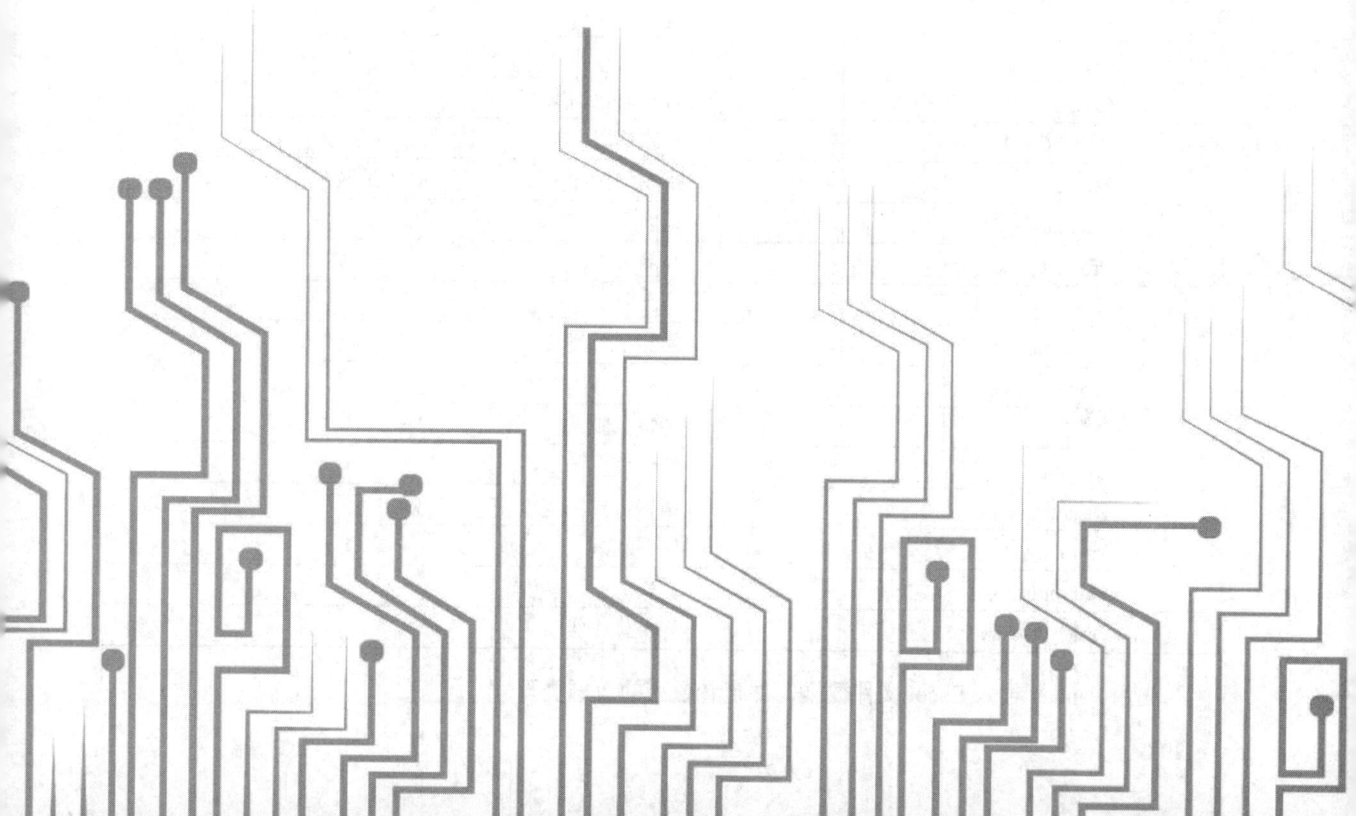

扫一扫，看视频

11.1 客户分类

客户的需求和购买行为是多种多样的，而企业的资源是有限的，不可能满足所有客户的需求。因此企业应该筛选出有价值的客户，集中企业资源服务这些客户，提高收益。客户分类是指根据客户的属性来划分客户，是客户关系管理中的重要环节。在对客户分类之后，就可以针对不同客户实施不同的营销策略。

本节用到的数据集来自网址 https://www.kaggle.com/jr2ngb/superstore-data，这是一个跨国超级市场的 4 年零售数据集，表 11.1 总结了这个数据集里的所有字段。

表 11.1 字段说明

字　段	说　明
Row ID	行号
Order ID	订单号
Order Date	订购日期
Ship Date	发货日期
Ship Mode	运输模式
Customer ID	客户 ID
Customer Name	客户姓名
Segment	客户分类（例如个人客户、公司、在家办公）
City	客户所在城市
State	客户所在州
Country	客户所在国家
Postal Code	邮政编码
Market	市场（例如美国、欧盟、亚太地区）
Region	地区
Product ID	产品 ID
Category	产品分类
Sub-Category	产品子分类
Product Name	产品名称
Sales	销售金额
Quantity	销售数量
Discount	销售折扣
Profit	销售利润
Shipping Cost	运费
Order Priority	订单优先级

先用 Pandas 导入 Excel 文件数据，并查看各列的数据类型。

```
superStoreData = pd.read_excel("/superstore_dataset2011-2015.xlsx")
superStoreData.dtypes
```

输出结果如下：

```
Row ID            int64
Order ID          object
Order Date        object
Ship Date         object
Ship Mode         object
Customer ID       object
Customer Name     object
Segment           object
City              object
State             object
Country           object
Postal Code       float64
Market            object
Region            object
Product ID        object
Category          object
Sub-Category      object
Product Name      object
Sales             float64
Quantity          int64
Discount          float64
Profit            float64
Shipping Cost     float64
Order Priority    object
dtype: object
```

查看 Segment 列有哪些值：

```
superStoreData['Segment'].unique()
```

结果为 Segment 有三个可能的值，分别是 Consumer、Home Office 和 Corporate。

```
array(['Consumer', 'Home Office', 'Corporate'], dtype=object)
```

计算每个客户的总消费金额。

```
salesStat = superStoreData.groupby("Customer ID")['Sales'].agg('sum')
salesStat
```

计算结果如下：

```
Customer    ID
```

```
AA-10315     13747.41300
AA-10375     5884.19500
AA-10480     17695.58978
AA-10645     15343.89070
AA-315       2243.25600
                 ...
YS-21880     18703.60600
ZC-11910     7.17300
ZC-21910     28472.81926
ZD-11925     2951.22600
ZD-21925     9479.34440
Name: Sales, Length: 1590, dtype: float64
```

计算每个客户的订单数。

```
orderAmountStat = superStoreData.groupby("Customer ID")['Order ID'].agg('count')
orderAmountStat
```

计算结果如下：

```
Customer     ID
AA-10315     42
AA-10375     42
AA-10480     38
AA-10645     73
AA-315        8
           ...
YS-21880     54
ZC-11910      1
ZC-21910     84
ZD-11925     18
ZD-21925     36
Name: Order ID, Length: 1590, dtype: int64
```

基于前面两个计算结果绘制散点图，一个点对应一个客户。

```
# 按 Customer ID 连接两个计算结果
df = pd.concat([salesStat, orderAmountStat], axis=1)
df = df.rename(columns={'Sales': '销售额', 'Order ID': '订单数'})
df.plot.scatter(x="订单数", y='销售额')
```

输出结果如图 11.1 所示。

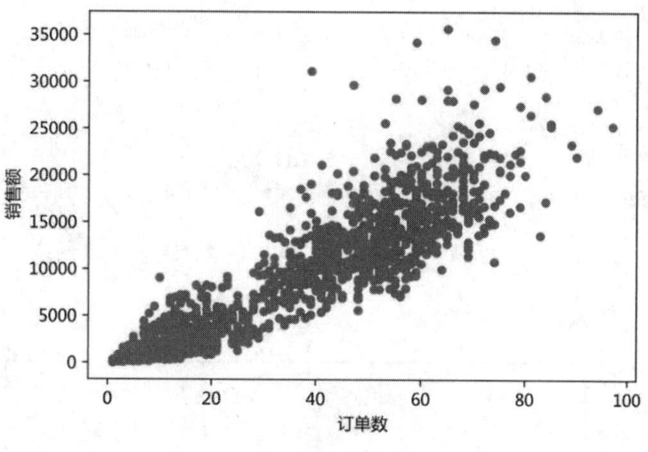

图 11.1　订单数与销售额的散点图

Scikit-learn(sklearn)是 Python 中常用的机器学习模块，对常用的机器学习方法进行了封装，包括回归、分类、聚类(Clustering)等方法，这里使用 sklearn 模块对客户进行分类。引入 sklearn 模块的代码如下：

```
from sklearn.preprocessing import MinMaxScaler
from sklearn.cluster import KMeans
from sklearn.metrics import silhouette_score, calinski_harabasz_score
```

使用 sklearn 模块进行分类操作前，要先对订单数和订单金额做数据标准化处理。

```
scalar = MinMaxScaler()
scalar_features = scalar.fit_transform(df)
print(scalar_features)
```

转换后的数据如下：

```
[[0.38530215 0.42708333]
 [0.16480274 0.42708333]
 [0.49601645 0.38541667]
 ...
 [0.79823022 0.86458333]
 [0.08255678 0.17708333]
 [0.26561749 0.36458333]]
```

接着训练聚类模型，假设把客户分为三类。

```
n_clusters = 3
model_kmeans = KMeans(n_clusters=n_clusters, random_state=0)
model_kmeans.fit(scalar_features)
```

训练结束之后，获取聚类结果，并把结果绘制成散点图。

```
kmeans_labels = pd.DataFrame(model_kmeans.labels_, columns=['labels'])
kmeans_result = pd.concat([df.reset_index(), kmeans_labels], axis=1)

fig, ax = plt.subplots()
colors = {0:'#d7385e', 1:'#522d5b', 2:'#e7d39f'}
ax.scatter(kmeans_result['订单数'], kmeans_result['销售额'],
c=kmeans_result['labels'].apply(lambda x: colors[x]))
plt.show()
```

输出结果如图 11.2 所示。

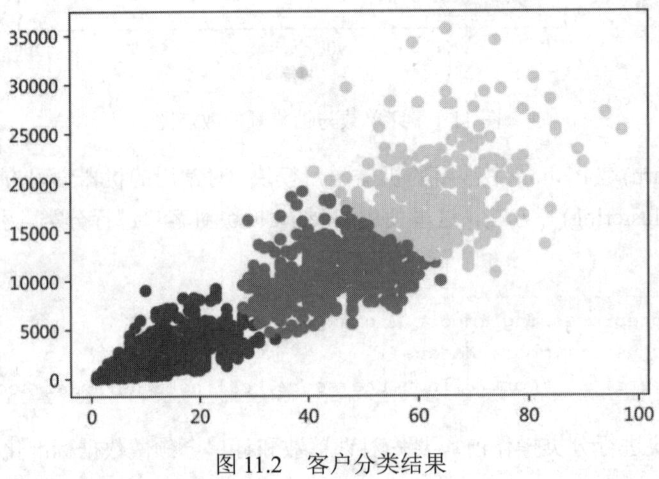

图 11.2　客户分类结果

把这个客户分类的结果与原始数据进行合并。

```
groups = pd.merge(kmeans_result.drop(columns=['销售额', '订单数']), superStoreData)
```

接着用柱状图观察这三组数据的差异，先看这三类客户在这三个品类的消费上的差异，代码如下：

```
categorySalesDf = []
for i in range(0, n_clusters):
    categorySales = groups[groups['labels'] == i].groupby('Category')['Sales'].sum()
    print(categorySales)
    categorySalesDf.append(categorySales)
df2 = pd.DataFrame(categorySalesDf)

df2.index = range(0, n_clusters)
df2.plot.bar()
```

输出结果如图 11.3 所示：

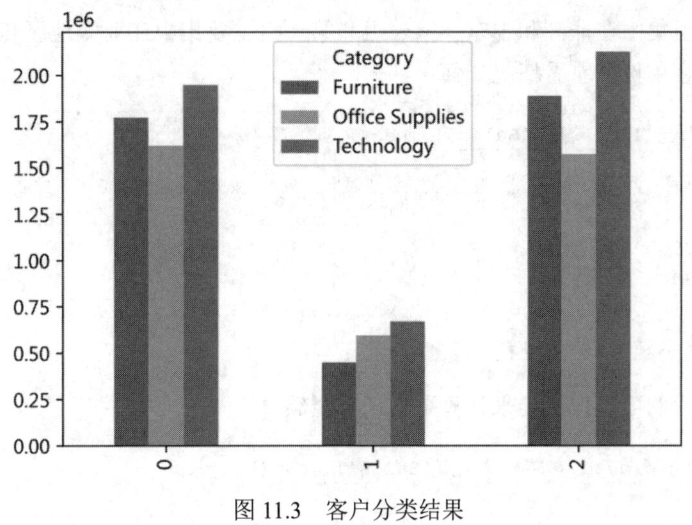

图 11.3　客户分类结果

可以看到这些组里面科技类产品的消费额都是最高的，但是三个品类的消费金额差异不大。再看看在不同国家的订单数。

```
countrySalesDf = []
for i in range(0, n_clusters):
    countrySalesDf.append(groups[groups['labels'] ==
i].groupby('Market')['Sales'].sum())
df3 = pd.DataFrame(countrySalesDf)

df3.index = range(0, n_clusters)
df3.plot.bar()
```

输出结果如图 11.4 所示。

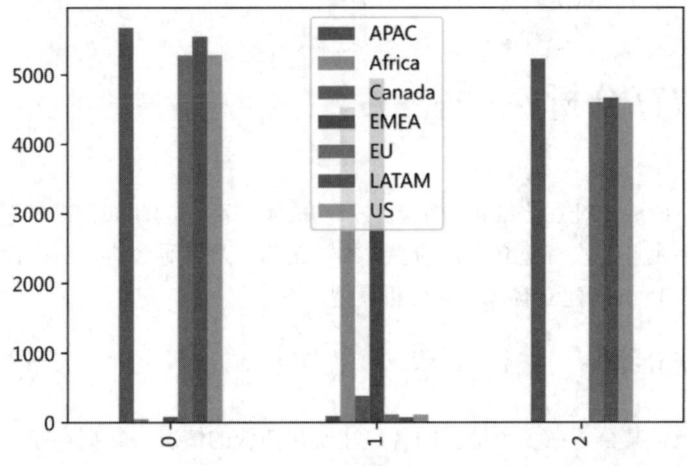

图 11.4　多个市场的销售额对比

可以看到第二组集中在非洲和中东。第一组和第三组主要集中在亚太地区和美洲、欧洲。

试着计算平均客单价，看看情况如何。

```
groups.groupby('labels')['Sales'].mean()
```

输出结果如下：

```
labels
0   243.525929
1   167.043039
2   292.567551
Name: Sales, dtype: float64
```

这个结果启发我们可以按市场来计算平均订单金额。

```
superStoreData.groupby('Market')['Sales'].mean()
```

输出结果如下：

```
Market
APAC         325.917481
Africa       170.868370
Canada       174.292109
EMEA         160.302508
EU           293.808906
LATAM        210.278334
US           229.858001
Name: Sales, dtype: float64
```

从上面的计算可以看出客户可以大致分为两组。

- APAC、EU、US 、LATAM。
- Africa、Canada、EMEA。

扫一扫，看视频

11.2 客户留存分析

开发一个新客户的成本往往比维护一个老客户的成本要高，因此如何维护老客户是企业运营的重点之一。由于很多企业并没有建立有效的客户维护策略，最终导致客户流失比较严重。本节将结合实例展示如何基于 Python 建立客户留存分析模型。

11.2.1 案例数据介绍

这个数据集记录了某公司在多个地区的客户注册和消费的情况。数据存在一个 Excel 文件中，数据集中的字段说明见表 11.2。

表 11.2　字段说明

字　段	说　明
location_id	地区 ID
user_id	用户 ID
category	产品分类
register_date	注册日期
sale_date	销售日期
quantity	销售量

导入数据之后查看一下数据类型。

```
df = pd.read_excel("data/retention-data.xlsx")
df.dtypes
```

输出结果如下：

```
location_id          int64
user_id              int64
category             object
register_date        datetime64[ns]
sale_date            datetime64[ns]
quantity             int64
dtype: object
```

本节介绍完案例数据之后，后面三节分别从三个不同的方向研究用户留存。

11.2.2　用户注册时间与留存的关系

本节研究用户注册时间与留存之间的关系。研究这个关系，首先要知道注册日期集中在哪几个月。用 Pandas 可以计算注册日期的范围，代码如下：

```
# 数据按注册日期排序，然后排重
register_dates = df.sort_values(by='register_date')['register_date'].unique()
print(register_dates[0])
print(register_dates[len(register_dates)-1])
```

输出结果如下：

```
2014-01-01T00:00:00.000000000
2014-06-29T00:00:00.000000000
```

可以看出这些用户是在 2014 年上半年注册的。下面要计算 2014 年 1～6 月这 6 个月每个月注册用户的留存情况，原始数据并没有单独的一列表示月份，于是用 to_period 方法抽取日期数据中的月份。

```
df['register_month'] = df['register_date'].dt.to_period('M')
df['sale_month'] = df['sale_date'].dt.to_period('M')
```

计算每个用户从注册到购买相隔了多少个月。

```
df["interval"] = (df['sale_date'] - df['register_date']).apply(lambda x: round(x.days/30))
```

定义一个函数用于统计某月销售中不重复的用户数。

```
def getUserIdCount(df, month, i):
    return df[ (df['register_month'] == month) & (df['interval'] == i)]['user_id'].nunique()
```

利用这个函数可以计算 1 月注册用户的留存情况，并用 pyecharts 绘制成柱状图。

```
retentionStat = [getUserIdCount(df, '2014-01', i) for i in range(0, 12)]
bar = Bar()
bar.add_xaxis(list(range(0, 12)))
bar.add_yaxis("用户数", retentionStat)
bar.set_global_opts(title_opts=opts.TitleOpts(title="1 月注册用户留存"),
            toolbox_opts=opts.ToolboxOpts())
bar.set_series_opts(label_opts=opts.LabelOpts(is_show=False))
bar.render_notebook()
```

输出结果如图 11.5 所示。

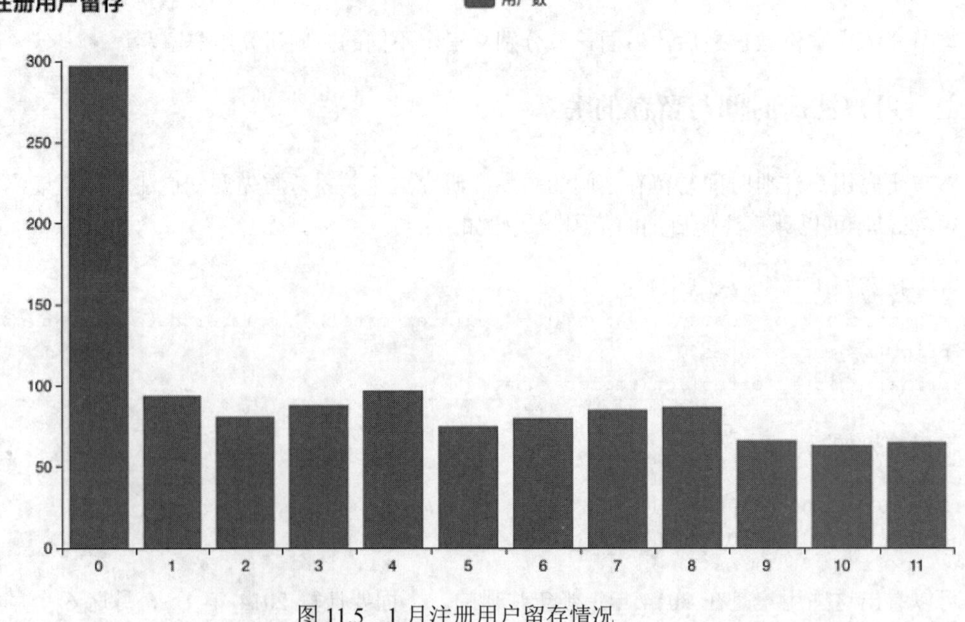

图 11.5　1 月注册用户留存情况

同理，修改一下上面的代码，绘制出 2～6 月的用户留存情况，分别对应图 11.6～图 11.10。

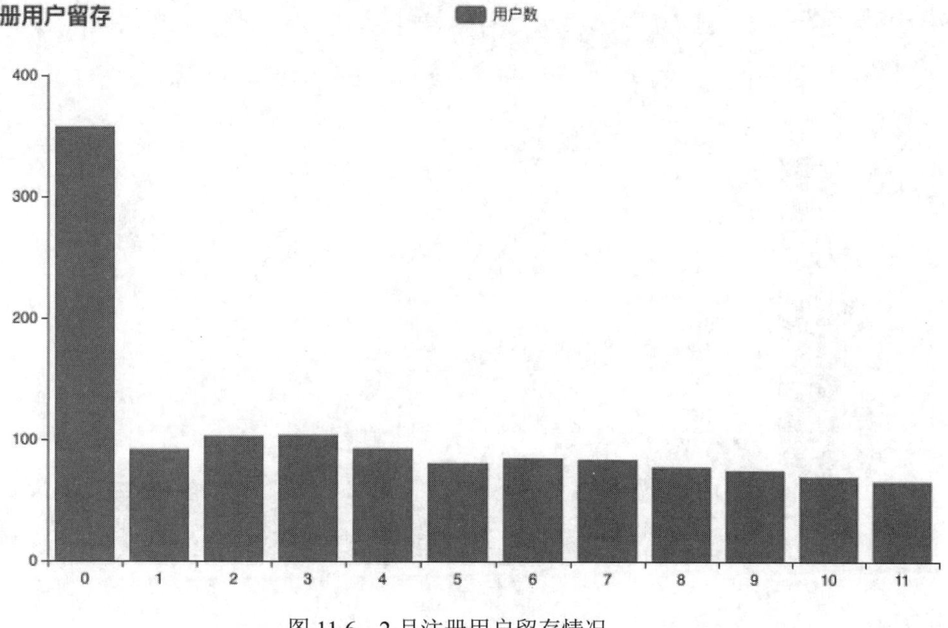

图 11.6　2 月注册用户留存情况

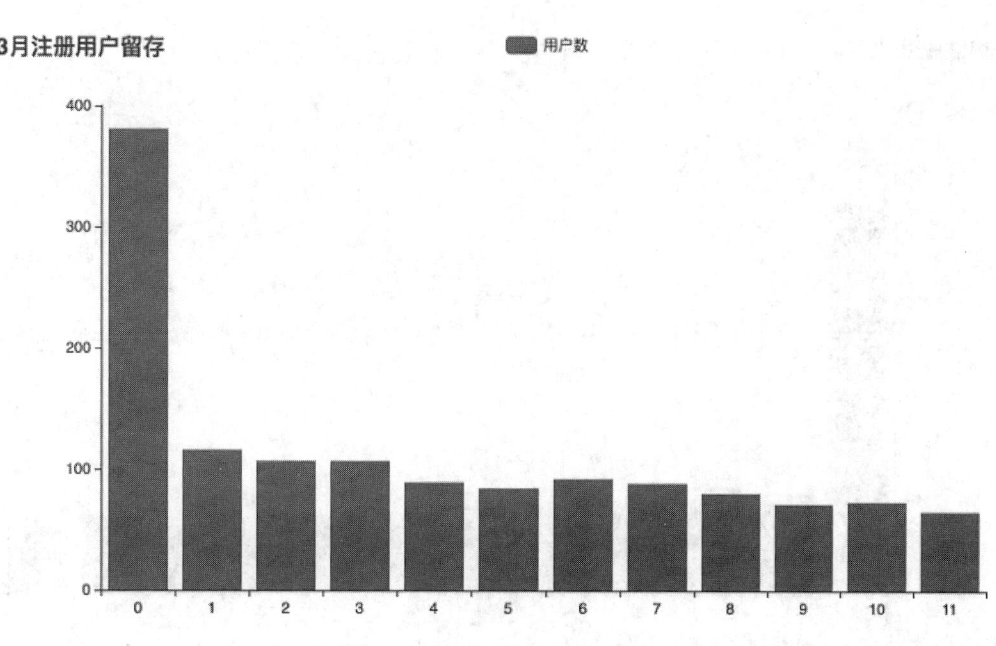

图 11.7　3 月注册用户留存情况

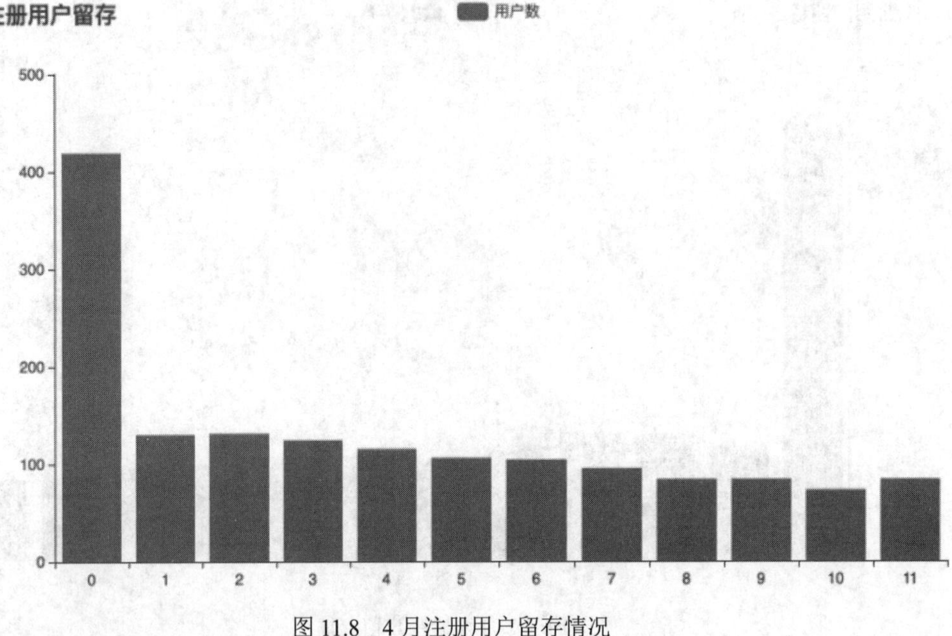

图 11.8　4 月注册用户留存情况

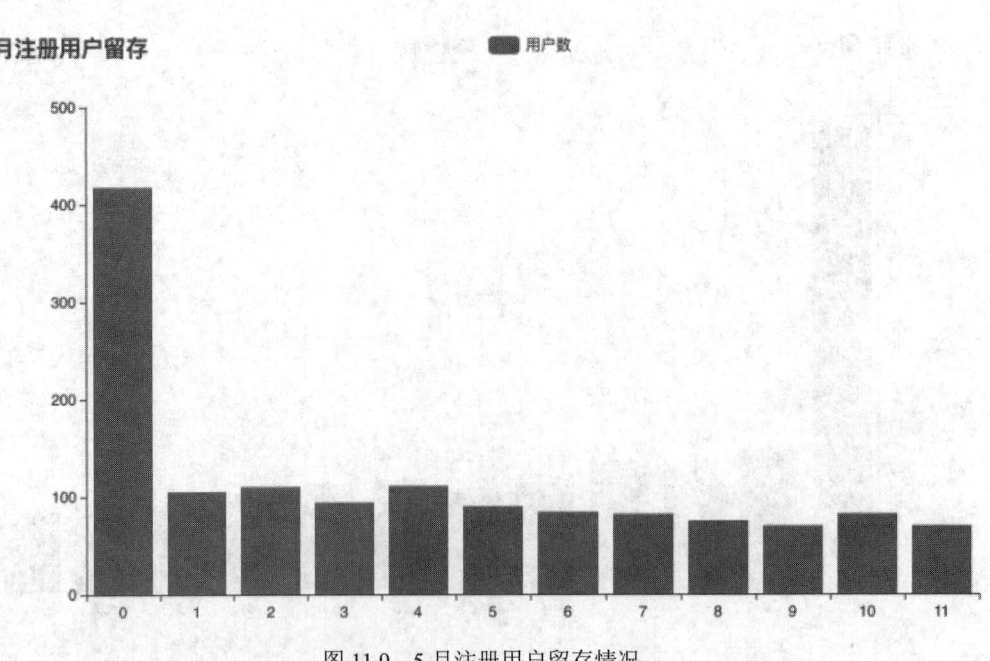

图 11.9　5 月注册用户留存情况

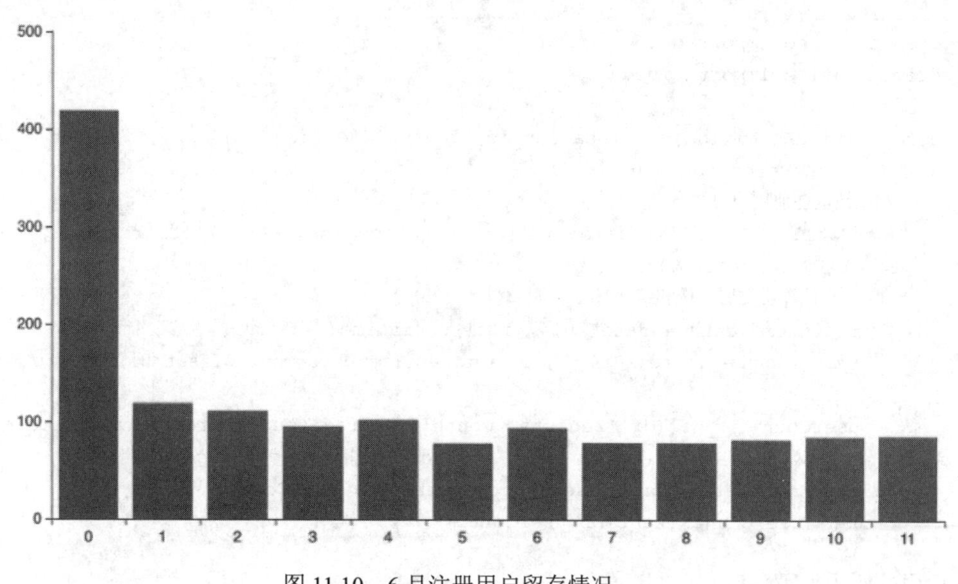

图 11.10　6 月注册用户留存情况

从图 11.6～图 11.10 可以看出这 6 个月注册用户的留存情况是类似的，活跃用户的数量从注册的第一个月往后逐步递减。可以得出一个结论：用户的留存情况与注册时间没有明显的关系。

11.2.3　用户地区与留存的关系

本节研究用户地区与留存的关系，要研究这个关系，首先需要计算两个数据。

- 某个地区在某个月份的注册用户数。
- 某个地区在某个月份注册 *N* 个月后消费的用户数。

例如，要计算 location_id = 1 并且一月份注册的用户数：

```
userCount = df[(df['register_month'] == '2014-01') & (df['location_id'] == 1)].count()['user_id']
```

计算 location_id=1 并且一月份注册二月份有消费的客户数：

```
parchaseCount = df[(df['register_month'] == '2014-01') & (df['sale_month'] == '2014-02') & (df['location_id'] == 1)].count()['user_id']
```

结合前两个数值，可以计算出留存率：

```
parchaseCount / userCount
```

输出结果如下：

```
0.04022403258658045
```

理解这种计算方法之后，可以新定义一个函数用于计算某地区 N 个月之后的用户留存情况。

```
from datetime import date
from datetime import timedelta

def locationRetention(df, location_id, monthOffset):
    userCountRetention = 0
    # 某地区注册用户总数
    userTotal = df[df['location_id'] == location_id].count()['user_id']
    for i in range(1, 7):
        # 计算出注册月份和销售月份
        register_month = date(2014, i, 1).strftime("%Y-%m")
        sale_month = (date(2014, i, 1) + timedelta(days=monthOffset*31)).strftime("%Y-%m")

        userCount =  df[(df['register_month'] == register_month) & (df['sale_month'] ==
sale_month) & (df['location_id'] == location_id)].count()['user_id']
        userCountRetention = userCountRetention + userCount
    return (userCountRetention/userTotal)
```

调用的例子如下：

```
for i in range(1, 12):
    print(locationRetention(1, i))
```

输出结果如下：

```
0.07936922808851717
0.06734622756577802
0.06481965499215891
0.059592263460533194
0.05358076319916362
0.048963234012894236
0.05105419062554452
0.03833420456525527
0.04756926293779404
0.05288377766161352
0.04695940059243771
```

然后利用 pyecharts 绘制某一个月注册用户的留存情况。

```
bar = Bar()
bar.add_xaxis(list(range(1, 13)) )
bar.add_yaxis("留存率", [locationRetention(df, 1, i) for i in range(1, 13)])
bar.set_global_opts(title_opts=opts.TitleOpts(title="某地区注册用户留存" ),
            toolbox_opts=opts.ToolboxOpts() )
bar.set_series_opts(label_opts=opts.LabelOpts(is_show=False))
bar.render_notebook()
```

location_id=1 的用户留存率如图 11.11 所示。

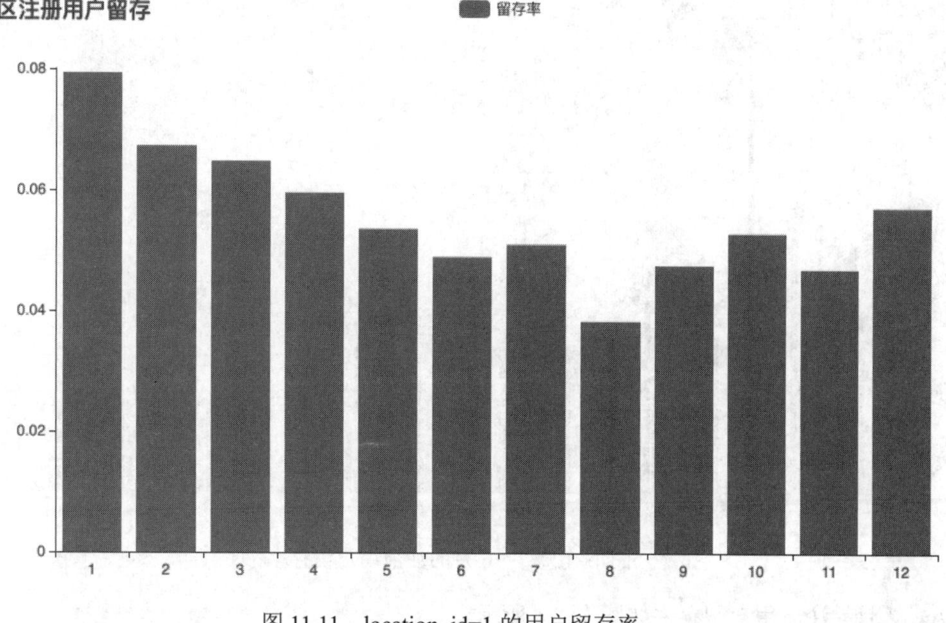

图 11.11　location_id=1 的用户留存率

从图 11.11 中可以看出大约 5.7%的用户会在注册后的 12 个月内有消费行为。利用上面的函数还可以对多个地区的留存情况进行横向比较，代码如下：

```
# 可以改成根据这两个变量来选择不同月份的数据
monthStart = 1          #起始月份
monthEnd = 7            #结束月份

bar = Bar()
bar.add_xaxis(list(range(monthStart, monthEnd)) )
for location_id in range(1, 15):
    bar.add_yaxis("{id}".format(id=location_id), [locationRetention(df, location_id, i)
for i in range(monthStart, monthEnd)])
bar.set_global_opts(title_opts=opts.TitleOpts(title="" ),
           toolbox_opts=opts.ToolboxOpts() )
bar.set_series_opts(label_opts=opts.LabelOpts(is_show=False))
bar.render_notebook()
```

1～6 月的注册用户留存率如图 11.12 所示。

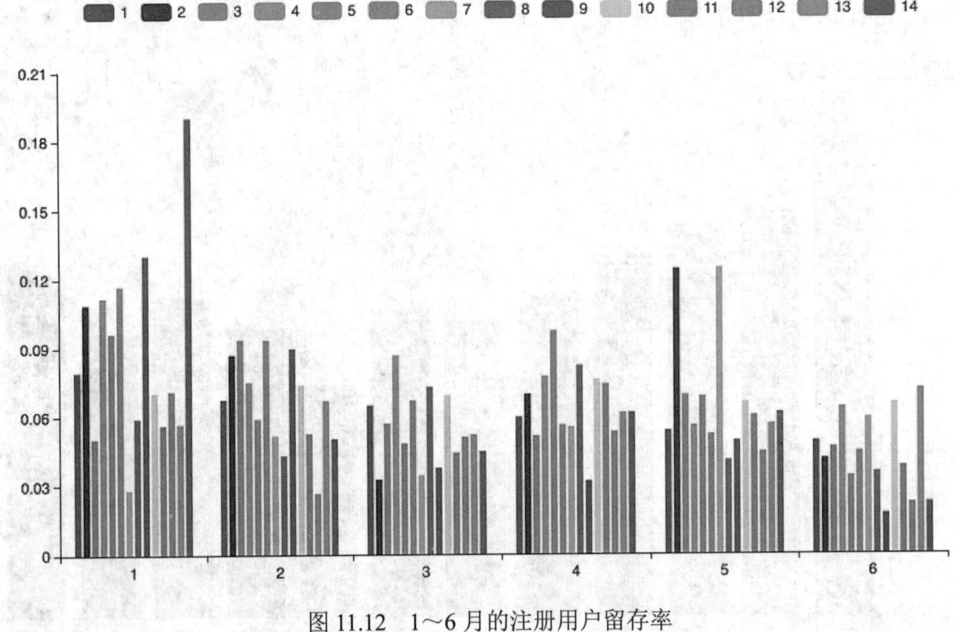

图 11.12　1～6 月的注册用户留存率

7～12 月的注册用户留存率如图 11.13 所示。

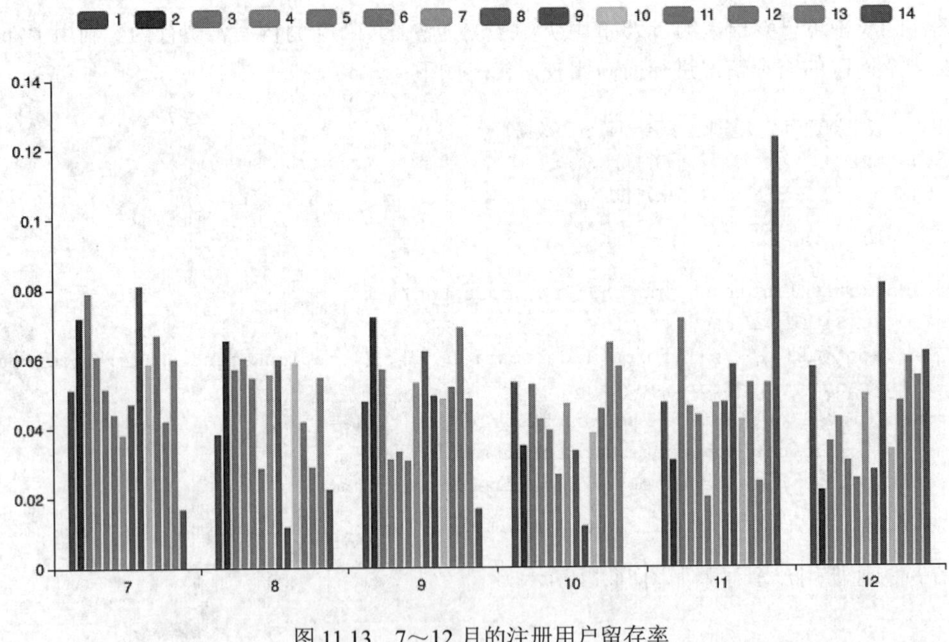

图 11.13　7～12 月的注册用户留存率

可以看到 location_id 等于 9 和 14 的地区留存率最好，12 个月之后还有消费的用户大于 6%。

11.2.4 用户首次购买产品与留存的关系

分析首次购买产品对留存率的影响。思路是先计算出每个用户的首次购物日期，再按这个日期找出每个用户的首次购买商品。

计算每个用户的首次购物日期可以利用 groupby 方法和聚合函数 min()，代码如下：

```
userFirstSaleDate = df.groupby("user_id").agg({'sale_date' : 'min'}).reset_index()
print(userFirstSaleDate)
```

计算结果如下：

```
      user_id  sale_date
0     1        2014-01-19
1     2        2014-02-23
2     3        2014-06-12
3     4        2014-01-31
4     5        2015-04-24
...   ...      ...
2427  2428     2014-04-15
2428  2429     2014-04-30
2429  2430     2014-04-14
2430  2431     2014-02-04
2431  2432     2014-05-05
2432 rows × 2 columns
```

有了前面的结果，就可以计算每个用户的首次消费品类，代码如下：

```
# 用于存储每个用户的首次消费品类
firstSaleCategory = []
for item, row in userFirstSaleDate.iterrows():
    # 找出首次消费的记录
    firstSale = df[ (df['user_id'] == row['user_id']) & (df['sale_date'] == row['sale_date'])]
    # 记录首次消费的品类，首次消费的品类有多个
    for c in firstSale['category'].unique():
        firstSaleCategory.append({"user_id": row['user_id'], "first_category": c})

# 转换成 DataFrame 之后与原来的数据合并
firstSaleCategoryDf = pd.DataFrame(firstSaleCategory)
df = pd.merge(df, firstSaleCategoryDf, left_on="user_id", right_on="user_id")
```

输出结果如图 11.14 所示，first_category 代表首次购买品类。

	location_id	user_id	category	register_date	sale_date	quantity	register_month	sale_month	interval	first_category
0	1	1	辣条	2014-01-18	2015-03-26	0	2014-01	2015-03	14	牛奶
1	1	1	饼干	2014-01-18	2015-04-07	1	2014-01	2015-04	15	牛奶
2	1	1	饼干	2014-01-18	2014-12-24	1	2014-01	2014-12	11	牛奶
3	1	1	饼干	2014-01-18	2015-04-07	1	2014-01	2015-04	15	牛奶
4	1	1	核桃	2014-01-18	2015-03-02	1	2014-01	2015-03	14	牛奶
...	...	...	...	...	...	...	...	...	...	...
91234	14	2329	牛奶	2014-06-29	2014-06-29	1	2014-06	2014-06	0	牛奶
91235	14	1887	牛奶	2014-06-29	2014-06-29	1	2014-06	2014-06	0	牛奶
91236	14	1887	牛奶	2014-06-29	2014-06-29	2	2014-06	2014-06	0	牛奶
91237	14	1367	牛奶	2014-02-21	2014-02-21	1	2014-02	2014-02	0	牛奶
91238	14	1483	牛奶	2014-04-12	2014-04-11	1	2014-04	2014-04	0	牛奶

图 11.14　增加了首次购买产品信息的数据集

利用自定义的函数逐个统计品类的留存率。

```
# 计算出数据集中所有品类
categories = df['category'].unique().tolist()
# 计算每个品种 n 个月后的留存情况
def getCategoryUserIdCount(df, cat, n):
    return df[ (df['first_category'] == cat) & (df['interval'] == n)]['user_id'].nunique()

stat = {}
for c in categories:
    retentionStat = [getCategoryUserIdCount(df2, c, i) for i in range(0, 12)]
    retentionStat = [ c/retentionStat[0] for c in retentionStat]
    stat[c] = retentionStat
pd.DataFrame(stat)
```

输出结果如图 11.15 所示。

	牛奶	猪肉脯	饼干	牛肉干	核桃	芒果干	糖果	辣条	鲜花饼	巧克力	鸭脖	沙琪玛	凤梨酥
0	1.000000	1.000000	1.000000	1.000000	1.000000	1.000000	1.000000	1.000000	1.000000	1.000000	1.000000	1.00000	1.000000
1	0.349515	0.371429	0.322449	0.281481	0.398601	0.246622	0.346895	0.346667	0.239130	0.243816	0.237589	0.26875	0.000000
2	0.317152	0.257143	0.297959	0.251852	0.368298	0.283784	0.329764	0.408889	0.239130	0.247350	0.262411	0.25625	0.000000
3	0.323625	0.285714	0.303401	0.229630	0.333333	0.260135	0.299786	0.351111	0.347826	0.215548	0.294326	0.27500	0.000000
4	0.275081	0.371429	0.317007	0.225926	0.335664	0.277027	0.286938	0.364444	0.260870	0.206714	0.273050	0.29375	0.333333
5	0.262136	0.285714	0.243537	0.196296	0.263403	0.250000	0.259101	0.288889	0.282609	0.187279	0.209220	0.25625	0.333333
6	0.255663	0.228571	0.254422	0.188889	0.300699	0.331081	0.231263	0.337778	0.130435	0.178445	0.205674	0.29375	0.000000
7	0.255663	0.314286	0.253061	0.214815	0.307692	0.290541	0.274090	0.257778	0.326087	0.189046	0.202128	0.23125	0.000000
8	0.181230	0.314286	0.246259	0.177778	0.247086	0.287162	0.248394	0.275556	0.260870	0.137809	0.202128	0.28125	0.000000
9	0.190939	0.228571	0.225850	0.155556	0.235431	0.320946	0.229122	0.222222	0.152174	0.157244	0.195035	0.21250	0.333333
10	0.197411	0.257143	0.213605	0.166667	0.226107	0.310811	0.216274	0.248889	0.173913	0.155477	0.205674	0.20625	0.000000
11	0.197411	0.285714	0.210884	0.148148	0.226107	0.273649	0.209850	0.195556	0.173913	0.173145	0.170213	0.23750	0.000000

图 11.15　品类与用户留存率的关系

上面图 11.15 中的结果数字很多，需要先做着色处理，方便观察数据。这里引入 seaborn 类库对上面的表格进行着色。

```
import seaborn as sns
cm = sns.light_palette("green", as_cmap=True)
s = pd.DataFrame(stat).style.background_gradient(cmap=cm)
s
```

输出结果如图 11.16 所示。

	牛奶	猪肉脯	饼干	牛肉干	核桃	芒果干	糖果	辣条	鲜花饼	巧克力	鸭脖	沙琪玛	凤梨酥
0	1.000000	1.000000	1.000000	1.000000	1.000000	1.000000	1.000000	1.000000	1.000000	1.000000	1.000000	1.000000	1.000000
1	0.349515	0.371429	0.322449	0.281481	0.398601	0.246622	0.346895	0.346667	0.239130	0.243816	0.237589	0.268750	0.000000
2	0.317152	0.257143	0.297959	0.251852	0.368298	0.283784	0.329764	0.408889	0.239130	0.247350	0.262411	0.256250	0.000000
3	0.323625	0.285714	0.303401	0.229630	0.333333	0.260135	0.299786	0.351111	0.347826	0.215548	0.294326	0.275000	0.000000
4	0.275081	0.371429	0.317007	0.225926	0.335664	0.277027	0.286938	0.364444	0.260870	0.206714	0.273050	0.293750	0.333333
5	0.262136	0.285714	0.243537	0.196296	0.263403	0.250000	0.259101	0.288889	0.282609	0.187279	0.209220	0.256250	0.333333
6	0.255663	0.228571	0.254422	0.188889	0.300699	0.331081	0.231263	0.337778	0.130435	0.178445	0.205674	0.293750	0.000000
7	0.255663	0.314286	0.253061	0.214815	0.307692	0.290541	0.274090	0.257778	0.326087	0.189046	0.202128	0.231250	0.000000
8	0.181230	0.314286	0.246259	0.177778	0.247086	0.287162	0.248394	0.275556	0.260870	0.137809	0.202128	0.281250	0.000000
9	0.190939	0.228571	0.225850	0.155556	0.235431	0.320946	0.229122	0.222222	0.152174	0.157244	0.195035	0.212500	0.333333
10	0.197411	0.257143	0.213605	0.166667	0.226107	0.310811	0.216274	0.248889	0.173913	0.155477	0.205674	0.206250	0.000000
11	0.197411	0.285714	0.210884	0.148148	0.226107	0.273649	0.209850	0.195556	0.173913	0.173145	0.170213	0.237500	0.000000

图 11.16　品类与用户留存率的关系

从图 11.16 可以看出首次购买猪肉脯的用户留存率比较高。

11.3　客户生命周期分析与 RFM 模型

扫一扫，看视频

RFM 模型是衡量客户价值的常用工具。RFM 模型简单易懂，容易应用到业务中。RFM 模型不仅把客户按价值分组，还把每个用户的特征总结出来。本节主要介绍什么是 RFM 模型和如何在实际数据分析中应用 RFM 模型。

11.3.1　RFM 模型介绍

RFM 模型是一种常用的用于衡量用户价值的模型，RFM 其实就是三个指标的简写。R 是 Recent 的缩写，对应客户最近一次的购买时间离该次统计截止时间的差；F 是 Frequency 的缩写，对应客户的购买频次；M 是 Money 的缩写，对应客户的总消费金额。通过这三个指标表达一个客户的购买特点。计算所有客户的 RFM 指标，就可以了解整个客户群体的特征。

实际运用中，会根据 RFM 计算出一个综合得分，以此来划分客户群体。计算公式中常常为 RFM 这三个指标设置不同的权重。

RFM 模型实现分为以下几个步骤：

（1）确定一个时间范围，在该时间范围内从订单表抽取以下字段：

- 客户 ID。
- 订单时间。
- 订金金额。

（2）计算出每个客户距离截止时间最近的一次购买时间。

（3）计算出每个客户的订单总数或者购买次数。请注意这个指标与产品购买数量是不同的。

（4）计算出每个客户的所有订单的金额总和。

（5）把第 3～5 步骤的结果分别记录为 R、F、M。R 值越小，R 得分越高；F 值越大，F 得分越高；M 值越大，M 得分越高。

（6）把 RFM 三个维度的得分按照某个公式加起来得到一个综合得分。

（7）根据综合得分划分用户群体。

时间范围一般会选取数据齐全而且业务运作正常的时间段。

11.3.2 实现 RFM 模型

11.3.1 小节讲解了 RFM 模型的具体实现步骤，本小节结合案例数据演示如何用 Python 实现 RFM 模型。本小节案例的数据来自 https://www.kaggle.com/mashlyn/online-retail-ii-uci。这个数据集是某公司的在线零售数据，包含了 2009 年 12 月 1 日至 2011 年 9 月 12 日期间发生的所有交易。这个公司主要售卖各种场合使用的礼品，该公司的大部分客户是批发商。数据存放在一个名为 online_retail_II 的 CSV 文件中，字段说明如表 11.3 所示。

表 11.3　字段说明表

字　段	说　明
InvoiceNo	订单号，6 位数字
StockCode	产品编号，5 位数字，每个产品的编号唯一
Description	产品描述
Quantity	数量
InvoiceDate	订单日期
UnitPrice	单价
CustomerID	客户 ID
Country	国家

先从 CSV 文件导入数据。Description、Country、StockCode 这三列对后面的分析用处不大，可以先去掉。

```
retailData = pd.read_csv("data/online_retail_II.csv")
```

```
retailData = retailData.drop(columns=['Description', 'Country', 'StockCode'])
```

接着熟悉一下数据，查看有多少列和多少行。

```
retailData.shape
```

输出结果如下：

```
(1067371, 5)
```

查看数据集的前几行。

```
retailData.head()
```

输出结果如图 11.17 所示。

	Invoice	Quantity	InvoiceDate	Price	Customer ID
0	489434	12	2009-12-01 07:45:00	6.95	13085.0
1	489434	12	2009-12-01 07:45:00	6.75	13085.0
2	489434	12	2009-12-01 07:45:00	6.75	13085.0
3	489434	48	2009-12-01 07:45:00	2.10	13085.0
4	489434	24	2009-12-01 07:45:00	1.25	13085.0

图 11.17　零售数据

查看一下产品数量和价格的分布。

```
retailData[['Quantity', 'Price']].describe()
```

输出结果如下：

```
        Quantity        Price
count   1.067371e+06    1.067371e+06
mean    9.938898e+00    4.649388e+00
std     1.727058e+02    1.235531e+02
min     -8.099500e+04   -5.359436e+04
25%     1.000000e+00    1.250000e+00
50%     3.000000e+00    2.100000e+00
75%     1.000000e+01    4.150000e+00
max     8.099500e+04    3.897000e+04
```

可以看到 Quantity 和 Price 这两列字段最小值都是负数，这说明数据集中有异常数据。
检测一下数据集中是否有缺失值。

```
retailData.isnull().any(axis=1).sum()
```

输出结果如下：

```
243007
```

说明缺失值比较多，需要先处理数据集中的异常值和缺失值，代码如下：

```
# 去除客户 ID 为空的列
retailData = retailData.dropna(subset=['Customer ID'])
# 排除价格为负数的异常值
retailData = retailData[retailData['Price'] > 0]
retailData = retailData[retailData['Quantity'] > 0]
```

预处理数据之后检查一下是否还有缺失值。

```
retailData.isnull().any(axis=1).sum()
```

输出结果如下：

```
0
```

可以看到清理过的数据已经没有缺失值，至此数据集中的缺失值和异常值都已经处理好了。

计算每个订单的总金额。

```
retailData['orderAmount'] = retailData['Quantity'] * retailData['Price']
retailData = retailData.drop(columns=['Quantity', 'Price'])
```

注意到 Customer ID 的数据类型是字符串类型，这里把它转换为数值类型，InvoiceDate 转换成时间类型。

```
retailData['Customer ID'] = retailData['Customer ID'].astype('int32')
retailData['InvoiceDate'] = pd.to_datetime(retailData['InvoiceDate'])
retailData.dtypes
```

转换结果如下：

```
Invoice         object
InvoiceDate     datetime64[ns]
Customer ID     int32
orderAmount     float64
dtype: object
```

这里选择数据表中的最后一天作为截止时间，然后计算每个订单距离截止时间隔了多少天。

```
retailData['max_date'] = retailData['InvoiceDate'].max()
retailData['interval'] = retailData['max_date'] - retailData['InvoiceDate']
# 转换为天
retailData['interval'] = retailData['interval'].apply(lambda x: x.days)
```

利用聚合函数计算 RFM 的值。

```
rfm_base = retailData.groupby("Customer ID", as_index=False).agg(
    {'interval': 'min', 'Invoice': 'count', 'orderAmount': 'sum'}
)
rfm_base.columns = ['Customer ID', 'r', 'f', 'm']
rfm_base
rfm_base.iloc[:, 1:4].describe().T
```

输出结果如下：

```
    count    mean         std           min    25%        50%       75%       max
r   5878.0   200.331916   209.338707    0.00   25.0000    95.000    379.00    738.00
f   5878.0   137.044743   353.818629    1.00   21.0000    53.000    142.00    12890.00
m   5878.0   3018.616737  14737.731040  2.95   348.7625   898.915   2307.09   608821.65
```

利用 cut 方法把 RFM 分段，并按等级高低添加标记，A 是最高级、B 次之，C 最低。

```
r_bins = [-1, 25, 379, 738]
f_bins = [0, 21, 142, 12890]
m_bins = [0, 348, 2307, 608822]
# r 越小越好，f 和 m 越大越好
rfm_base['r_grade'] = pd.cut(rfm_base['r'], r_bins, labels=['A', 'B', 'C'])
rfm_base['f_grade'] = pd.cut(rfm_base['f'], f_bins, labels=['C', 'B', 'A'])
rfm_base['m_grade'] = pd.cut(rfm_base['m'], m_bins, labels=['C', 'B', 'A'])
```

把分段结果转成对应的分数，其中 A 对应 3 分，B 对应 2 分，C 对应 1 分。

```
rfm_base_copy = rfm_base.copy()
grade_map = {'A': 3, 'B' : 2, 'C': 1}
r_scores = pd.Series([grade_map[i]  for i in rfm_base_copy['r_grade']])
f_scores = pd.Series([grade_map[i]  for i in rfm_base_copy['f_grade']])
m_scores = pd.Series([grade_map[i]  for i in rfm_base_copy['m_grade']])
rfm_result = pd.concat([rfm_base_copy, r_scores, f_scores, m_scores], axis=1)
rfm_result.columns = ['Customer ID', 'r', 'f', 'm', 'r_grade', 'f_grade', 'm_grade',
'r_score', 'f_score', 'm_score']
```

这里为了简便，RFM 设置相等的权重来计算分数。在实际运用中，读者可以按照具体业务经验设置。

```
weights = [1, 1, 1]
rfm_result['rfm_score'] = rfm_result['r_score']*weights[0] + rfm_result['f_score']*weights[1]
+ rfm_result['m_score']*weights[2]
```

计算出 RFM 之后还可以通过四分位数和图表观察这三个指标的分布，至此 RFM 模型实现完毕。

```
rfm_result.describe()
```

输出结果如图 11.18 所示。

	Customer ID	r	f	m	r_score	f_score	m_score	rfm_score
count	5878.000000	5878.000000	5878.000000	5878.000000	5878.000000	5878.000000	5878.000000	5878.000000
mean	15315.313542	200.331916	137.044743	3018.616737	2.008676	1.989622	2.000340	5.998639
std	1715.572666	209.338707	353.818629	14737.731040	0.710714	0.714274	0.707047	1.769420
min	12346.000000	0.000000	1.000000	2.950000	1.000000	1.000000	1.000000	3.000000
25%	13833.250000	25.000000	21.000000	348.762500	2.000000	1.000000	2.000000	5.000000
50%	15314.500000	95.000000	53.000000	898.915000	2.000000	2.000000	2.000000	6.000000
75%	16797.750000	379.000000	142.000000	2307.090000	3.000000	2.000000	2.750000	7.000000
max	18287.000000	738.000000	12890.000000	608821.650000	3.000000	3.000000	3.000000	9.000000

图 11.18　RFM 指标数值分布

下面对 RFM 模型的结果进行分析。观察到 r 的下四分数是 95，可以尝试用 100 作为区间宽度绘制最近购买时间的直方图。

```
rfm_result['r'].hist(grid=False, bins=range(0, 800, 100))
```

输出结果如图 11.19 所示。

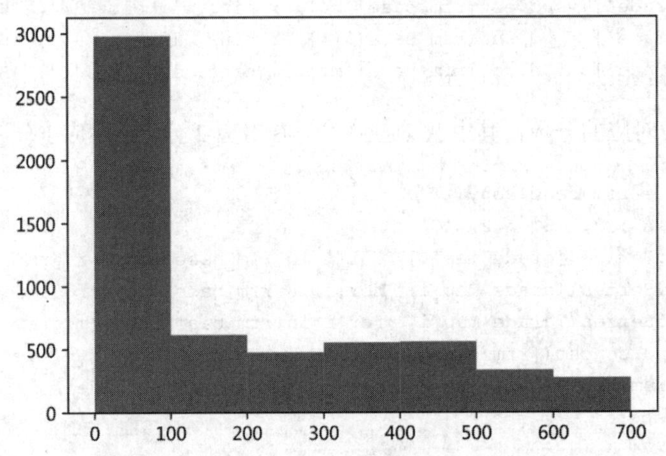

图 11.19　客户最近一次购买时间的分布状况

从图 11.19 可以看出大部分客户在最近 100 天购买过商品。

接着来看消费金额的分布。由于消费金额的分布极不均匀，这里尝试用自定义不等宽的区间来划分数据。

```
mrange = [0, 500] + list(range(1000, 11000, 1000)) + [800000]
mcut = pd.cut(rfm_result['m'], bins=mrange)
mcut.groupby(mcut).count()
```

计算结果如下：

```
m
(0, 500]          2035
(500, 1000]       1096
(1000, 2000]      1092
(2000, 3000]      497
(3000, 4000]      293
(4000, 5000]      195
(5000, 6000]      133
(6000, 7000]      103
(7000, 8000]      58
(8000, 9000]      52
(9000, 10000]     57
(10000, 800000]   267
Name: m, dtype: int64
```

利用上面得出的区间计数，采用 pyecharts 来绘制柱状图。

```
from pyecharts.charts import Bar
from pyecharts import options as opts
from pyecharts.globals import ChartType
# 利用列表表达式把每个分组的计数提取出来
mcount = [int(i) for i in (mcut.groupby(mcut).count().values)]

bar = Bar()
bar.add_xaxis([ '<' + str(i) for i in mrange[1:]])
bar.options.get("series").append(
    {
        "type": ChartType.BAR,
        "name": "M",
        "barWidth": 30,
        "data": mcount,
    }
)
bar.set_global_opts(title_opts=opts.TitleOpts(title="消费金额分布图"))
bar.render_notebook()
```

输出结果如图 11.20 所示。

由图 11.20 可以看出，消费金额主要集中在 0～2000 元这个区间。

接着绘制购买频次和销售金额的散点图。

```
rfm_result.plot.scatter(x='f', y='m')
```

输出结果如图 11.21 所示。

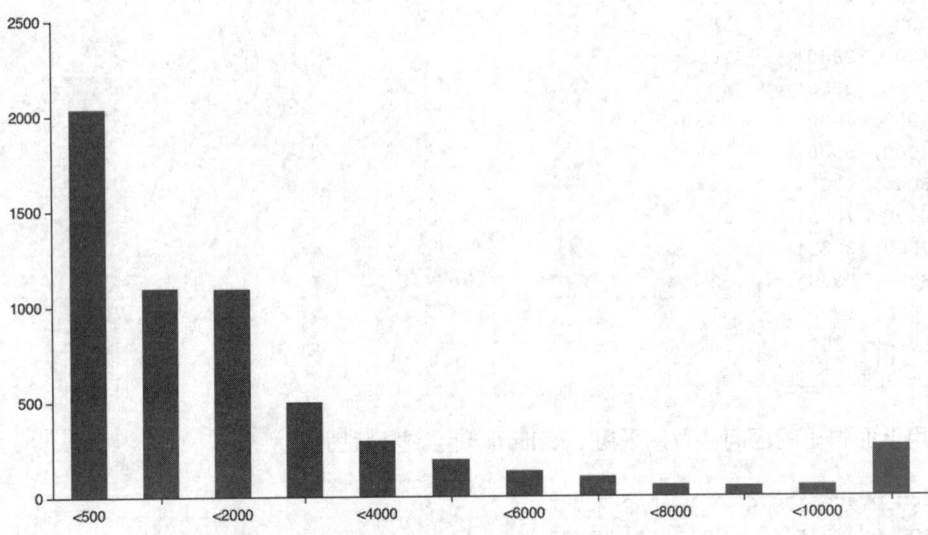

图 11.20　消费金额分布图

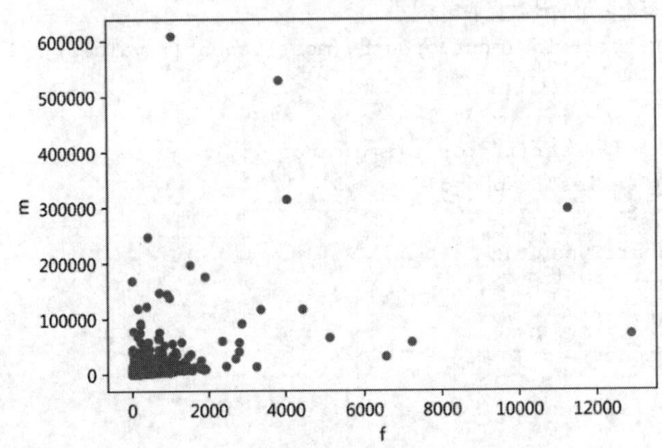

图 11.21　购买频次和销售金额的散点图

从图 11.21 可以看出以下两点。

（1）大部分客户的总消费金额低于 10000 元，购买频次低于 2000 次。

（2）有极少数客户购买频次不高，但消费总金额很高；有极少数客户购买频次很高，但消费总金额不高。前者值得探究。

可以用 Pandas 筛选出高价值客户，整理出来交给业务部门。例如，*f* 得分等于 3 而且 *m* 得分等于 3 的客户，代码如下：

```
rfm_result[ (rfm_result['r_score'] == 3) & (rfm_result['m_score'] == 3) ]
```

第 12 章

营销数据分析

公司用于营销推广的费用是有限的，如何合理地利用有限的资金投放到各种推广渠道并达到最佳的推广效果是很多企业关心的问题。针对营销数据进行分析可以发现哪些广告渠道更好，哪些广告的效果更好，从中总结经验，从而最大提升广告投放的效果。本章通过两个案例展示如何用 Pandas 分析营销数据，主要涉及以下两个方面：

- 不同广告渠道的比较。
- 不同广告组的比较。

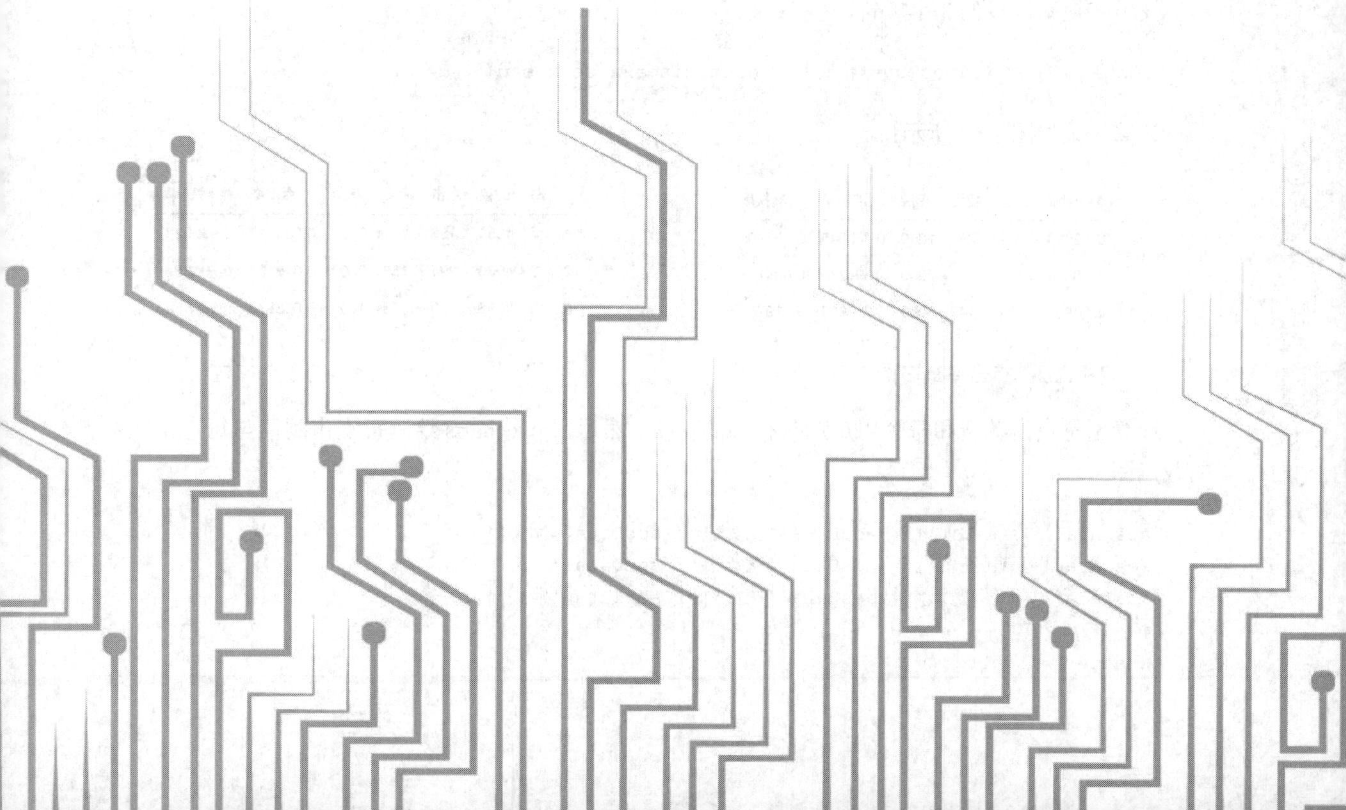

扫一扫，看视频

12.1 不同广告渠道的比较

第一个案例：某化妆品公司在若干个微信公众号上投放了广告，并且统计了每个广告的阅读次数、购买链接点击次数、花费、购买产品次数，这些数据存在一个 Excel 文件里。本节将通过分析广告效果数据，找出哪个公众号更具有广告价值。

先导入 Excel 文件，大致浏览一下数据。

```
adsData = pd.read_excel("ads_data.xlsx")
adsData
```

输出结果如图 12.1 所示。

	ID	阅读	点击	购买	花费
0	1	3583	1427	121	3000
1	2	3451	329	113	4000
2	3	4966	224	158	2000
3	4	804	257	149	3000
4	5	4878	1126	161	5000
5	6	4061	27	2	3000
6	7	4353	153	151	2000
7	8	2918	1357	206	1000
8	9	3750	243	65	2000
9	10	3655	69	48	1000

图 12.1　广告投放效果数据

首先计算每个公众号广告的点击率和转换率：

```
adsData['点击率'] = adsData['点击'] / adsData['阅读']
adsData['转换率'] = adsData['购买'] / adsData['点击']
```

找出点击率最多的 3 个广告。

```
adsData.sort_values(by='点击率', ascending=False).head(3)
```

计算结果如图 12.2 所示：

找出转换率最多的 3 个广告。

```
adsData.sort_values(by='转换率', ascending=False).head(3)
```

计算结果如图 12.3 所示：

	ID	阅读	点击	购买	花费	点击率	转换率
7	8	2918	1357	206	1000	0.465045	0.151805
0	1	3583	1427	121	3000	0.398270	0.084793
3	4	804	257	149	3000	0.319652	0.579767

图 12.2　点击率最多的 3 个广告

	ID	阅读	点击	购买	花费	点击率	转换率
6	7	4353	153	151	2000	0.035148	0.986928
2	3	4966	224	158	2000	0.045107	0.705357
9	10	3655	69	48	1000	0.018878	0.695652

图 12.3　转换率最多的 3 个广告

计算出每点击花费和每个用户购买行为的花费，然后用 pyecharts 绘制每点击阅读与每点击花费的散点图。

```
adsData['每点击阅读'] = adsData['花费'] / adsData['阅读']
adsData['每点击花费'] = adsData['花费'] / adsData['点击']
adsData['每购买花费'] = adsData['花费'] / adsData['购买']

scatter = Scatter()
```

```
scatter.add_xaxis(adsData['每点击阅读'].tolist())
scatter.add_yaxis("", adsData['每点击花费'].tolist())
scatter.set_global_opts(
    title_opts=opts.TitleOpts(title=""),
    xaxis_opts=opts.AxisOpts(type_="value", name="每点击阅读"),
    yaxis_opts=opts.AxisOpts(name="每点击花费"),
    tooltip_opts=opts.TooltipOpts(formatter="{c}")
)
scatter.set_series_opts(label_opts=opts.LabelOpts(is_show=False))
scatter.render_notebook()
```

输出结果如图 12.4 所示。

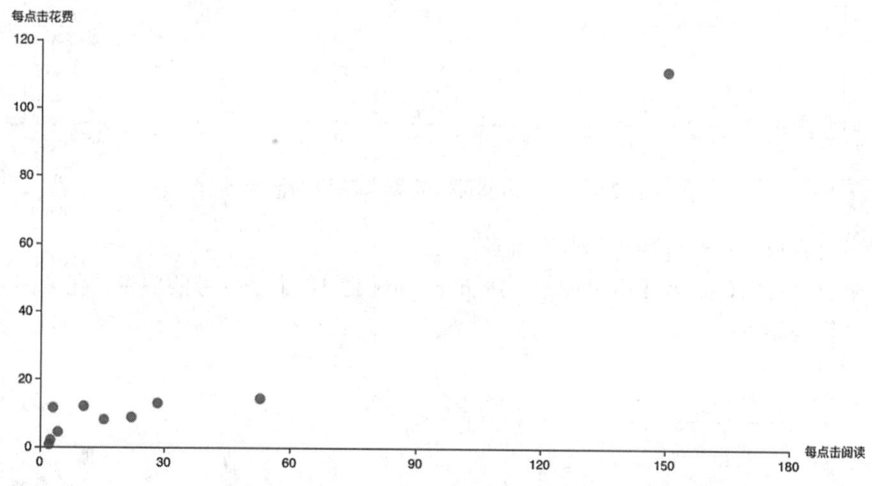

图 12.4　每点击阅读与每点击花费的散点图

从图 12.4 可以推断出以下两点。

（1）有一个公众号广告虽然每点击阅读高，但是每点击花费也很高，性价比较低。

（2）大部分公众号的每点击花费低于 20 元。

接着分析每点击阅读与每购买花费的关系，用 pyecharts 绘制每点击阅读与每购买花费的散点图。

```
scatter = Scatter()
scatter.add_xaxis(adsData['每点击阅读'].tolist())
scatter.add_yaxis("", adsData['每购买花费'].tolist())
scatter.set_global_opts(
    title_opts=opts.TitleOpts(title=""),
    xaxis_opts=opts.AxisOpts(type_="value", name="每点击阅读"),
    yaxis_opts=opts.AxisOpts(name="每购买花费"),
    tooltip_opts=opts.TooltipOpts(formatter="{c}")
)
scatter.set_series_opts(label_opts=opts.LabelOpts(is_show=False))
scatter.render_notebook()
```

输出结果如图 12.5 所示。

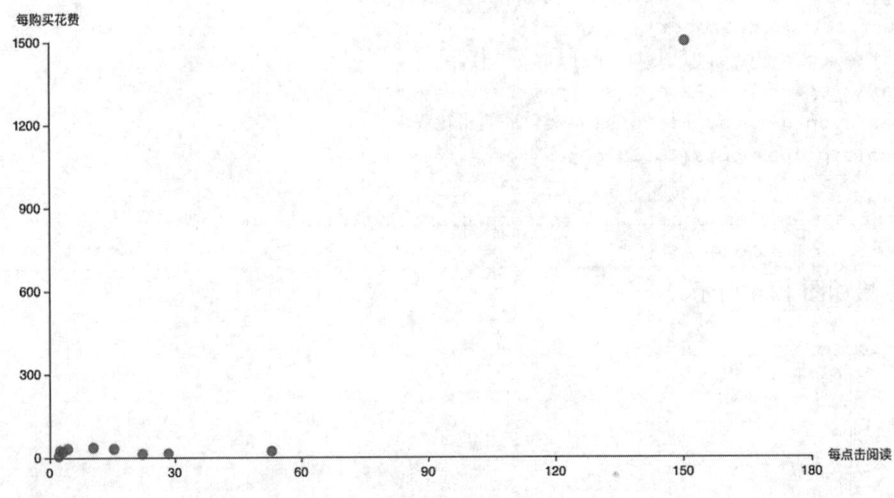

图 12.5　每点击阅读与每购买花费的散点图

可以看出大多数广告的每购买花费差不多。

查看每个公众号的广告转化情况如何。用 pyecharts 把 10 个公众号的广告转化为漏斗图绘制出来进行比较，代码如下：

```
ads_funnel = []
for index, item in adsData.iterrows():
    ads_funnel.append([
        {"name" : "阅读", "value": 1},
        {"name" : "点击", "value": item['点击']/item['阅读']},
        {"name" : "购买", "value": item['购买']/item['阅读']}
    ])

# 用于控制每个漏斗图的纵轴坐标
tops = [0, 0, 20, 20, 40, 40, 60, 60, 80, 80]

fun = Funnel()
for i, item in enumerate(ads_funnel):
    left = "{left}%".format(left= 10 + (i % 2) *30)
    top = "{top}%".format(top = tops[i])
    fun.options.get("series").append(
        {
            "type": ChartType.FUNNEL,
            "name": "公众号 ID:{i}".format(i=i),
            "width": '20%',
            "height": '20%',
            "left": left,
            "top": top,
```

```
            "data": item
        }
    )
fun.set_global_opts(title_opts=opts.TitleOpts(title=""),
                    toolbox_opts=opts.ToolboxOpts(item_size=15))
fun.render_notebook()
```

输出结果如图 12.6 所示。

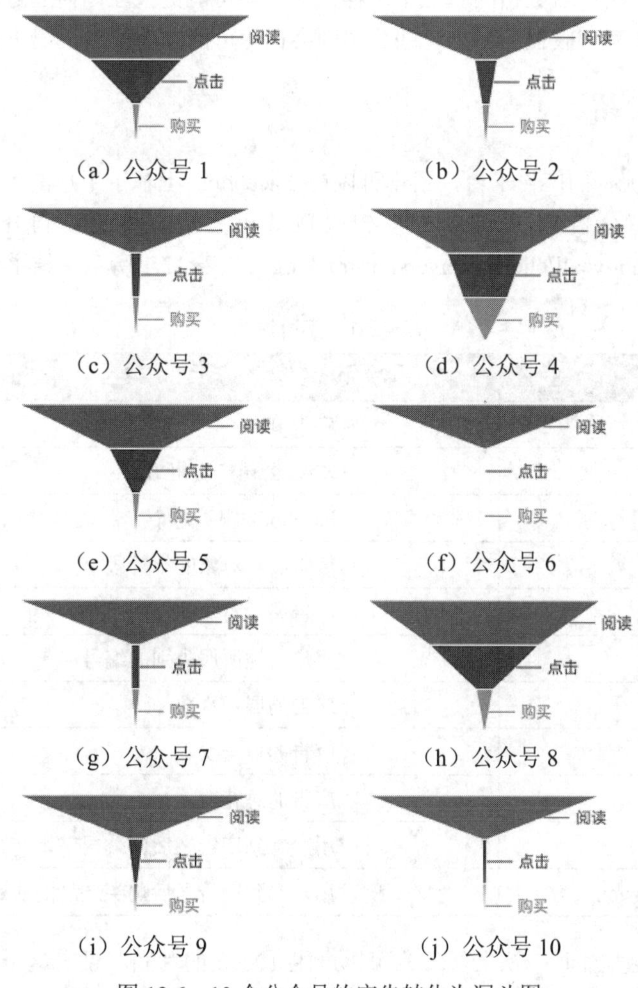

（a）公众号 1　（b）公众号 2　（c）公众号 3　（d）公众号 4　（e）公众号 5　（f）公众号 6　（g）公众号 7　（h）公众号 8　（i）公众号 9　（j）公众号 10

图 12.6　10 个公众号的广告转化为漏斗图

从图 12.6 中可以看出：

（1）公众号 4 的购买人数占阅读人数的比例最高。

（2）对于公众号 1 和公众号 8，虽然点击购买链接的人不少，但是最终购买的人数不多，这个现象背后的原因值得与业务人员一起探究。

扫一扫，看视频

12.2 互联网广告投放效果分析

我们投放互联网广告的时候往往是根据年龄、性别、兴趣、地域这个几个维度来精准投放，例如年龄 30～34 岁、女性、喜欢健身这三个维度确定一个群体，针对这个群体设计广告。也有可能把同一个广告分发给几个不同群体，看看哪个广告点击率、转化率更高。

不同阶段的公司分析广告数据的重点不一样。新公司可能更关注如何通过网络广告获得更大的曝光量，不太关心点击率和收益；另外一些公司则会在尽可能少的广告支出下最大限度增加收入。

12.2.1 案例数据介绍

Facebook 是国外流行的广告平台，用户可以在 Facebook 上基于用户的各种属性来针对特定的受众投放广告。本节分析的 Facebook 广告投放效果案例数据集来自 kaggle，下载网址是 https://www.kaggle.com/loveall/clicks-conversion-tracking，如表 12.1 所示总结了这个数据集的字段。

表 12.1 字段说明

字　段	说　明
ad_id	广告 ID
xyz_campaign_id	XYZ 公司广告组 ID
fb_campaign_id	Facebook 跟踪每个广告系列相关联的 ID
age	广告展示对象的年龄段
gender	广告展示对象的性别
interest	用户兴趣所属类别的编号
Impressions	广告的展示次数
Clicks	广告的点击次数
Spent	广告的总花费
Total_Conversion	用户看到广告之后向公司咨询产品的次数
Approved_Conversion	用户看到广告之后购买产品的次数

为了简单起见，这里假设一次购买行为可以产生 100 元的利润。设定这个值之后，可以计算广告的真实收益，用于衡量广告的效果。

本节希望通过数据分析试图回答的问题有：

- 哪些用户对我们的广告有兴趣？他们有什么特征？
- 哪些广告的投入产出比很好？哪些非常差？
- 哪个兴趣类别的人群点击率最高？哪个兴趣类别的人群转化率最高？
- 计算广告的平均点击率、转化率、点击成本。

12.2.2 了解广告组的概况

本节先完成数据导入和预处理操作，然后看看各个广告组的指标情况如何。

先导入数据，查看数据集有哪些列，代码如下：

```
adsData = pd.read_csv("conversion_data.csv")
adsData.info()
```

输出结果如下：

```
<class 'pandas.core.frame.DataFrame'>
RangeIndex: 1143 entries, 0 to 1142
Data columns (total 11 columns):
 #   Column               Non-Null Count   Dtype
---  ------               --------- -----  -----
 0   ad_id                1143     non-null  int64
 1   xyz_campaign_id      1143     non-null  int64
 2   fb_campaign_id       1143     non-null  int64
 3   age                  1143     non-null  object
 4   gender               1143     non-null  object
 5   interest             1143     non-null  int64
 6   Impressions          1143     non-null  int64
 7   Clicks               1143     non-null  int64
 8   Spent                1143     non-null  float64
 9   Total_Conversion     1143     non-null  int64
 10  Approved_Conversion  1143     non-null  int64
dtypes: float64(1), int64(8), object(2)
memory usage: 98.4+KB
```

从输出可以看出这个数据集有 1143 行，11 个字段，而且没有缺失值。

字段 fb_campaign_id 用处不大，可以先删除。

```
adsData = adsData.drop(columns=["fb_campaign_id"])
```

查看 ad_id 数据有没有重复值。

```
adsData['ad_id'].duplicated().any()
```

输出结果如下：

```
False
```

说明广告 ID 没有重复。

深入分析之前，先熟悉数据。首先对 Impreesions、Clicks、Spent、Total_Conversion、Approved_Conversion 这 5 个字段进行描述性统计，代码如下：

```
adsData[['Impressions', 'Clicks', 'Spent', 'Total_Conversion', 'Approved_Conversion']].describe()
```

输出结果如图 12.7 所示。

	Impressions	Clicks	Spent	Total_Conversion	Approved_Conversion
count	1.143000e+03	1143.000000	1143.000000	1143.000000	1143.000000
mean	1.867321e+05	33.390201	51.360656	2.855643	0.944007
std	3.127622e+05	56.892438	86.908418	4.483593	1.737708
min	8.700000e+01	0.000000	0.000000	0.000000	0.000000
25%	6.503500e+03	1.000000	1.480000	1.000000	0.000000
50%	5.150900e+04	8.000000	12.370000	1.000000	1.000000
75%	2.217690e+05	37.500000	60.025000	3.000000	1.000000
max	3.052003e+06	421.000000	639.949998	60.000000	21.000000

图 12.7　描述性统计

可以看出这个公司的所有广告平均点击次数是 33 次，平均花费是 51 元，平均转换人数是 2.8，平均购买人数是 0.9。

接着查看数据集中有多少个广告组。

```
adsData['xyz_campaign_id'].value_counts()
```

输出结果如下：

```
1178    625
936     464
916      54
Name: xyz_campaign_id, dtype: int64
```

为了方便后面分析理解，把这三个广告组的 ID 转换成字母。

```
adsData = adsData.replace({'xyz_campaign_id': {1178: 'A', 936: 'B', 916: 'C'}})
```

经过该操作，所有广告分为 A、B、C 三组，接着统计每个广告组下有多少个广告。

```
adsData['xyz_campaign_id'].value_counts()
```

输出结果如下：

```
A    625
B    464
C     54
Name: xyz_campaign_id, dtype: int64
```

C 组的广告数是偏少的。计算每个广告组的点击量分布情况，代码如下：

```
adsData.groupby("xyz_campaign_id").agg(['mean', 'median', 'std', 'min', 'max'])['Clicks']
```

输出结果如图 12.8 所示。

xyz_campaign_id	mean	median	std	min	max
A	57.708800	31	67.307334	0	421
B	4.275862	1	10.716118	0	116
C	2.092593	1	3.017362	0	14

图 12.8 广告组点击量统计

可以看出 A 组的广告质量明显高于 B 组和 C 组，但是 A 组组内点击量的差异也是很大的。

查看其他的广告指标的统计结果。下面的代码先计算出广告展示次数、点击次数、花费、转换率等指标的合计结果，另外在本节开头假设了一个购买行为产生 100 元利润，按这个假设计算出每个广告组的收益，将其作为一个新的列 profit。

```
performance = adsData.groupby("xyz_campaign_id")[['Impressions','Clicks',
  'Spent', 'Total_Conversion', 'Approved_Conversion']].sum()
performance = performance.reset_index()
performance['profit'] = performance.reset_index()['Approved_Conversion']*100
performance
```

输出结果如图 12.9 所示。

	xyz_campaign_id	Impressions	Clicks	Spent	Total_Conversion	Approved_Conversion	profit
0	A	204823716	36068	55662.149959	2669	872	87200
1	B	8128187	1984	2893.369999	537	183	18300
2	C	482925	113	149.710001	58	24	2400

图 12.9 广告互动及收益情况

12.2.3 广告各个维度的分布特征

借助柱状图观察各个分组在年龄、性别、兴趣这三方面的分布特点。首先计算分布数据计算，代码如下：

```
xyz_campaign_ids = ['A', 'B', 'C']
campaign_age_count = {}
campaign_gender_count = {}
campaign_interest_count = {}
for i in xyz_campaign_ids:
    aget_count = adsData[adsData["xyz_campaign_id"] == i].groupby("age").count()['ad_id']
    campaign_age_count[i] = aget_count.tolist()
    gender_count = adsData[adsData["xyz_campaign_id"] == i].groupby("gender").count()['ad_id']
```

```
    campaign_gender_count[i] = gender_count.tolist()
    interest_count = adsData[adsData["xyz_campaign_id"] == i].groupby("interest").count()['ad_id']
    campaign_interest_count[i] = interest_count.tolist()
```

绘制年龄段分布的柱状图代码如下：

```
ages = ["30-34", "45-49", "35-39", "40-44"]
bar = Bar()
bar.add_xaxis(ages)
for i in xyz_campaign_ids:
    bar.add_yaxis(i, campaign_age_count[i])
bar.set_global_opts(title_opts=opts.TitleOpts(title="三个广告组的年龄段分布"),
           toolbox_opts=opts.ToolboxOpts() )
bar.render_notebook()
```

输出结果如图 12.10 所示。

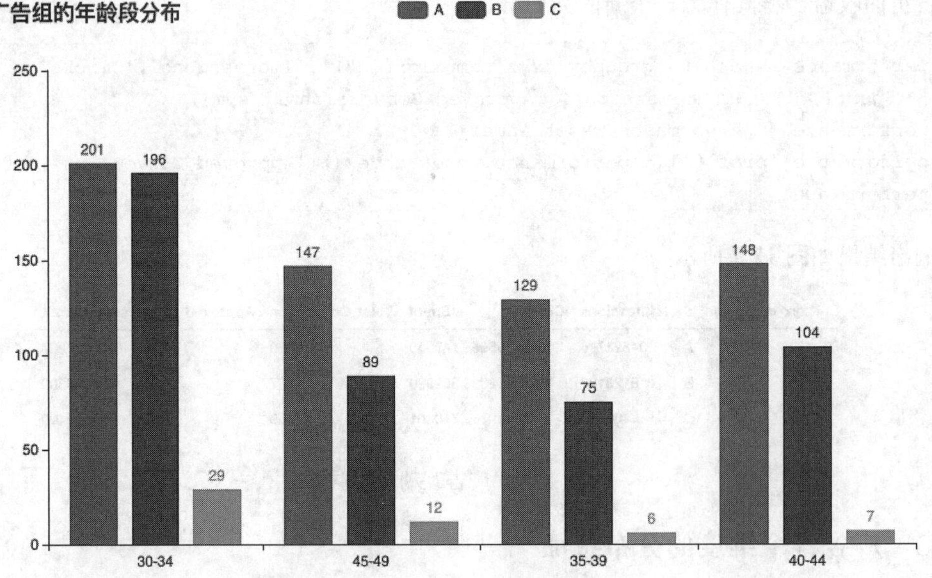

图 12.10　三个广告组的年龄段分布

观察图 12.10 发现，在三个广告组中，年龄在 30～34 岁的浏览者最多。

绘制性别分布的柱状图代码如下：

```
genders = ["M", "F"]
bar = Bar()
bar.add_xaxis(genders)
for i in xyz_campaign_ids:
    bar.add_yaxis(i, campaign_gender_count[i])
bar.set_global_opts(title_opts=opts.TitleOpts(title="三个广告组的性别分布"),
```

```
        toolbox_opts=opts.ToolboxOpts())
bar.render_notebook()
```

输出结果如图 12.11 所示。

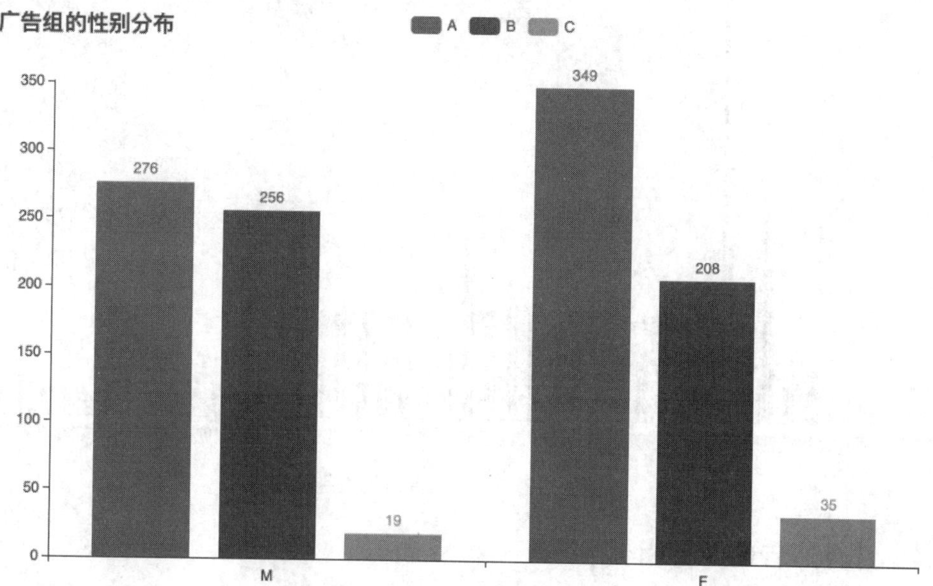

图 12.11　三个广告组的性别分布

观察图 12.11 发现这三个广告组的浏览者性别的差异不大。

绘制兴趣分布的柱状图代码如下：

```
interests = adsData['interest'].unique().tolist()
bar = Bar()
bar.add_xaxis(interests)
for i in xyz_campaign_ids:
    bar.add_yaxis(i, campaign_interest_count[i])
bar.set_global_opts(title_opts=opts.TitleOpts(title="三个广告组的兴趣分布"),
        toolbox_opts=opts.ToolboxOpts())
bar.set_series_opts(label_opts=opts.LabelOpts(is_show=False))
bar.render_notebook()
```

输出结果如图 12.12 所示。

从图 12.12 可以看出：

（1）广告组 A 的兴趣分布相对广泛。

（2）广告组 A 和广告组 B 都把广告集中在兴趣编号 20、29、65、10。

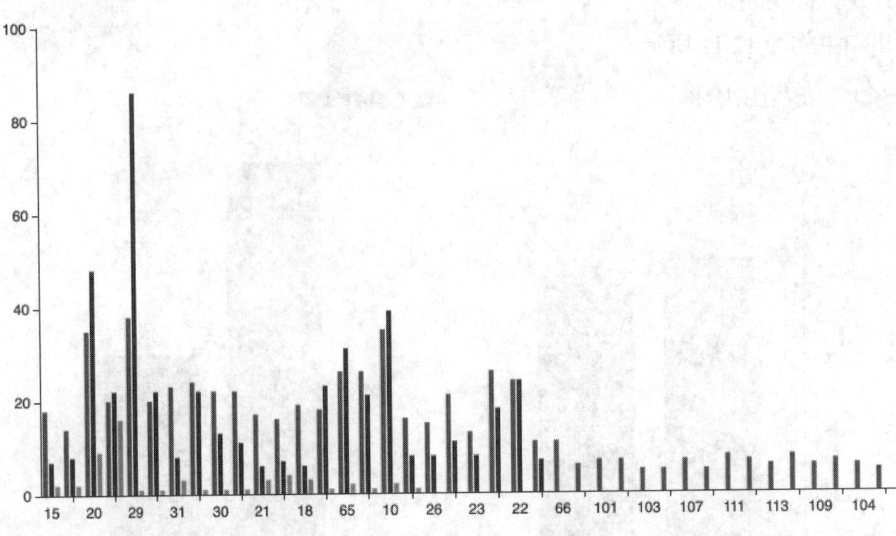

图 12.12　三个广告组的兴趣分布

12.2.4　计算广告的业务指标

衡量广告的投放效果可以借助一些基础指标。常用的业务指标计算公式如下：

- 点击率（CTR）=点击量÷展示量
- 单个点击的成本（CPC）=广告费用÷点击量
- 千次展示成本（CPM）=广告费用÷展示量×1000
- 单次用户行为成本（CPA）=广告费用÷转化次数
- 单次用户购买成本（CPS）=广告费用÷购买次数
- 广告转化率（CVR）=转化次数÷点击量

按上面计算公式，计算案例数据中每个广告的指标值，代码如下：

```
adsData['CTR'] = adsData['Clicks'] / adsData['Impressions']
adsData['CPC'] = adsData['Spent'] / adsData['Clicks']
adsData['CPM'] = adsData['Spent'] / adsData['Impressions']*1000
adsData['CPA'] = adsData['Spent'] / adsData['Total_Conversion']
adsData['CPS'] = adsData['Spent'] / adsData['Approved_Conversion']
adsData['CVR'] = adsData['Total_Conversion'] / adsData['Clicks']
```

注意这里转化率可能会大于 1，因为一次点击之后可能有多次询盘。

用 describe 方法看看这些指标的数值分布的大概状况。

```
adsData[['CTR', 'CPC', 'CPM', 'CPA', 'CPS', 'CVR']].describe()
```

输出结果如图 12.13 所示。

	CTR	CPC	CPM	CPA	CPS	CVR
count	1143.000000	936.000000	1143.000000	1140.000000	1007.000000	1140.000000
mean	0.000164	1.499347	0.239387	inf	inf	inf
std	0.000115	0.232879	0.160908	NaN	NaN	NaN
min	0.000000	0.180000	0.000000	0.000000	0.000000	0.000000
25%	0.000100	1.390000	0.148742	1.405000	15.956250	0.071429
50%	0.000160	1.498273	0.248816	8.470000	83.437499	0.199291
75%	0.000234	1.644364	0.332700	22.060833	inf	1.000000
max	0.001059	2.212000	1.504237	inf	inf	inf

图 12.13　广告的业务指标

可以看到 CPA、CPS、CVR 三个指标的最大值都出现了异常值，把相关记录提取出来。

```
adsData[adsData['CPA'] == np.inf]
adsData[adsData['CVR'] == np.inf]
```

从相关记录可以发现 CPA、CPS 的值为无穷大的原因是有点击但是完全没有转换，这样的广告有 400 多个。CVR 的值等于 inf 是因为没有点击广告，但是后来有咨询产品，这样的广告有 204 个，为了后续分析方便，把这些值都设为 0。

```
adsData['CPA'] = adsData['CPA'].replace(np.inf, 0)
adsData['CPS'] = adsData['CPS'].replace(np.inf, 0)
adsData['CVR'] = adsData['CVR'].replace(np.inf, 0)
```

调整后的广告指标如图 12.14 所示。

	CTR	CPC	CPM	CPA	CPS	CVR
count	1143.000000	936.000000	1143.000000	1140.000000	1007.000000	1140.000000
mean	0.000164	1.499347	0.239387	16.058870	23.518219	0.242335
std	0.000115	0.232879	0.160908	24.315555	45.913408	0.368657
min	0.000000	0.180000	0.000000	0.000000	0.000000	0.000000
25%	0.000100	1.390000	0.148742	1.380000	0.000000	0.029305
50%	0.000160	1.498273	0.248816	8.228889	1.130000	0.090909
75%	0.000234	1.644364	0.332700	21.331429	30.736250	0.250000
max	0.001059	2.212000	1.504237	332.989999	352.449999	4.000000

图 12.14　调整后的广告指标

CTR 的中位数是 0.000160，CVR 的中位数 0.090909。
按 xyz_campaign_id 的值分组，存入三个不同的变量。

```
groupA = adsData[adsData['xyz_campaign_id'] == 'A']
groupB = adsData[adsData['xyz_campaign_id'] == 'B']
```

```
groupC = adsData[adsData['xyz_campaign_id'] == 'C']
```

用程序查找每组中点击率最高的那几个广告，代码如下：

```
groupA.sort_values(by='CTR', ascending=False).head(5)
groupB.sort_values(by='CTR', ascending=False).head(5)
groupC.sort_values(by='CTR', ascending=False).head(5)
```

找出这些点击率高的广告之后，可以提示业务部门通过研究广告的内容（如文案、图片等）发现这些广告点击率高的原因。观察数据可以发现 A 组点击率最高的广告都是面向 40～49 岁的女性，C 组点击率最高的广告都是面向男性。

CVR 大于 1 代表这个用户看完广告之后有复购产品的行为，这类广告值得筛选出来重点研究，代码如下：

```
adsData[adsData[CVR] == 1]
```

另外还可以找出广告的展示次数为 0 和点击量为 0 的广告，看看这些广告有什么问题。

```
adsData[adsData['Impressions'] == 0]
adsData[adsData['Clicks'] == 0]
```

最后探究一下 CTR 和 CPS 之间的关系。用 pyecharts 绘制出 CTR 和 CPS 的散点图，代码如下：

```
from pyecharts.charts import Scatter
from pyecharts import options as opts
# 筛选出 CPS>0 的数据
adsDataCPS = adsData[adsData['CPS'] > 0]
scatter = Scatter()
scatter.add_xaxis(adsDataCPS['CPS'].tolist())
scatter.add_yaxis("", adsDataCPS['CTR'].tolist())
scatter.set_series_opts(label_opts=opts.LabelOpts(is_show=False))
scatter.set_global_opts(
    title_opts=opts.TitleOpts(title="散点图"),
    xaxis_opts=opts.AxisOpts(type_="value", name="CPS"),
    yaxis_opts=opts.AxisOpts(name="CTR"),
    tooltip_opts=opts.TooltipOpts(formatter="{c}"),
    datazoom_opts=opts.DataZoomOpts(orient="vertical")
)
scatter.render_notebook()
```

输出结果如图 12.15 所示。

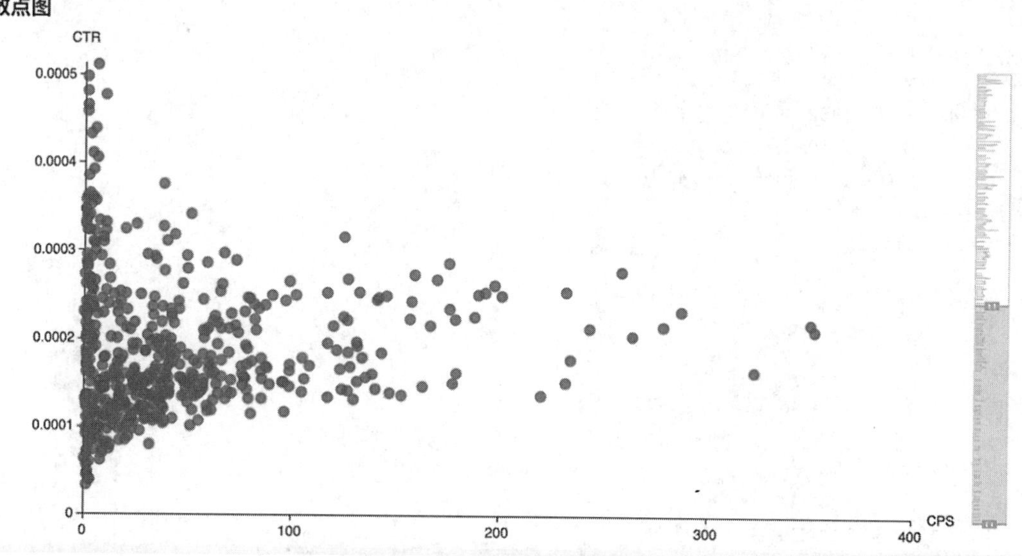

图 12.15 CTR 和 CPS 的散点图

统计这三个广告组在不同年龄和性别组合下的情况。

```
print("==== groupA ====")
print(groupA.groupby(['age', 'gender']).sum()['Clicks'])
print("==== groupB ====")
print(groupB.groupby(['age', 'gender']).sum()['Clicks'])
print("==== groupC ====")
print(groupC.groupby(['age', 'gender']).sum()['Clicks'])
```

输出结果如下：

```
==== groupA ====
age    gender
30-34  F      4877
       M      4263
35-39  F      3929
       M      2873
40-44  F      4919
       M      2492
45-49  F      8468
       M      4247
Name: Clicks, dtype: int64
==== groupB ====
age    gender
30-34  F      186
       M      100
35-39  F      228
```

```
        M     47
40-44  F     257
        M     54
45-49  F     962
        M     150
Name: Clicks, dtype: int64
==== groupC ====
age    gender
30-34  F     36
        M     21
35-39  F     4
        M     13
40-44  F     1
        M     13
45-49  F     11
        M     14
Name: Clicks, dtype: int64
```

从上面的数据可以看出两点：

（1）在 A 组和 B 组中，点击量最高的群体都是 45～49 岁女性。

（2）C 组的点击量很少。

读者可以试试探究兴趣编号为 20、29、65、10 的广告效果。

12.2.5 用户属性与广告效果的关系

本节探究用户兴趣、年龄、性别与广告效果之间的关系，找出关系之后可以在投放广告时有针对性地设置人群定向。

先来探究用户兴趣与广告效果的关系，为此先绘制广告组 A 的各个兴趣类别的柱状图，代码如下：

```
clickStat = groupA.groupby("interest").sum()['Clicks']
bar = Bar()
bar.add_xaxis(clickStat.index.tolist())
bar.add_yaxis("点击量", clickStat.values.tolist())
bar.set_global_opts(title_opts=opts.TitleOpts(title="广告组 A 兴趣类别点击量"),
            toolbox_opts=opts.ToolboxOpts() )
bar.render_notebook()
```

输出结果如图 12.16 所示。

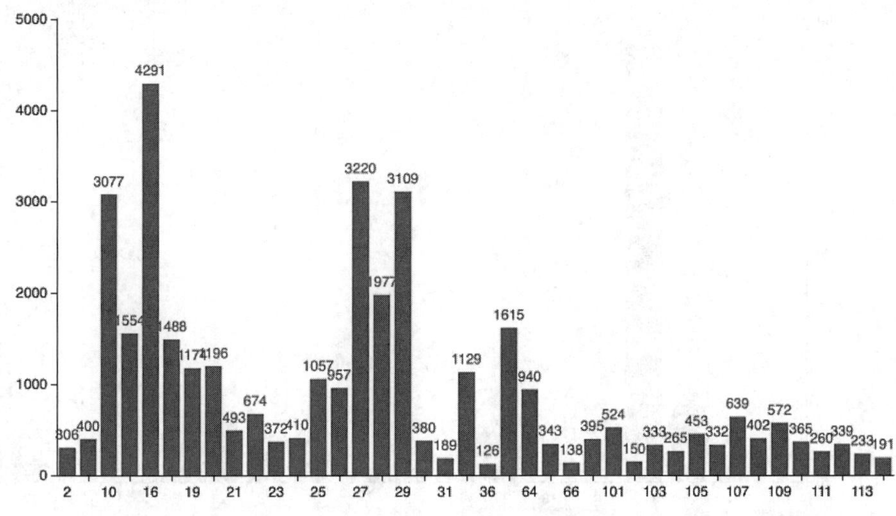

图 12.16 广告组 A 兴趣类别点击量

用上面类似的代码可以得到广告组 B 和广告组 C 的情况，如图 12.17 和图 12.18 所示。

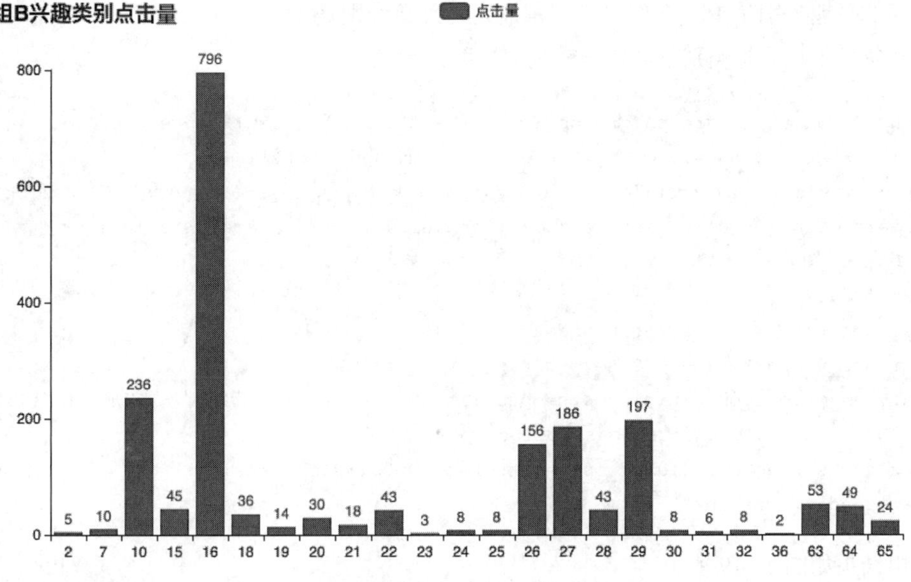

图 12.17 广告组 B 兴趣类别点击量

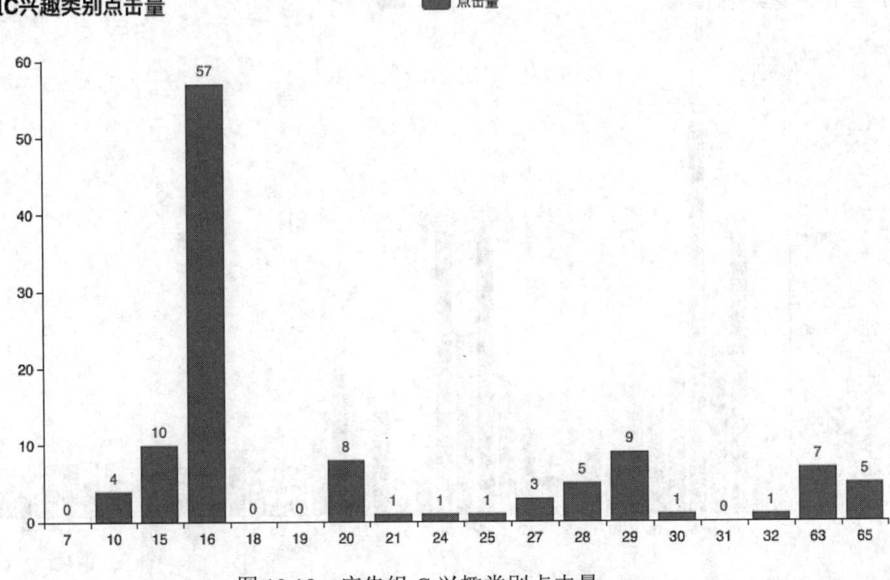

图 12.18　广告组 C 兴趣类别点击量

从图 12.16～图 12.18 中可以看出，A 组中点击量最高的兴趣类别是 10、16、27、29；B 组中点击量最高的兴趣类别是 16；C 组中点击量最高的兴趣类别是 16。

计算每个用户兴趣类别下的广告转化率，并绘制柱状图。

```
conversionStat = groupA.groupby("interest").sum()['Total_Conversion']
clicksStat = groupA.groupby("interest").sum()['Clicks']
interestStat = pd.concat([conversionStat, clicksStat], keys=['conversion', 'click'], axis=1)
interestStat['CVR'] = interestStat['conversion'] / interestStat['click']
# 绘制柱状图
bar = Bar()
bar.add_xaxis(interestStat.index.tolist())
bar.add_yaxis("转化率", interestStat['CVR'].tolist())
bar.set_global_opts(title_opts=opts.TitleOpts(title="广告组 A 兴趣类别转化率"),
          toolbox_opts=opts.ToolboxOpts() )
bar.set_series_opts(label_opts=opts.LabelOpts(is_show=False))
bar.render_notebook()
```

输出结果如图 12.19 所示。

同理可以得到广告组 B 和广告组 C 的情况，如图 12.20 和图 12.21 所示。

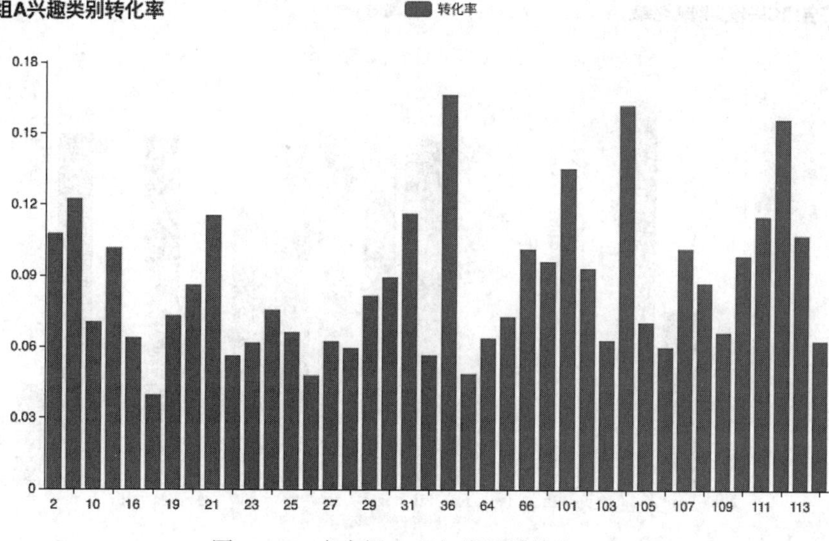

图 12.19　广告组 A 兴趣类别转化率

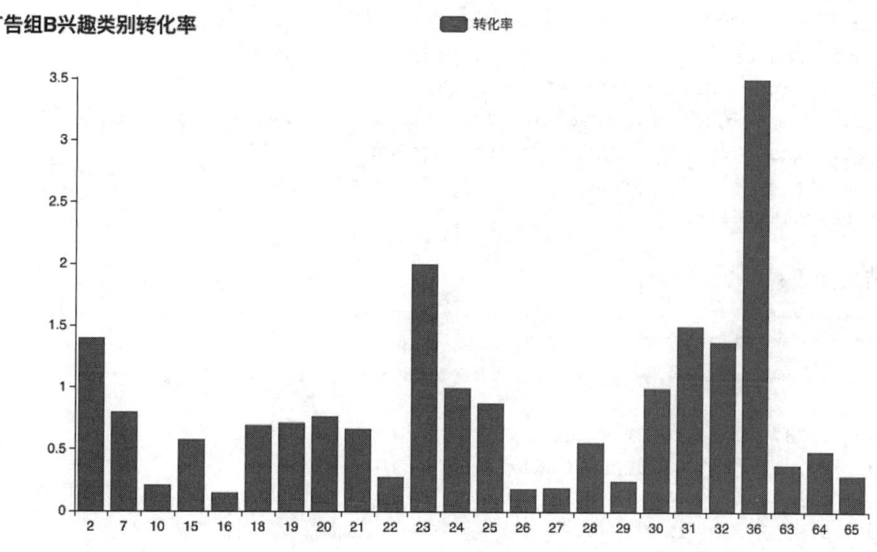

图 12.20　广告组 B 兴趣类别转化率

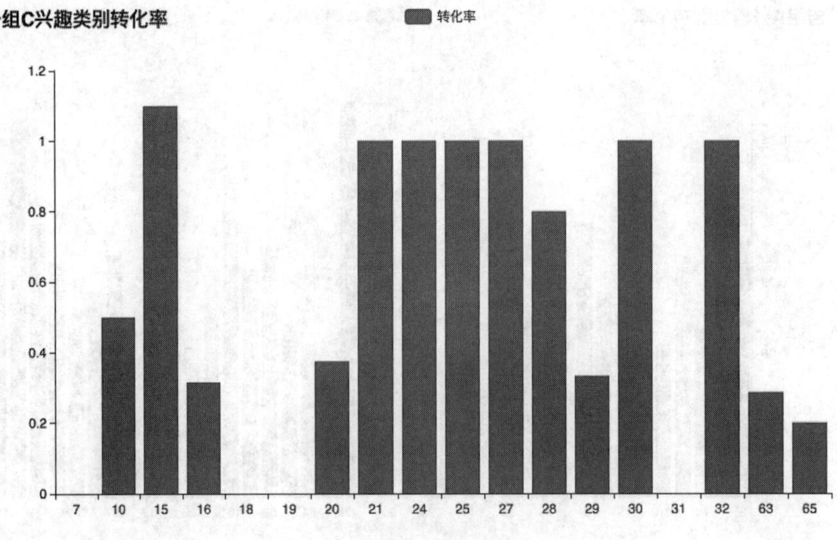

图 12.21 广告组 C 兴趣类别转化率

从图 12.19～图 12.21 可以得出以下结论：B 组在兴趣类别 23 和 36 有很好的转化率。

探究用户年龄与广告效果的关系。代码如下：

```
for name, g in {"A" : groupA, "B": groupB, "C": groupC}.items():
    conversionStat = g.groupby("age").sum()['Total_Conversion']
    clicksStat = g.groupby("age").sum()['Clicks']
    ageEffects = pd.concat([conversionStat, clicksStat], keys=['conversion', 'click'], axis=1)
    ageEffects['CVR'] = ageEffects['conversion'] / ageEffects['click']
    print("=============group " + name + "==============")
    print(ageEffects)
```

输出结果如下：

```
=============group A==============
        conversion  click   CVR
age
30-34   1173        9140    0.128337
35-39   517         6802    0.076007
40-44   433         7411    0.058427
45-49   546         12715   0.042941
=============group B==============
        conversion  click   CVR
age
30-34   227         286     0.793706
35-39   96          275     0.349091
40-44   83          311     0.266881
45-49   131         1112    0.117806
=============group C==============
```

```
        conversion  click   CVR
age
30-34   31          57      0.543860
35-39   13          17      0.764706
40-44   7           14      0.500000
45-49   7           25      0.280000
```

可以看出对于广告组 A 和广告组 B，30～34 岁的用户转化率明显比其他年龄段更好。

最后探究用户性别与广告效果的关系。该代码与探究用户年龄与广告效果的关系的代码类似，只是有些字段名称修改了。

```
for name, g in {"A" : groupA, "B": groupB, "C": groupC}.items():
    conversionStat = g.groupby("gender").sum()['Total_Conversion']
    clicksStat = g.groupby("gender").sum()['Clicks']
    genderEffects  =  pd.concat([conversionStat,  clicksStat],  keys=['conversion',
'click'], axis=1)
    genderEffects['CVR'] = genderEffects['conversion'] / genderEffects['click']
    print("=============group " + name + "==============")
    print(genderEffects)
```

输出结果如下：

```
=============group A==============
        conversion click   CVR
gender
F       1322       22193   0.059568
M       1347       13875   0.097081
=============group B==============
        conversion click   CVR
gender
F       302        1633    0.184936
M       235        351     0.669516
=============group C==============
        conversion click   CVR
gender
F       20         52      0.384615
M       38         61      0.622951
```

观察输出结果，发现虽然女性的点击量比男性用户高，但是这三个广告组中男性用户的转化率都比女性用户高。

12.2.6　广告分类

本节的分析思路是按广告的点击率和转换率把广告分为四类，看看四个类目中广告数量和分布情况。这四个类目总结如下：

- 点击率高，转换率高，这类广告投放精准，面向的都是目标人群。
- 点击率低，转换率高，这类广告可以进一步改进。
- 点击率低，转换率低，这类广告一般是投向了非精准人群。
- 点击率高，转换率低，这类广告用户流失太严重。

首先计算转换率。

```
adsData['转换率'] = adsData['Approved_Conversion'] / adsData['Clicks']
# 当点击数为 0 的时候，转换率为 inf，所以需要替换
adsData['转换率'] = adsData['转换率'].replace(np.inf, 0)
adsData['转换率'].describe()
```

然后绘制点击率与转换率的散点图，并添加辅助线。

```
from pyecharts.charts import Scatter
from pyecharts import options as opts

scatter = Scatter()
scatter.add_xaxis(adsData['CTR'].tolist())
scatter.add_yaxis("", adsData['转换率'].tolist())
scatter.set_global_opts(
    title_opts=opts.TitleOpts(title=""),
    xaxis_opts=opts.AxisOpts(type_="value", name="点击率"),
    yaxis_opts=opts.AxisOpts(type_="value",name="转换率"),
    tooltip_opts=opts.TooltipOpts(formatter="{c}")
)

scatter.set_series_opts(
    label_opts=opts.LabelOpts(is_show=False),
    markline_opts=opts.MarkLineOpts(
     data=[
        { "yAxis": '0.45'},
        { "xAxis": '0.0005' }
     ]
))
scatter.render_notebook()
```

输出结果如图 12.22 所示。

可以看出以下几点。

（1）大部分散点集中在左下角，也就是说大部分广告点击率不高，转换率也不高。

（2）在 x 轴上有大量点，说明很多广告有点击但是没有产生任何购买行为。

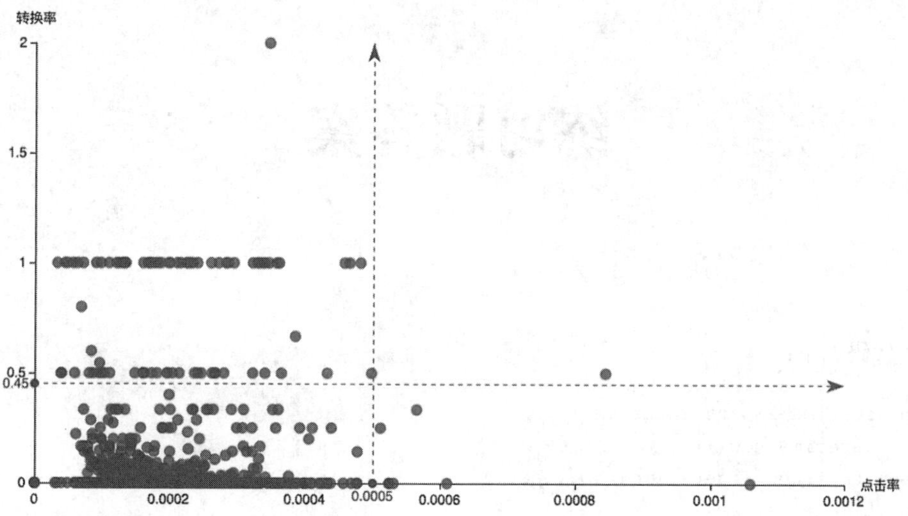

图 12.22　点击率与转换率的散点图

练习题答案

2.2.4

（1）代码如下：

```
from datetime import datetime
now = datetime.now()
timedelta = now - datetime(now.year, 1, 1)
print(timedelta.days)
```

（2）代码如下：

```
import calendar
for i in range(1, 13):
    print(calendar.monthrange(2019,i)[1])
```

（3）代码如下：

```
from datetime import datetime
from datetime import timedelta
date = datetime(2019, 1, 1)
delta = timedelta(days=100)
date - delta
```

2.3.7

（1）代码如下：

```
sum([0， 2， 4， 6， 8])
```

（2）代码如下：

```
a = [1, 1]
for i in range(2, 10):
    a.append(a[i-1] + a[i-2])
print(a)
```

（3）代码如下：

```
letters = ['A', 'B', 'C', 'D', 'E', 'F', 'G', 'H', 'I', 'J', 'K', 'L',
```

```
        'M', 'O', 'P', 'Q', 'R', 'S', 'T', 'U', 'V', 'W', 'X', 'Y', 'Z']
letters.remove('C')
letters.index('O')
```

（4）array[1][1]

（5）输出结果如下：

```
a
23
```

（6）13377779999

（7）输出如下：

```
(0, 'name')
(1, 'age')
(2, 'height')
```

2.5.7

（1）代码如下：

```
import math
def AreaOfcircle(radius):
    return pow(radius, 2) * math.pi
# 计算半径为 2 的圆的面积
AreaOfcircle(2)
```

（2）代码如下：

```
def average(list):
    return sum(list)/len(list)
average([1, 3, 4, 5, 6])
```

（3）代码如下：

```
# 月供计算公式
# 每月月供额=(贷款本金×月利率×(1+月利率)^还款月数)÷((1+月利率)^还款月数-1)
def monthlyPayment(totalLoans, rate, years):
    # totalLoans 总贷款额
    # rate 贷款年利率
    # years 贷款期限
    monthly_rate = rate / (12 * 100)
    month_amounts = years * 12
    monthly_payment = (totalLoans * monthly_rate * (1 + monthly_rate) ** month_amounts)
/ ((1 + monthly_rate) ** month_amounts - 1)
    return monthly_payment
monthlyPayment(totalLoans=100*10000, rate=4.72, years=20)
```

```
# 6445.863527611861
```

（4）代码如下：

```
from datetime import datetime
from datetime import timedelta
def getDays(startDate, days, endDate):
    dates = []
    date = startDate
    while (endDate - date).days > 0:
        dates.append(date)
        date = date + timedelta(days=days)
    return dates

getDays(datetime(2019, 1, 1), 7, datetime(2020, 1, 1))
```

（5）代码如下：

```
mobiles = ["134246208", "13424620666", "18824627770", "150333444", "15802934734"]
prefix = ['139', '138', '188', '158']
def maskMobile(str):
    if len(str) == 11:
        if any([str.startswith(p) for p in prefix]):
            return str[0:4] + '****' + str[8:]

    return ""
[maskMobile(m) for m in mobiles]
```

（6）代码如下：

```
list1 = ['A', 'B', 'C', 'D', 'E']
list2 = ['G', 'B', 'C', 'H', 'J']
# 使用 for 循环和 in
# 找出共同的部分
same = []
for item in list1:
    if item in list2:
        same.append(item)
print(same)
# 找出不同的部分
different = []
for item in list1:
    if item not in list2:
        different.append(item)
print(different)

# 使用列表推导式
```

```
# 找出共同的部分
# [item for item in list2 if item in list1]
[item for item in list1 if item in list2]
# 找出不同的部分
[item for item in list1 if item not in list2]
[item for item in list2 if item not in list1]
```

（7）代码如下：

```
i = 0
while i < 5:
    print(i)
    i = i + 1
```

2.6.4

（1）代码如下：

```
class Rectangle:
    def __init__(self, width, height):
        self.width = width
        self.height = height
    def area(self):
        return self.width * self.height
    def perimeter(self):
        return (self.width + self.height) * 2

r = Rectangle(20, 10)
print(r.area())
print(r.perimeter())
```

（2）代码如下：

```
from datetime import datetime

class Person:
    def __init__(self, name, birthdate):
        self.name = name
        self.birthdate = birthdate
    def age(self):
        return datetime.now().year - self.birthdate.year

p = Person("Jim", datetime(1999, 1, 1))
print(p.age())
```

（3）代码如下：

```
class Manager:
    def __init__(self, name, age, salary):
        self.name = name
        self.age = age
        self.salary = salary

class Employee:
    def __init__(self, name, age, salary):
        self.name = name
        self.age = age
        self.salary = salary
        self.workdays = 0
    def work(self):
        self.workdays = self.workdays + 1
        self.salary = self.salary + 100

class Company:
    def __init__(self):
        self.employees = []
        self.managers = []
    def addEmployee(self, employee):
        self.employees.append(employee)
    def addManager(self, manager):
        self.managers.append(manager)
# 测试已经定义好的类
m1 = Manager("张三", 35, 10000)
m2 = Manager("李四", 38, 12000)
e1 = Employee("刘明", 20, 3000)
e2 = Employee("李思明", 22, 5000)
company = Company()
company.addEmployee(e1)
company.addEmployee(e2)
company.addManager(m1)
company.addManager(m2)
for e in company.employees:
    print(e.name)
    print(e.salary)
for m in company.managers:
    print(m.name)
    print(m.salary)
```